U0394844

计算机基础课程系列教材

智能计算技术与应用

李敏 赵宏 李兴娟 ●主编

张伟刚 王恺 高裴裴 王刚 郭天勇 于刚 康介恢 ●参编

机械工业出版社
CHINA MACHINE PRESS

本书面向初学者介绍智能计算的相关概念、典型应用，采用研究性学习方法和 P-MASE 模型，按照引入问题、寻找方法、问题分析、问题求解、效果评价的模式，讲授智能计算编程、数据获取和预处理、数据可视化、预测数据的值、分类问题、聚类分析、神经网络、智能图像识别、时间序列数据的处理等知识，并给出了两个综合案例。

本书深入浅出、案例丰富、可操作性强，适合作为高校智能计算相关课程的入门教材，也适合相关技术人员学习参考。

图书在版编目（CIP）数据

智能计算技术与应用 / 李敏，赵宏，李兴娟主编 . —北京：机械工业出版社，2024.3
计算机基础课程系列教材
ISBN 978-7-111-75087-1

Ⅰ.①智… Ⅱ.①李…②赵…③李… Ⅲ.①人工智能－计算－高等学校－教材 Ⅳ.① TP183

中国国家版本馆 CIP 数据核字（2024）第 057933 号

机械工业出版社（北京市百万庄大街 22 号　邮政编码 100037）
策划编辑：朱　劼　　　　　　责任编辑：朱　劼
责任校对：张雨霏　牟丽英　　责任印制：郜　敏
三河市宏达印刷有限公司印刷
2024 年 7 月第 1 版第 1 次印刷
185mm×260mm・13.25 印张・1 插页・336 千字
标准书号：ISBN 978-7-111-75087-1
定价：59.00 元

电话服务　　　　　　　网络服务
客服电话：010-88361066　机 工 官 网：www.cmpbook.com
　　　　　010-88379833　机 工 官 博：weibo.com/cmp1952
　　　　　010-68326294　金 书 网：www.golden-book.com
封底无防伪标均为盗版　机工教育服务网：www.cmpedu.com

前　　言

人类社会经历了信息化、数字化到现在的智能化变革，计算是每次变革的核心驱动力。计算已由 1.0 时代的专用计算、2.0 时代的通用计算，发展到当下 3.0 时代的智能计算。随着社会、经济和生活的方方面面被"数据化"，数据已成为重要资产。基于数据的智能计算而产生的决策能力已成为核心竞争力，掌握和应用智能计算的相关技术也成为当代大学生应该具备的基本能力。

计算智能（Computing Intelligence）是以数据为基础、以计算为手段建立模型，实现对智能的认识和模拟。计算智能借助自然界（生物界）的规律，设计求解问题的算法。物理学、化学、数学、生物学、心理学、生理学、神经科学和计算机科学等学科的现象与规律都可能成为计算智能的算法基础和思想来源。计算智能强调的是通过计算方法实现生物内在的智能行为，即智能算法的设计，涉及神经计算、膜计算、进化计算、粒群计算、蚁群算法、自然计算、免疫计算和人工生命等领域。计算智能的研究和发展反映了当代科学技术多学科交叉与集成的发展趋势。

智能计算（Intelligent Computing）不同于计算智能，应该说，智能计算是计算智能的应用。智能计算的主要应用领域包括模式识别、优化计算、经济预测、金融分析、智能控制、机器人、数据挖掘、信息安全、医疗诊断等。本书所说的智能计算是一个广义的概念，指非计算机专业人士在应用计算机解决工作和生活中的问题时，如何充分发挥人的智能来合理、有效地使用相关的技术和方法。

本书主要面向生物、化学以及"新医科"等相关专业，与《智能计算技术与应用基础：面向新理工科》《智能计算技术与应用基础：面向新文科》构成"智能计算 + 专业融合"的通识课新形态系列教材。本系列教材中所说的智能计算更加强调面向非人工智能相关专业的大学生，使他们能够有效地应用现有的智能计算方法解决生活和工作中的问题。

在读者可以非常方便地进行在线学习并获取各种资源和知识的今天，学校的教育逻辑不再是传统的知识传递逻辑，而是逐渐转变为问题求解逻辑，即围绕解决问题开展学习，在求解问题的过程中学习和积累相应的知识。因此，高校培养的应该是学生在以下 3 个方面的能力：解决问题的思维方式（能想）、为解决问题而进行知识学习（能用）、创新性地求解问题（能创新）。本书就是按照问题求解逻辑编写的。

本书特色

- **使命式学习模式**：各章首先提出要完成的与专业相关的使命，然后围绕这一使命展开相关概念、技术和方法的学习，最后完成相应使命。
- **建立解决问题的思维，而非知识积累的思维**：本书将 P-MASE 研究性学习模型贯穿于整个学习过程，使读者在解决一个个实际问题的过程中，专注解决问题的方案设计，逐渐建立起为求解问题而进行研究和探索的思维模式，摒弃只注重知识积累的习惯性思维。P-MASE 研究性学习模型包括引入问题（Problem）、寻找方法（Method）、科学分析（Analysis）、有效解决（Solution）和效果评价（Evaluation）5 个环节。本书各章设计了引入问题、寻找方法、问题分析、问题求解和效果评价 5 个部分来对应上述 5 个环节。

- **可操作性强，提高学习兴趣**：本书的案例贴近实际、可操作性强，一步步地讲解并给出 Python 程序的实现代码，减少了读者开发程序和使用工具的困扰。读者可以快速复现问题的求解过程，简单修改代码来解决自己的个性化问题，这有助于读者提高学习智能计算技术和方法的兴趣，顺利迈入智能计算的大门。

- **面向非专业学生的通识和基础课程**：本书尽可能全面地呈现大学生应该掌握的基本思维、技术和方法，侧重对相关方法和技术的初步应用，兼顾对智能计算学科中原理知识的初步介绍。

- **提供丰富的学习资源**：本书是新形态教材，配有丰富的学习资源，读者通过扫描书中的二维码可以观看相关的教学视频和学习资料，学习更方便。

本书是以提高问题求解能力为目标、以解决专业相关问题为使命、以智能计算技术为支撑、以 P-MASE 研究性教学为路径而设计的。在教学过程中，教师通过各章的使命和综合案例，让学生自己发现问题并求解问题，提高学生利用智能计算技术解决专业问题的能力。从本书的思维导图中可以清楚地看到这四条思维分支。

本书得到了教育部新文科研究与改革实践项目、天津市普通高等学校本科教学质量与教学改革研究计划项目——"智能 +"背景下"四新"专业通识融合课程建设与实践示范项目的支持，以及 2020 年第一批产学合作协同育人项目"新工科"专业计算智能通识融合课程建设、"新文科"专业计算智能通识融合课程建设、"新医科"专业计算智能融合课程资源建设、南开大学通识融合课程教学团队建设项目和研究性教学团队建设项目的支持。

本书的编写分工如下：李敏、赵宏、李兴娟担任主编，并由李敏负责统稿。张伟刚、康介恢、赵宏编写第 1 章，王恺编写第 2 章，郭天勇编写第 3 章，高裴裴编写第 4 章，李兴娟编写第 5 章、第 11 章和第 12 章，李敏编写第 6 章，李敏、王恺编写第 7 章，赵宏编写第 8 章，于刚编写第 9 章，王刚编写第 10 章。感谢南开大学刘畅老师和康传泽、张宝磊同学提供的案例资源和参考代码。

由于编者水平所限，书中难免有错误和不妥之处，敬请同行和读者批评指正，在此表示衷心的谢意！

编　者

2024 年 4 月于南开园

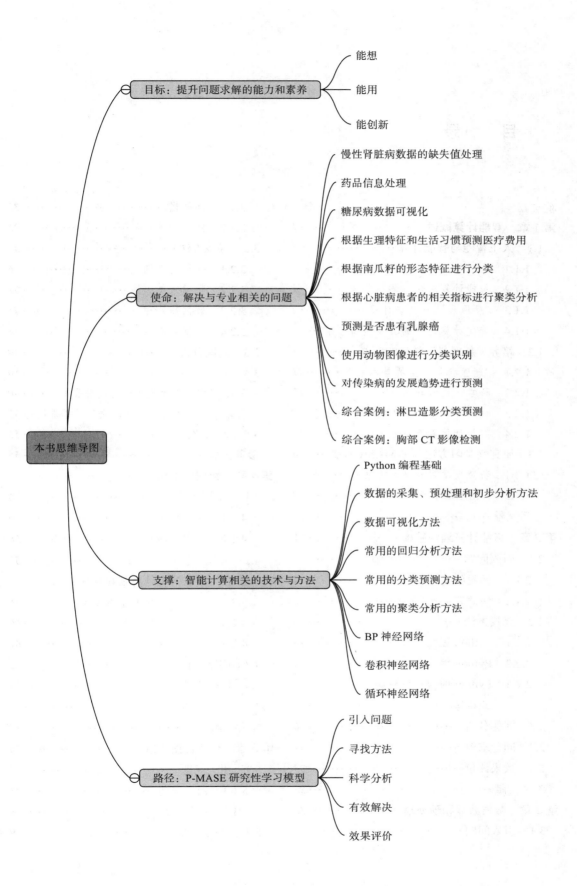

本书思维导图

目标：提升问题求解的能力和素养
- 能想
- 能用
- 能创新

使命：解决与专业相关的问题
- 慢性肾脏病数据的缺失值处理
- 药品信息处理
- 糖尿病数据可视化
- 根据生理特征和生活习惯预测医疗费用
- 根据南瓜籽的形态特征进行分类
- 根据心脏病患者的相关指标进行聚类分析
- 预测是否患有乳腺癌
- 使用动物图像进行分类识别
- 对传染病的发展趋势进行预测
- 综合案例：淋巴造影分类预测
- 综合案例：胸部 CT 影像检测

支撑：智能计算相关的技术与方法
- Python 编程基础
- 数据的采集、预处理和初步分析方法
- 数据可视化方法
- 常用的回归分析方法
- 常用的分类预测方法
- 常用的聚类分析方法
- BP 神经网络
- 卷积神经网络
- 循环神经网络

路径：P-MASE 研究性学习模型
- 引入问题
- 寻找方法
- 科学分析
- 有效解决
- 效果评价

目　　录

第 1 章

智能计算概述

↩ 本章使命

Goal 拥抱智能才能计算未来。我们现在已经处于智能计算时代，智能计算正在引领新一轮的技术创新，重塑世界格局。

　　本章使命就是了解在智能计算时代，人工智能、大数据等新技术正在与传统学科深度融合，为解决各学科问题提供新的技术和方法。

1.1　人工智能与智能计算

1.1.1　人工智能

　　人工智能（Artificial Intelligence，AI）是计算机科学的一个分支，是智能计算的基础，是研究、开发用于模拟、延伸和扩展人的智能的理论、方法、技术及应用系统的一门技术科学。人工智能试图探究智能的本质，进而通过学习和优化，生产出一种新的具有类似人类智能的机器。

　　早在 1950 年，"计算机之父"艾伦·图灵便提出了"计算机器"的概念（早于"计算机"这一概念的提出）。他认为，计算机器将来可能会有智能，智能程度取决于人类是否可以判定跟他对话的是人还是机器。因此，人工智能其实并不是世界进入新时代后的产物，而是一项随着时代发展不断进步的技术。在全世界几代人的努力之下，经过七十多年的艰难探索，在深度学习、大数据和高性能计算等技术的支撑下，当前的人工智能发展和应用进入了新的阶段。

　　在人工智能的关键技术中，机器学习是最常被提及的。机器学习属于多领域的交叉学科，涉及概率论、统计学等多门专业学科，主要研究计算机如何模拟实现人类的学习行为，从而获取新的理论、重塑自身并且不断完善。机器学习是人工智能的核心，也是实现智能计算的根本途径。智能计算是一种经验化的计算机程序，是人工智能体系的一个重要分支，也是辅助人类处理各种问题的具有独立思考能力的系统。随着人工智能进入产业深度融合的发展阶段，人工智能与教育、金融、医疗卫生、制造业等结合，正在推进"四新"专业人才的培养，智能和自动化也成为"四新"专业人才培养的重要内容。

人工智能不可凌驾于人类社会的法律、道德之上，它的关键是"人工"，也就是要通过"人"来实现"智能"，使"智能"真正有用、强大和高效。它可以像人类一样思考，能利用各种手段帮助人类解决现实生活中面临的人类无法解决的困难，或者提高人类解决问题的效率。人工智能还要使'智能'有爱、至善，因此需要受到相应的约束。

人工智能的
战略意义

人类社会经历了农业革命和工业革命，现在正在经历信息革命。大数据、人工智能的发展和应用已经上升为国家战略，是引领新一轮信息革命和产业变革的战略性技术，是当今社会"具有头雁效应的先进生产力"，其发展和应用速度将决定一个国家的科学技术水平。

1.1.2 智能计算时代与学科融合

在人工智能的引领下，越来越多的新兴技术发展和崛起，我们所处的时代已经进入智能计算时代。"新工科""新文科""新医科"和"新农科"（简称"四新"专业）就是在智能计算时代的新技术发展的影响下提出的。传统学科也不断融合大数据、人工智能等新技术和新方法。目前，以大数据、人工智能为代表的智能计算技术不仅涉及基础研究以及工程、研发等专业领域，而且融入医学、心理学、法学、哲学、文学、旅游等多个学科和领域。可以说，在使用计算机的地方，都会用到智能计算。智能计算与其他学科的融合正大力推动着人类社会的发展。

智能计算具有持续进化的特点，它可以进行自我管理与升级；智能计算具有环境友好的特点，可以不受地域的限制进行部署，避免数据迁移等复杂过程可能导致的影响，大大降低人工智能的使用门槛；智能计算具有开放生态的特点，不同产业、不同用户均可以通过其进行协同工作。

智能计算涵盖的领域不断扩展。近年来，智能计算已经被应用到生物进化、生物科学、预防医学、临床医学以及诸多生物医学学科当中。智能计算不是运用计算机的相关技术去开拓、创新出新的学科，而是基于其他学科原本的内容和理念，利用计算机的先进技术更高效、更精确地解决学科问题，从而真正实现学科交叉和学科融合。针对多学科交叉复合的新兴学科专业建设探索与实践的目标，智能计算能够辅助各个学科，其重要性日益提高。

1.1.3 "新医科"与智能计算

2021 年年初，我国教育部高等教育司将全面加强"四新"的深入建设列入工作要点，并持续推进。该项工作的本质是在改革中寻求突破，在创新中探索、升华，最终将高等教育的质量提升到新的高度，加快高等教育强国的建设步伐。"四新"专业建设的初衷是，通过基础学科与新兴学科的相互交融，调整并优化专业结构，优化实习与实验教学的组织结构，把基础学科的人才培养和工科、医学等专业紧缺人才培养相结合，从而培养全能型紧缺专业人才。

"新医科"建设是指在人工智能、大数据为代表的新一轮科技革命和产业变革的背景下，医工理文融通，在原有医学专业的基础上，发展精准医学、转化医学、智能医学等医学新专业。医学教育是卫生健康发展的重要基石，是医学人才的培养摇篮，也是我国卫生健康事业的承载体。在医疗人才的培养过程中，"新医科"统领创新、优化结构，将新科技革命的内涵与人文关怀的标志词"健康"相结合，对传统医学学科加以深化改革，在探索中改变，在融合中创新，从而为国家培养一批全素质的全科医学人才。

1. 精准医学

精准医学是"新医科"的专有名词之一，是指根据患者的生物学信息以及临床症状和体征，对患者实施健康医疗和临床决策的个性化处置。

我们在日常生活中可能会经历各种疾病。大多数情况下，医生会结合自己的经验以及患者的临床表现做出判断，形成诊断结果和治疗方案。精准医学的目的是针对分子和基因组加以判断，医疗人员也将根据患者的个体差异加以分析，在用药和剂量等细节上做出调整，从而更有针对性、更精准地实施医疗服务。但是，精准并不是为每个个体提供不同服务的过程，而是针对不同患者对同种疾病感染性的不同、对某种治疗手段适应与否等情况，建立模型，进行分类，最终提供不同解决方案的过程。

精准医学不仅支持疾病的治疗，而且支持疾病的预防。例如，女性可能会因为家族遗传等原因患乳腺癌或者卵巢癌等疾病。通过精准医学的建模，可以根据家庭病史或者基因等进行判断，筛查一个人可能罹患的疾病，并且根据个体的差别采取措施，预防疾病的发生。

当然，精准医学的发展还需要考虑个体所处的环境等因素，在收集数据的时候需要更加精准，尽可能反映出真实的个体状态。将"真实世界证据"理念引入精准医学之中，会使个体化内容更加全面，从而使个体化精准医疗的水平得到提高。图 1-1 给出了精准医学的架构。

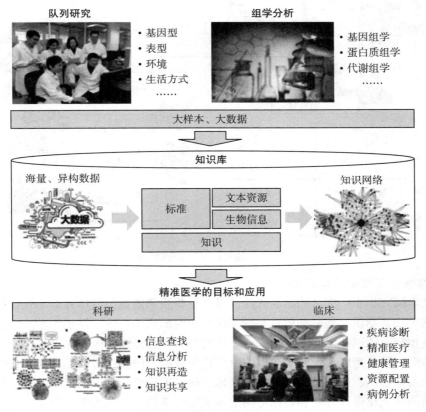

图 1-1　精准医学的架构

2. 转化医学

转化医学是"新医科"的重要方向，它是将基础医学研究和临床治疗结合的一种新的思维方式，属于生物信息学范畴。转化医学将理论和自动化技术以及科研与工程紧密结合，在实践与应用中有效地缩短了基础医学与临床医学之间的距离。

现代医学的发展历史证明，在未来，如果医学想取得突破性进展，就要努力尝试与其他学科融合，将理论与实践相结合，从实验室走向临床。可以说，转化医学的产生顺应时代背景。医学从业者探索的脚步从未停歇，全世界的医学水平也越来越高，如何让人类的健康能从这样的进步中受益呢？2003 年，美国国立卫生研究院（NIH）正式提出了转化医学的概念，旨在将基础知识向临床治疗转化，促进健康水平的提升。其主要工作是加快基础研究成果的转化速度，让成果能真正投入到临床中，为患者带来最大限度的帮助，真正实现其社会价值。无论是药物的研发还是治疗方法的创新，无不需要转化医学。例如，在研制一种新型药物时，即使在应用到临床前作用良好，也不一定能够通过治疗作用确定阶段，很多药物由于毒性或者其他因素，无法体现更好的治疗效果，就会被淘汰，从而避免药物开发的浪费。转化医学的研究过程可以加速这一比对过程，针对动物和人体临床的差异，更合理和高效地进行药物的研发。图 1-2 给出了转化医学中心的架构。

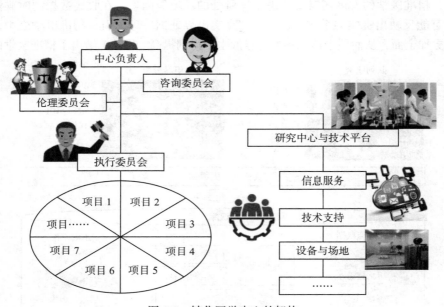

图 1-2　转化医学中心的架构

3. 智能医学与智能医学工程

智能医学研究物质、能量的运动规律，以及以物质和能量为载体并运动变化的信息的接收与发送的方法。物质、能量和信息是智能医学研究的重中之重。智能医学不仅注重细胞的研究，而且重视人体整体空间的运动变化。也就是说，它研究人体中空间通道的变化。

智能医学工程是指以现代医学与生物学理论为基础，融合先进的脑认知、大数据、云计算、机器学习等人工智能及相关领域工程技术，研究人的生命和疾病现象的本质与规律，探索人机协同的智能化诊疗方法和临床应用的新兴交叉学科。智能医学工程作为一门新兴的学科交叉度极高的专业，紧密结合学科的发展趋势，充分发挥数据感知、数据分析、智能决策等人工智能领域的科研成果，以临床需求作为出发点和落脚点，结合精准医学和转化医学等"新医科"领域的创新，架起理论到实践、实验室到临床的桥梁。智能医学工程面向医学影像、生物医学信息、医学检验、医学信息、疾病诊疗等领域革新的需求，以电子、计算机、互联网与物联网、人工智能、3D 打印、虚拟现实、增强现实、脑机接口等工程技术为基础，发展医学智能感知、医学大数据分析、医学智能决策、精准医疗、医学智能人机交互等核心医学技术，并应用到智能医学仪器、智能远程医疗、智能医学教育、新药研发、智能医学图像分析、智能诊疗、智能手术、精准放疗、神经工程、康复工程、组织工程、基因工程等医疗相关领域。

智能医学工程的应用领域非常广泛，下面以智慧医疗为例进行说明。

智慧医疗通过打造以电子健康档案为中心的区域医疗信息平台，利用物联网技术，实现患者与医务人员、医疗机构、医疗设备之间的互动，达到医疗的全面信息化和智能化。图 1-3 给出了智慧医疗的架构。该架构包括医疗物联网、医疗云计算 / 大数据分析和云服务三层结构，分别完成数据采集、知识发现和远程服务的工作。智慧医疗将医院的管理成本降到最低，通过大数据技术将医院系统、卫生系统以及家庭健康系统相关联，充分发挥了智能的优势。

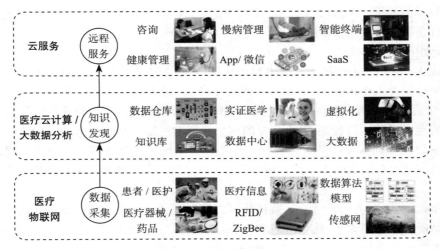

图 1-3　智慧医疗的架构

智能医学影像技术是人工智能和医学影像技术的结合。以往，医生看一张 CT 片的时间往往很长，但是人工智能可以把这个时间缩短到秒级。难能可贵的是，人工智能可以避免医生由于经验不足或者外界因素造成的肉眼观察遗漏，更加高效、精准地进行分析和判断，供医疗人员进行后续的处理。南开大学计算机学院程明明教授团队提供部分算法架构支持的肺炎 CT 影像 AI 筛查系统，已在国内 40 家医院应用部署，辅助医生开展快速诊断、程度评估、病程动态监测等工作。在该系统持续运行的前 50 余天里，累计检测筛查 8.1 万个病例，协助医生确诊 6000 余例，系统敏感度（正确确诊率）98.3%，特异度（正确排除率）81.7%。该系统完成 300 张 CT 影像的病例的计算，只需 10 秒左右。

智能医学仪器可以利用人工智能自动化地完成医疗过程。例如，常见的 AR 辅助手术可以帮助医生在千里之外实施医疗救治，近红外投影可以帮助护士精准而轻松地找出患者的血管。

智能健康管理系统通过大数据对患者的身体状况以及医疗状况进行支撑。在智能健康管理系统的监督下，人类可以实时监控自身和家人的身体状况，预防疾病的发生。

智能药物挖掘可以对药物进行高效筛选。传统的基于试错的药物研究周期长（12 年左右）、成本高、成功率低，基于人工智能的虚拟筛选技术可以取代或增强传统的高通量筛选过程。

4. 新技术助力医学研究

（1）蛋白质结构预测

蛋白质结构预测是生物信息学与理论化学追求的重要目标之一，它在医学（例如药物设计）和生物技术（例如新的酶的设计）中也是非常重要的。2021 年 7 月，DeepMind 团队在 *Nature* 发表论文，介绍了 AlphaFold 对人类蛋白质组的准确结构的预测工作，得到的数据集涵盖了人类蛋白质组近 60% 的氨基酸的结构位置预测，且预测结果可信。施一公院士用"三个影响"评价了这一工作。第一个影响是对结构生物学领域的影响，这是该领域的一项颠覆性突破，可以说 AlphaFold 预测的结果很可能就是事实，从已有数据来看，它的预测相当精准。第二个影响是对生物化学、细胞生物学、遗传发育、神经生物学、微生物学、病理 / 药理等学科和研究领域的影响，这会大大改进人类对于生命过程的理解。第三个影响可能会超越生命科学的界限。AlphaFold 的预测结构如果广泛应用在生命学科各分支或创新制药方面，会给社会和人类带来很多好处。

（2）远距医疗

据 Healthcare IT News 报道，堤夫特地区医院从 2005 年开始考虑引进远距医疗。该医院的远距医疗主管 Jeff Robbins 认为，远距医疗将是未来趋势。因此，2017 年，他们与非营利机构 GPT 合作，后者在美国的 11 个州负责针对医院及其他医疗设施开发远距医疗系统。

堤夫特地区医院通过使用 GPT 开发的网络，帮助医院与相隔很远的养护之家、学校诊所、急诊室以及不同医疗团队进行连接。远距医疗系统中包括屏幕、摄像头、键盘与遥控器，医生可以通过系统中的多个设备观察患者生命体征，并利用高清晰度摄像头查看皮肤或伤口等。

Robbins 认为，双方合作后，该院医生可以帮助其他地区患者进行诊断和治疗，减少约诊未到的情况，治疗更多患者，并能更好地追踪患者。远距医疗则让该医院拥有更多病房，降低了病人的死亡率和并发症。另外，居家监测也可降低医疗成本。

（3）借助 AI 算法，预测患病风险

美国斯坦福大学的研究团队结合基因数据和电子病历（EMR），成功地通过人工智能算法预测出罹患腹主动脉瘤的风险。据媒体报道，这项研究受到美国国立卫生研究院资助，通过 AI 算法结合基因和 EMR 数据，即可检测腹主动脉瘤的遗传风险因子，精准度与临床筛检结果不相上下，预测高风险族群的精准度甚至高达 70%。未来，每个人都会有基因数据，进而可以预测整体的疾病风险，并采取相关的措施。

（4）利用 AI 判断抑郁症

麻省理工学院的研究人员开发出一种神经网络，能够对患有认知功能障碍的可能性做出预测，准确度较高。在一定程度上，可以将其理解为一种抑郁症检测器。

一般来讲，医生需要将经过验证的问题与直接观察相结合，诊断病人是否患有抑郁症。根据该团队的数据，他们的人工智能网络能够在没有条件性问题或者直接观察的前提下，得到类似的诊断结果。

在这项研究中，参与者的回答将以文本和音频形式记录下来。在文本式检测中，人工智能网络能够在大约 7 个问答之后得出预测结果。而在音频式检测中，人工智能网络需要大约 30 个序列才能给出结果。据研究人员称，其平均预测准确率达到 77%。

1.1.4　智能计算时代的其他典型应用

智能计算时代其实是由多种因素共同推动的，我们不应该将某一个或者某两三个概念狭义地定义为智能计算时代的标志。几年前，大数据、云计算、物联网等是关键的推动力。随着 5G、智慧城市、无人驾驶等许多技术的发展和应用，智能计算时代的特征更加明显。

1. 智慧城市

智慧城市这个概念源于 2008 年 IBM 公司提出的"智慧地球"的理念。它是数字城市与物联网相结合的产物，其实质是运用现代信息技术推动城市运行系统的互联、高效和智能，让城市中生活的人更加便捷，使城市发展更加和谐、更具活力。

智慧城市利用物联网、大数据、人工智能、区块链等信息技术将社会关系、城市管理、服务、环境等各城市要素信息集成到一个网络中，通过智慧化分析，提高城市运行效率、优化城市管理、改善民生，提升城市的可持续发展能力与环境的自我调节能力。智慧城市是在城市物联网的推动下产生的。智慧城市网络中的大数据是深入分析城市运行情况的基础，感知、管理和分析城市各个方面的数据，可为解决城市存在的问题（如环境破坏和资源短缺）提供理论指导与技术支持。

什么是智慧城市

图 1-4 给出了智慧城市的架构。

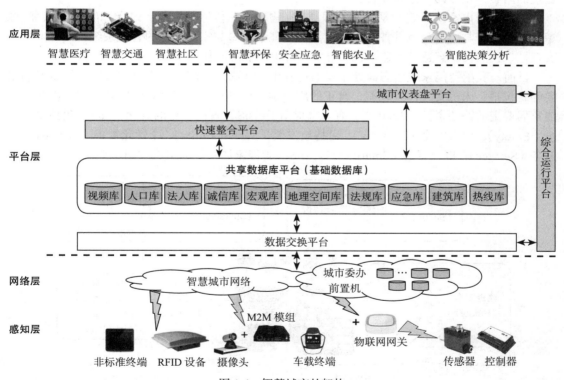

图 1-4　智慧城市的架构

智慧城市的基础是城市信息的数据化，即城市画像，处于图 1-4 中的感知层、网络层和平台层。城市画像用数据对城市进行建模与刻画，将城市的物理和社会空间映射到数字空间，将城市的时空运行状况用数据呈现出来。智慧城市需要城市大脑，即依托 AI 支撑技术、海量多模态数据汇集与处理能力、开放平台生态体系等核心技术，构建全域感知中心、数据服务中心、AI 服务中心、应用支撑中心及城市智能运行指挥中心等功能中心，实现城市的全时空要素立体感知、全流程数据安全共享、全方位 AI 能力共用、全业务系统应用支撑、全场景智能协同指挥。城市大脑处于图 1-4 中的应用层。

智慧城市涉及城市的方方面面。我们日常生活中的物流运输、条码识别、身份验证、虚拟课堂等都是智慧城市的产物。例如，健康码曾在我国防疫工作中起到重要的作用。再如，美丽的杭州西湖是旅游胜地，但西湖周边常因为游客过多造成交通拥堵。为此，相关部门启动了"城市大脑"工程，利用在主要交通路口安装的传感器来识别交通状况，进而训练出一个人工智能模型。该模型可以根据当时的情况和需要来调节红绿灯的时长，进而减少拥堵。

可见，智慧城市依托创新技术，推进城市的高效管理和可持续发展，使城市更宜居。

智慧社区是指在智慧城市建设的框架下，运用新技术、新模式，对社区管理、社区生活、公共服务等现代社区的组成部分进行智慧化提升，为社区群众提供政务、商务、娱乐、教育、医护及生活互助等多种便捷服务的模式。智慧社区建设的特征是见效快、惠民利民。

智慧社区的功能主要包括向社区居民发布政府公告、物价、天气、交通等信息，为居民提供在线监护、远程医疗、远程学习等应用，以楼宇电梯、景观灯光、车辆出入等涉及小区管理的内容为重点的智慧物业管理。

智能家居以家庭住宅为平台，利用通信 / 物联网、传感与控制、语音 / 语义识别、图像识别、云计算与边缘计算等技术，构建高效的住宅设施与家庭事务的管理系统，提升家居的安全性、便利性、舒适性和艺术性，并实现环保节能的居住环境。

目前，我国智能家居生态尚处于发展过程中，面临诸多问题。现有的智能家居技术的主要问题包括：人机交互体验较差；真正的用户刚需场景不多；产品之间联动性差。因此，智能家居要走的路还很长。2020 年，有专家提出了"6S"智能家居的概念。"6S"包括物理安全（Safety）、信息安全（Security）、可持续发展（Sustainability）、个性化需求（Sensitivity）、服务（Service），以及智慧（Smartness）。"6S"智能家居系统的组成如图 1-5 所示。

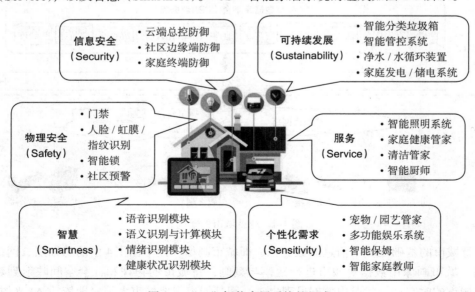

图 1-5 "6S"智能家居系统的组成

2. 智慧环保

随着大数据技术的发展，智慧环保体系已经成为推动环境治理能力和治理体系现代化的重要支撑，建立完善的智慧环保体系是我国进一步提高环境治理效率的必然要求和重要举措。

智慧环保基于数字环保平台、在线监测/监控网络、环境应急指挥系统，融合物联网、云计算、3S、多网融合等技术，通过实时采集污染源、环境质量、生态、环境风险等信息，构建全方位、多层次、全覆盖的生态环境监测网络，推动环境信息资源高效、精准地传递及海量数据资源中心和统一服务支撑平台建设，重视资源的重整和优化，实现动态应用平台的组建和应用，以更加精细和动态的方式实现环境管理和决策的智慧，从而构筑感知测量更透彻、互联互通更可靠、智能应用更深入的智慧环保物联网体系，实现环境保护的智慧化。图 1-6 给出了智慧环保体系的架构。

图 1-6　智慧环保体系的架构

智慧环保体系由智慧感知层、传输层、智慧云平台层、云服务层和终端用户层组成。智慧感知层利用可以随时随地感知、测量、捕获和传递信息的设备、系统或流程，实现对环境质量、污染源、生态、辐射等环境因素的实时数据进行"更透彻的感知"；传输层利用卫星网络、移动通信等技术，收集感知层获取的环境数据，实现环境数据的交互共享，从而实现"更全面的互联互通"；智慧云平台层首先整合来自传输层的海量数据，以云计算、大数据挖掘和高性能计算等技术手段，整合和分析海量的跨地域、跨行业的环境信息，进行海量存储、实时处理、深度挖掘和模型分析，实现"更深入的智能化"；云服务层通过构建云服务平台，建设业务系统及信息平台，提高数据透明度，方便各机构及公民合法获取数据，为环境质量管理、污染源治理、生态环境保护、辐射管理实现"更智慧的决策"；终端用户层将在感知层、传输层智慧云平台层和云服务层收集、处理、分析的数据分配到相应的部门或单位进行应用，以处理分析后的数据为依据做出合理、智能的决策。

3. 无人驾驶汽车

无人驾驶汽车是一种智能汽车，也可以称之为轮式移动机器人，它主要依靠车内以计算机系统为主的智能驾驶仪来实现无人驾驶。无人驾驶汽车利用车载传感器来感知车辆周围环境，并根据感知所获得的道路、车辆位置和障碍物信息，控制车辆的转向和速度，从而使车辆能够安全、可靠地在道路上行驶。

无人驾驶汽车集自动控制、体系结构、人工智能、视觉计算等技术于一体，是计算机科学、模式识别和智能控制技术高度发展的产物。图 1-7 给出了无人驾驶汽车中的硬件。

图 1-7　无人驾驶汽车中的硬件

图 1-8 给出了无人驾驶汽车的系统架构，包含环境感知系统（进行信息采集及数据预处理）、中央决策系统（进行信息融合、决策规划及车辆控制）和底层执行系统（进行制动与驱动控制、转向控制、自动变速器控制及底盘一体化控制）。

无人驾驶汽车是汽车、人工智能与通信跨界融合的产物，是影响 3 个 10 万亿市场（汽车、出行、社会效益）的革命性产业，更是未来智慧城市重要的组成部分。无人驾驶可大幅减少交通事故，并极大降低传统的保险费用。无人驾驶还能大幅减少通勤所耗时间以及能源消耗，每年能够减少上亿吨汽车二氧化碳排放量。

智慧驾驶的
必要性

虽然中国的无人驾驶起步较晚，在 L2 和 L3 阶段落后于欧美，但在 L4 阶段大有赶超之势。在市场规模方面，无人驾驶系统发展迅猛，据预测，以平均每辆车的无人驾驶系统的价格为 5 万元估算，2035 年全球无人驾驶系统的市场空间将达 6000 亿元，国内市场空间接近 1500 亿元。在无人驾驶路测方面，北京市高级别自动驾驶示范区工作办公室于 2021 年 11 月 25 日公布北京正式开放国内首个自动驾驶出行服务商业化试点，百度和小马智行成为首批获许开展商业化试点服务的企业。这标志着国内自动驾驶领域从测试示范迈入商业化试点探索新阶段，对变革未来出行方式具有里程碑意义。2021年12月，小马智行自动驾驶卡车顺利驶入京台高速，开启常态化自动驾驶测试。这是全国范围内自动驾驶企业首次在政策开放的公开高速路进行高级别自动驾驶实景测试。

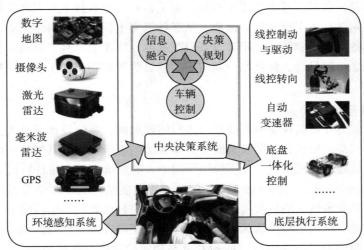

图 1-8   无人驾驶汽车的系统架构

1.2 培养"新医科"学生的素养

人类已经进入计算时代，在 AI 等新技术的推动下，不但要建设和发展新的医学学科和专业，还要和传统的医学学科进行融合，为研究和创新提出新技术、新方法，全面促进医学学科的发展。在此，我们把新的医学学科和传统医学学科统称为"新医科"。

在计算时代，不但要培养"新医科"专业学生的科研素养和工程素养，还要培养他们使用 AI 等新技术的计算素养（计算思维），以适应时代的需求。本书将通过研究性学习方法，培养"新医科"专业学生的这些素养。

1.2.1 "新医科"学生的基本素养

1. 科学素养

科学素养是指一个人在从事某项工作时应具备的科学素质及修养。具有科学素养的人，应有一定的科学研究与技术创新能力，熟悉科学基本知识，掌握必要的科研方法与研究技能，能够运用科学思维进行科技探索与实践；善于发现问题，长于分析问题，能够找到解决问题的途径并有效加以解决；了解科学与技术的长处和局限性，能够客观认识科学、技术与人及社会的关系，具有与自然、他人及社会和谐相处的能力。上述对科学素养概念的定义，包含了对科学知识、研究技能、探索实践乃至国家经济发展、个人生活质量、社会责任感、对科技的认知、对科技本质的理解、环境因素的调控、科技文化塑造等多方面的考量。

2. 工程素养

工程素养是指人们从事工程技术工作和解决复杂工程问题时必须具备的知识与品格、专业技能、发展潜力以及适应性等。工程素养的要素主要包括工程意识、工程知识、工程方法、工程思维、工程技能和工程伦理。其中，工程意识、工程知识、工程技能属于基本层次，工程方法、工程思维属于中间层次，而工程伦理（含工匠精神）则属于高级层次。培育并提升工程素养，需要激发工程意识，学习工程知识，掌握工程技能，建立工程思维，树立工匠精神。

从研究和应用的视角来看，科研工作者（尤其是从事理论研究和实验测量的研究者）一定要具备科学素养，而对工程素养要求不高。但是，对于从事技术开发和工程应用的工程师和技术员，则必须要具备工程素养。因此，从某种意义上说，具备科学素养的人不一定具备工程素养，而具备工程素养的人一定要具备科学素养。事实上，真正具有工程素养的人能够为工程带来新理念、新设计、新技术、新应用，能够为科技创新和工程应用提供强大的技术推动力。

3. 计算思维与暗知识

计算思维是运用计算机科学的基础概念进行问题求解、系统设计以及人类行为理解等的一系列思维活动，是与形式化问题及其解决方案相关的思维过程，其解决问题的表示形式应该能有效地被信息处理代理执行。计算思维不同于人的思维方式，是计算机的思维方式。

2021 年，DeepMind 公司的 AlphaFold 团队对蛋白质结构的预测结果被施一公院士评价为人工智能对科学领域最大的一次贡献，是人类在认识自然界的科学探索征程中一个非常了不起的历史性成就。李国杰院士认为，机器学习可以正确预测蛋白质结构，说明机器已掌握了一些人类还不明白的"暗知识"。DeepMind 与顶级数学家合作研发的 AI 成果也表明，存在一类人既不可以表达又不可以感受但计算机能明白的"暗知识"。"暗知识"的存在使我们更加确信计算机擅长的"计算思维"是一种客观存在。如果"新医科"专业的学生能从计算机的角度去思考问题，也就掌握了计算思维。

1.2.2 科学、技术与工程

1. 科学、技术与工程的差异

从目标和功能上看，科学、技术与工程的差异是明显的。科学是反映自然、社会和思维客观规律的分科知识体系；技术是人类在发现、利用和适应自然过程中积累，并在生产劳动中体现出来的经验和知识；工程是人类为自身生存而进行的一种有目的、有计划、有组织的生产活动。由此可见，科学关注探索与发现，工程侧重应用与运行，技术则是将科学原理转化为工程应用的桥梁和纽带。技术要通过工艺具体落实在工程建设上，才能真正地实现生产力的跃变。科学、技术与工程的核心及相互关系，体现了三者之间的区别、联系以及人与自然的互动、共存。然而，采用以往的观点和概念已经不足以解释和适应现代科学的发展，我们需要转变观念，并从新的视角去分析和理解三者之间的关系，并揭示其中的新规律。

2. 科学、技术与工程的融合

目前，科学、技术和工程的概念已发生了变化，不仅体现在科学的技术化、技术的科学化、技术的工程化、工程的技术化，而且还表现在三者之间的融合以及科学、技术、工程的一体化趋势。其中，工程素养、工程方法和工程伦理在一体化的结构中占据着支配、调控的地位。科学及其理论是动态发展的，科学的发展实质上反映了科学知识的创建及其进化过程，科学家及研究者需要长时间积累才能有所创新。因此，科学是潜在的生产力。技术是科学功能的应用和拓展，并且对科学具有反馈作用，从而促进科学的进步和发展。因此，技术是显现的生产力。工程以科学理论为指导并借助专业技术加以实现，是科学与技术在更广阔的范围中的延伸。因此，工程是生产力的直接成果。从实现的结果考查，科学原理的正确性、技术开发的可行性都需要经过工程应用加以检验。实践是检验真理的唯一标准，这个

"实践"就包括了工程应用的检验，而且是长期的、真正的检验。

1.2.3 科研方法与工程方法

1. 科研方法

科研方法是从事科学研究所要遵循的科学、有效的研究方式、规则及程序，也是广大科研工作者和科学理论工作者长期积累的智慧的结晶，是从事科学研究的有效工具。在科学的发展历程中，不同的历史阶段有不同的科研方法。即使是在同一时代内，对于同一学科，不同科学家与科研工作者所创立或应用的科研方法也不尽相同。科学的发展和技术的进步是科研方法形成的基础，而新的科研方法的创立，又能推动科研工作高效进行，从而实现科学和技术的新飞跃。

科研方法一般可分为三个层次，即哲学方法（顶层，即普遍方法）、一般方法（中层，即通用方法）和特殊方法（基层，即专业方法）。具体又可以分为经典科研方法（科研的逻辑方法、经验方法和数理方法）和现代科研方法（"老三论"和"新三论"）两类。在科研工作中，使用正确的科研方法会起到事半功倍的作用；反之则会造成严重的损失，甚至威胁生命安全。

2. 工程方法

工程方法是指人们为了建造某一工程物，在工程实践活动中所遵循的途径、程序、法则、手段和方式的总称，是以集成、构建为核心的方式、规程和手段。典型的工程方法有工程设计方法（如创新创造法、优化设计法、系统设计法、价值工程法、决策设计法、积累设计法等）、工程经验方法（如工程观察法、工程试验法、工程调查法、工程案例法等）、工程数学方法（如定性分析法、定量分析法、半定量分析法、非确定方法等）、工程模型方法（如数学模型、物理模型、智能模型等）等。工程方法具有多方面的价值，如科学价值、社会价值、文化价值、生态价值等。

3. 科研方法是工程方法的关系

科研方法是工程方法的基础，其本质在于探索和发现，特点是相对单一、简明性高。工程方法是科研方法的外延及衍生，其本质在于构建和实现，特点是具有多元性、多层次、复杂度高。

1.2.4 智能计算素养

智能计算素养涉及 4 个方面，下面分别介绍。

1. 判断能做什么

要进行智能计算，最重要的就是要明白什么能做、什么不能做。也就是说，要明确工作的边界，然后在边界内进行优化和提升。比如，了解当今的 AI 能做什么、不能做什么，不要花很多时间去做无用功。

2. 前提条件是什么

在尝试前人没有做过的任务时，要知道完成这项任务的前提条件是什么。只有具备了前提条件，才可以进行后面的工作。前提条件包括数据、计算资源、算法等，这在应用型研究及工程中至关重要。

3. 对智能计算的理解

对智能计算的理解包括空间维度和时间维度。空间维度包括知识的深度和广度。时间维度包括能从智能计算的过去、现在和未来看到它的发展变化规律，从而能够使用简单的方法解决复杂的问题。

4. 认识要解决的问题

在智能计算领域，如果一个问题是靠拼凑和修修补补解决的，通常会有很多隐患，也说明对这个问题没有认识清楚。很多复杂的问题其实有很"漂亮"的解法，任何学科发展到最后都会成为一门艺术。在利用智能计算完美地解决你的问题后，你也会体会到它的美感和精妙之处。

1.3 研究性学习方法与 P-MASE 模型

1.3.1 研究性学习与学习方法

1. 研究性学习

研究性学习又称为探究式学习，它是指学生在教师的指导下，结合专业学习，从自然、社会和生活中选择一些力所能及的专题进行研究，从而掌握专业知识、研究技能并能够主动发现问题、分析问题、有效解决实际问题的学习活动。研究性学习有狭义与广义之别。研究性学习要求学生转变学习观念，实现"学会→会学→智学→能做"的转变，在增强智力、提升技能的同时，促进了心智的成熟。

2. 研究性学习方法

研究性学习既可以表现为一种学习方式，也可以表现为一类课程；既可用于科学探索与研究，又可用于社会调查和探究。视角不同，对研究性学习的分类也不同。下面是我们根据研究性教学多年的探索和实践经验所做的基本分类：

1）根据研究性学习过程中体现的研究程度的不同，可分为部分探究式学习和完全探究式学习两种类型。前者涉及部分章节，后者包含全部章节。

2）根据研究性学习的研究内容及实施层面的不同，可分为课题研究型学习和项目设计型学习两种类型，它们均属于完全探究式学习。前者由教师指定，后者为自主探究。

3）根据在研究性学习过程中获取研究信息及方法知识的自主程度，可分为接受式探究学习和发现式探究学习两种类型。前者是模拟研究，后者为真实课题。

4）根据在研究性学习过程中对新知识、新方法的发现及构建程度，可分为知识探究型学习和创新研究型学习两种类型。前者属于知识积累，后者则为方法创新。

从上述分类方式可见，在每一种分类中，前者是基本要求，后者是高级或者理想要求，教师需要根据校情、学情等条件来选择研究性学习方法，促进学生通过自主探究和团队协作来解决专业问题。

1.3.2 P-MASE 模型

1. 模型简介

P-MASE 模型由南开大学研究性教学团队于 2018 年设计、构建，并于 2019 年成型，开始应用。该模型源于科研规程，后用于教学改革、课程建设、教材编著、成果凝练、创新培养等。该模型包括如下五个环节，即引入问题（Problem）、寻找方法（Method）、科学分析（Analysis）、有效解决（Solution）和效果评价（Evaluation），我们称之为"五步教学法"。

P-MASE 模型的基本形式为递进式，如图 1-9 所示。

基于 P-MASE 模型的研究性教学过程始于引入专业问题，其间历经寻找合适的探究方法、进行科学缜密的分析、及时有效地解决问题和最终探究效果的评价等教学与学习过程，而相互联系的各个环节则充分体现了研究性教学的目标进阶和分步实施过程。

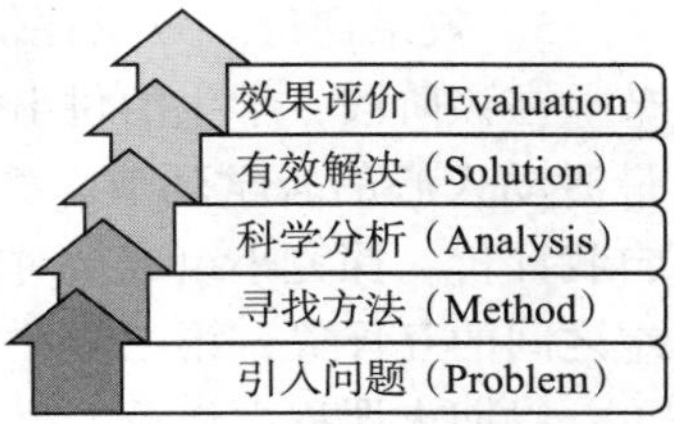

图 1-9   P-MASE 模型架构图

2. 模型内涵

P-MASE 模型以发现问题为基点，以科研方法为指南，以解决问题为目的，以创造知识为宗旨。通过实施 P-MASE 研究性教学设计，有助于实现"教能传道，研达精妙，教研融合，创新开拓"的教学目标。该模型的运作是按照一定的科研规程来实施的，即把课程教学与一定的科研规程相结合。科研工作是一种学术过程，教学工作也是一种学术过程，即教学学术。教学学术是指以教学为对象的一种学术活动，它是采取学术方式并运用教育理论从事教学研究和教学实践的过程。P-MASE 模型的运作过程就是树立科学精神、锻炼创新思维、塑造优秀品格的育人过程。

3. 模型实施

P-MASE 模型要求教师在上课之前要做好教学设计，确定每个环节的教学目标，然后分步实施，最终达到研究性教学及探究式学习的目的。采用 P-MASE 模型的研究性学习方法包括如下五个步骤：

1）引入问题。引入问题时可采用问题三层次分析法，即提出专业问题、筛选价值问题和提炼研究选题。其中，提出专业问题是基本层次，即首先要有问题意识，培养发现问题的能力，发现并提出那些自己不了解但感兴趣的专业问题。筛选价值问题是中间层次，即在提出专业问题的基础上，将这些问题逻辑化，从中梳理出具有科学研究价值或技术创新价值的专业问题。提炼研究选题是高级层次，即进一步深化提炼具有研究价值的问题，从中确定有望解决的研究选题，这需要研究者具备灵活的头脑、锐利的眼力和敏捷的悟性。

2）寻找方法。针对不同的问题，需要采用不同的方法加以解决。方法的选择很关键，其原则是采用的方法并不一定是最优的，但一定要管用，能够解决实际问题。一般而言，方法的通用性要强，而且容易上手使用。对于智能计算技术与应用而言，选择数学建模分析法、类比分析法等方法是合适的。主讲教师可根据教学内容布置不同层次的习题，推荐合适的研究方法，引导学生自主分析、解决相关的专业问题，积累实践、应用科研方法的经验，为参与具有挑战性的课题研究打下方法论的基础。

3）科学分析。科学分析阶段可以从两个方面调动学生学习的积极性和主动探究热情：一方面是鼓励学生积极思考，自主分析和解决专业问题；第二个方面是指导学生组建探究小组，在组长的带领下，共同设计解决问题的方案，通过协作或合作的方式集体攻关解决专业问题。在此过程中，教师的方向引导和具体指导很重要。若学生探究小组数量较多，也可以采用课程组或教研室的方式，分别或分批指导。

4）有效解决。有效解决的目标是获得结果，结论应该是有价值的，方法应该是有效的。为此，需要对专业问题进行概念定义和内涵分析，对重点和难点进行精准判断，借助科研方法和实施工具有效加以解决。我们的研究性教学实践和经验表明，"五步教学法"是一个完整的研究性教学过程，对于较简单的专业问题，可以设计两堂课来完成一个教学过程。对于具有一定挑战度的专业问题或者研究问题，则需要组建探究小组，在一个学期内完成一个探究过程，并在期末以课程大作业、实验实践报告、社会专题调查等方式结题并集中汇报。

5）效果评价。效果评价是研究性学习的最后一步，也是评估研究性教学效果的关键环节。在该阶段，学生的付出需要得到肯定，他们也期望获得教师的指导和同学的建议，这是最激动人心的教学环节。教学评价包括自评、他评和第三方评价。其中，自评是指学生的自我评价、探究小组成员对本组的评价；他评是指同学的评价，即同学之间的评价、不同小组之间的互评等；第三方评价在课程教学的范畴内，一般是指任课教师对学生完成情况的评价。以期末课程大作业汇报为例，每个探究小组推举代表在课上汇报，展示探究过程和研究结果，分享探究经验和心得体会，这是自评过程。在汇报期间，其他小组成员可就汇报的内容进行提问和咨询，互相学习和借鉴，得到共同提高，这是互评过程。各小组汇报完毕后，由主讲教师对各小组的解决方案及结果进行统一点评，就问题理解、问题描述、分析过程、解决方案、求解结果进行综合评价，肯定成绩并指出不足。在此阶段，主讲教师的点评是多视角、全过程的，具有重要的指导意义。最后，主讲教师留一些讨论时间，让各小组对点评意见进行反馈并阐述理由。此外，在鼓励头脑风暴、小组合作的同时，也强调具有批判思维、富有创意的个人发挥。

南开大学采用 P-MASE 模型的教学实践结果表明：在教学中灵活使用该模型，能够促进教学与科研的融合，发挥专业教师的科研特长，激发学生的问题意识和探究兴趣，增强学生学习的自主性，促进教师与学生、学生与学生和教师与教师之间多维度、多层次的互动交流。本书后续各章会按照 P-MASE 模型的体系，设置引入问题、寻找方法、问题分析、问题求解和效果评价 5 个板块，以便读者开展研究性学习。

参考文献

[1] 精准医学知识库构建 [EB/OL].[2024-01-02].https://max.book118.com/html/2021/0414/5210042032003221.shtm.

[2] 栗美娜，丁陶，于文雅，等 . 转化医学机构的组织构架管理研究 [EB/OL].[2024-01-01]. https://www.zsdocx.com/p-6752304.html.

[3] 陆伟良，杜昱，侯惠荣，等 . 智慧医疗的现状及发展 [J]. 中国医院建筑与装备，2016(3)：82-84.

[4] DeepTech 深科技 . 施一公独家专访 | AlphaFold 应用于蛋白结构预测是人类在本世纪取得的最重要的科学突破之一 [EB/OL] .[2024-01-01].https://mp.weixin.qq.com/s/FNnkeIAoN1Ps2liN74oVlw.

[5] 奥比斯科技 .AI 医疗：人工智能在医疗行业中的几大突破案例 [EB/OL]. [2024-01-01]. https://www.sohu.com/a/270645378_100119466.

[6] 黄成，毛蕾，薛泽林 . 智慧社区建设评估：现状、问题与策略 [J]. 安徽建筑大学学报，2021，29（5）：45-50.

[7] 李诗濛，李俊青，王斌，等 . 迈向 "6S" 智慧家居：智能科技与智慧生活 [J]. 电器杂志，2021（9）：46-51.

[8] 李信茹，周民，米屹东，等 . 智慧环保体系在环境治理中的应用 [J]. 环境工程技术学报，2021，11（5）：992-1003.

[9] 艾媒咨询 . 2022—2026 年中国无人驾驶汽车行业深度调研及投资前景预测报告 [EB/OL]. [2024-01-01]. http://www.ocn.com.cn/reports/1888wurenjiashiqiche.shtml?origin=baidu_so&bd_vid=10190073321670483777.

[10] 陈光 . 自动驾驶汽车涉及哪些技术？ [EB/OL]. [2024-01-01].https://www.zhihu.com/question/24506695.

[11] 吴军 . 计算之魂 [M]. 北京：人民邮电出版社，2022.

第 2 章

智能计算编程基础

本章使命

Goal 相比于人脑，数字计算机依靠其在计算能力方面的巨大优势，广泛应用于各类计算任务中。另外，由于简单易用、有丰富的第三方库等优点，Python 已成为当前智能计算领域流行的编程语言。

数据描述性统计分析在智能计算中具有重要的地位，分析结果既可直接应用在数据分析工作中以得到相应结论，也可以应用在数据建模前以掌握数据的整体情况。本章使命就是以数据描述性统计分析问题为例，以 Python 语言为编程工具，展现数字计算机的高效计算能力。

2.1 引入问题

2.1.1 问题描述

慢性肾脏病（CKD）是指超过三个月持续的肾脏损害和功能下降。在这段时间内，肾脏清除血液中代谢废物的能力逐渐下降，肾脏无法正常执行其功能。CKD 作为一种非传染性疾病，在全球范围内已经有大量死亡病例。与乳腺癌或前列腺癌相比，CKD 每年的死亡率更高。它是全球范围内一个令人关注的公共卫生问题，所以预测该病对采取必要的预防措施具有重要作用。

CKD 一般进展缓慢，早期没有明显的症状，所以大多数患者都没有意识已患病，导致不能在早期就发现疾病并接受治疗。随着时间的推移，病情恶化，伴随着肾功能的衰竭，CKD 终末期需要进行肾透析或者肾移植。无论是检测、诊断还是治疗，都需要很高的费用，而且 CKD 患者的死亡率也会提高。因此，在 CKD 早期就进行诊断和及时治疗可以延缓或者预防 CKD 的终末期。如果 CKD 患者在早期就能使用低成本的计算机辅助诊断来分析身体状况，不仅可以降低整个患病时期诊断的成本，还可以及早治疗，延缓病情的发展。

在建模、预测前，通常需要先对数据做描述性统计分析，以发现并处理数据中的异常值和缺失值，从而避免异常值和缺失值对建模效果带来负面影响。其中，缺失值是指缺失的数据项，如某用户在填写调查问卷时，没有填写"年龄"一栏的信息，那么对于该用户填写的这条数据来说，"年龄"数据项就是缺失值；异常值是指虽然有值但值明显偏离了正常的取值范围，如针对 18 ～ 30 岁成年人的调查问卷中，某用户填写调查问卷时将年龄误填为 2。

本章以 CKD 数据为例展示缺失值的发现和处理方法，包括两个问题：一是数据中缺失值的统计，二是数据中缺失值的填充。

【问题 1】缺失值的统计：统计各数据项缺失值的数量，并统计含缺失值的数据条数。对于一条数据来说，只要有一个数据项是缺失值，它就是含缺失值的数据。

【问题 2】缺失值的填充：当含缺失值的数据比例较高时，直接删除这些数据会导致可用数据量减少，进而影响建模效果。因此，需要根据非缺失值对缺失值进行填充。

课程思政：问题
求解与计算思维

2.1.2 问题归纳

【问题 1】本问题以 CKD 数据为例，统计数据缺失值的情况。数据中的缺失值以固定符号表示，因此本问题实质上就是统计各列中缺失值符号出现的次数，以及含缺失值符号的数据条数。

【问题 2】本问题在问题 1 的基础上，对数据缺失值进行填充。填充的方式较多，如取上一有效数据项的值、取下一有效数据项的值、取同一列所有有效数据项的中值、取同一列所有有效数据项的均值、建模完成缺失值填充等，这里我们使用"取同一列所有有效数据项的均值"这种填充方法。

2.2 寻找方法

由于具有简单易用、第三方库丰富等优点，Python 已成为当前智能计算领域中一种非常流行的编程语言。本书的读者应具备 Python 程序设计的基础知识，因此本书不会再系统介绍 Python 编程的基础知识，而是在简单介绍 Anaconda 环境的安装配置及 Jupyter Notebook 的使用后，从求解 2.1 节所述问题的角度给出程序实例，帮助读者回顾 Python 编程的基础知识。

2.2.1 Python 编程环境

1. Anaconda 环境的安装配置

Anaconda 是一个用于科学计算的 Python/R 发行版，支持 Linux、Windows、MacOS 系统。它提供了包管理与环境管理的功能，可以方便地解决多版本 Python 并存、切换以及各种第三方包安装问题。使用 Anaconda 可以一次性地获得几百种用于科学和工程计算相关任务的 Python 编程库，避免安装各种 Python 包的麻烦。读者可以从 Anaconda 官网的个人版安装包下载页面（https://www.anaconda.com/products/individual）下载各平台的安装包，如图 2-1 所示。这里只给出 Windows 系统上的 Python 安装说明。读者可以根据自己的操作系统版本选择下载 Python 3.X 的 32 位安装包或 64 位安装包。下载完成后，运行安装包，按照安装向导设置安装路径，即可完成安装。

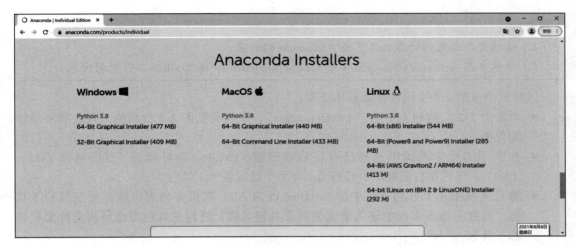

图 2-1　Anaconda 官网的个人版安装包下载页面

Anaconda 安装完成后，会在"开始"菜单中出现几个新应用：

- Anaconda Navigator：用于管理工具包和环境的图形用户界面，其中提供了 Jupyter Notebook、Spyder 等编程环境的启动按钮，如图 2-2 所示。
- Anaconda Prompt：用于管理工具包和环境的命令行界面。
- Jupyter Notebook：基于 Web 的交互式编程环境，可以方便地编辑并运行 Python 程序，用于展示数据分析的过程。本书中的全部示例程序都基于 Jupyter Notebook 运行并展示其运行结果。
- Spyder：基于客户端的 Python 程序集成开发环境。在 Jupyter Notebook 中进行程序调试需要使用 pdb 命令，使用起来很不方便。如果读者需要通过调试解决程序中的逻辑错误，则建议使用 Spyder 或 PyCharm 等客户端开发环境，利用界面操作即可完成调试并方便地查看各种变量的状态。

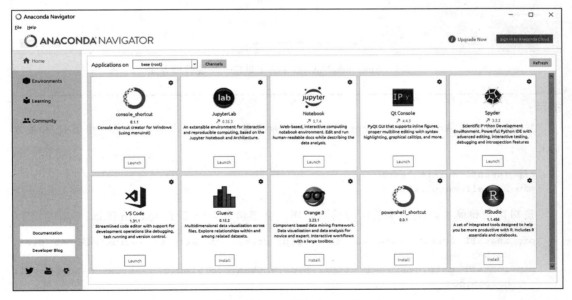

图 2-2　Anaconda Navigator 界面

上机操作：

1）请读者在自己的计算机上完成 Anaconda 的安装。

2）请读者在 Anaconda Navigator 中完成 scikit-learn 和 matplotlib 工具包的安装。

这里只给出第 2 个上机操作的具体步骤：

- 单击图 2-2 左侧列表中的 "Environments"，即可看到图 2-3 所示的工具包和环境管理界面。
- 在中间的操作视图中选择已有环境或创建（Create）新环境后（目前选择了 base（root）），即可在右侧视图中看到当前环境中已安装的工具包。
- 将右侧视图左上方列表框中的 Installed 改为 All，直接在列表中选择要安装的工具包，或在上方搜索框中输入要安装的工具包名称，进行工具包筛选后再选择要安装的工具包。
- 选择要安装的工具包前面的复选框，再单击右下方的 Apply 按钮即可开始安装。由于已经安装了 matplotlib，因此这里选择 mpld3 作为安装示例。

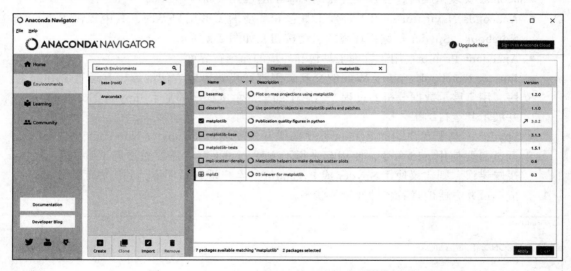

图 2-3　Anaconda Navigator 的工具包和环境管理界面

提示：

1）也可以在 Anaconda Prompt 下使用 pip 命令完成相应工具包的安装（推荐使用该方法），如：

```
pip install scikit-learn
pip install matplotlib
```

使用国内镜像可以减少安装包的获取时间，如下面命令使用了 douban 镜像：

```
pip install scikit-learn -i http://pypi.douban.com/simple/ --trusted-host pypi.
    douban.com
pip install matplotlib -i http://pypi.douban.com/simple/ --trusted-host pypi.
    douban.com
```

2）Anaconda Prompt 的启动方法如下：在图 2-3 的中间视图中选择某一环境后，单击环境名称后面的箭头，在出现的弹出菜单中选择 Open Terminal，也可以直接在系统的"开始"菜单中找到 Anaconda Prompt 并运行。

2. Jupyter Notebook 的使用

Jupyter Notebook 是基于浏览器的开发环境，可以用于便捷地编辑和运行 Python 程序。启动 Jupyter Notebook 的方法如下：

- 在图 2-2 中单击 Jupyter Notebook 图标下方的 Launch 来启动 Jupyter Notebook 服务，并自动启动系统默认浏览器来显示 Jupyter Notebook 开发界面。

Jupyter Notebook
操作演示

- 在系统的"开始"菜单中找到并运行 Jupyter Notebook（推荐使用该方法），出现如图 2-4 所示的界面（读者的计算机启动后是黑底白字，此处为了显示清楚，所以更改为白底黑字），并自动启动系统默认浏览器来显示 Jupyter Notebook 的开发界面，如图 2-5 所示。

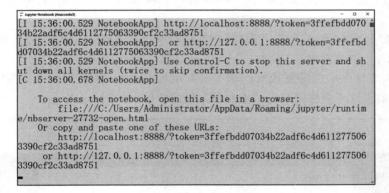

图 2-4　Jupyter Notebook 的启动界面

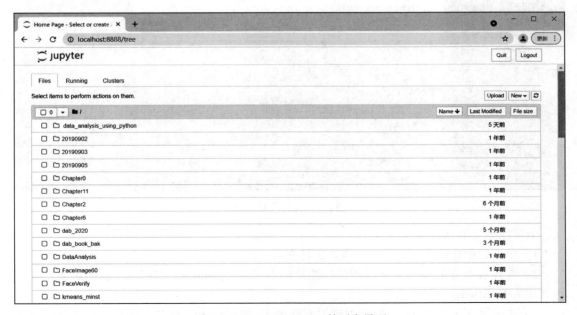

图 2-5　Jupyter Notebook 的开发界面

提示：

如果启动 Jupyter Notebook 后未自动启动系统的默认浏览器并显示 Jupyter Notebook 开发界面，则可根据 Jupyter Notebook 启动界面中的提示，将网址复制并粘贴到浏览器的地址栏中，访问该网址即可显示开发界面。

下面通过上机操作来演示在 Jupyter Notebook 中编辑并运行 Python 程序的方法。

上机操作：

1）请读者在自己的计算机上启动 Jupyter Notebook，新建一个以自己的姓名命名的文件夹。

2）进入新建文件夹，新建一个名为 Chap2 的 Python 3 代码。

3）在第一个代码框中输入 print(' 大家好！ ')，运行程序并查看运行结果。

上机操作 1 的操作步骤如下：

1）按前面介绍的方法启动 Jupyter Notebook，显示如图 2-5 所示的 Jupyter Notebook 开发界面。

2）选择右上方的 New，在出现的快捷菜单中选择 Folder，此时会新建一个名字为"Untitled Folder"的文件夹。

3）单击该文件夹前面的复选框，在左上方出现 Rename 按钮，单击该按钮后在弹出对话框中输入新的文件夹名称并单击"重命名"按钮即可，如图 2-6 所示。

图 2-6　文件夹重命名

上机操作 2 的操作步骤为：

1）单击新创建的文件夹名称，进入文件夹。

2）选择右上方的 New，在出现的快捷菜单中选择 Python 3，弹出一个新的页面，其名称默认为 Untitled。

3）单击页面上方 Jupyter 图标右侧的 Untitled，即可弹出重命名对话框，修改代码名称为 Chap2 并单击"重命名"按钮即可，如图 2-7 所示。

图 2-7　Python 3 代码重命名

上机操作 3 的操作步骤为：

1）在第一个代码框中输入代码：

```
print('大家好！')
```

2）单击上方工具栏中的"运行"按钮（或直接按键盘上的 <Shift+Enter> 组合键），即可看到运行结果，如图 2-8 所示。

图 2-8　在 Jupyter Notebook 中输入代码并运行

2.2.2   Python 编程基础

本节结合缺失值统计和缺失值填充问题，给出若干程序示例，帮助读者复习 Python 编程的基础知识。关于代码的具体含义可参考程序中的注释。

1. 数据的输入

在做具体运算前，需要先输入运算数，代码 2-1 给出了待进行数据缺失值统计和缺失值填充的数据输入程序示例。首先输入数据条数，然后每行输入三个数据项，使用 −9999 表示缺失值。

代码 2-1   数据输入程序示例

```
1    n = int(input('请输入数据条数：')) # 输入数据条数
2    ls = [] # 用于保存数据
3    for i in range(n): # 循环输入 n 行数据
4        value1 = eval(input('请输入第一个数值（-9999 代表缺失值）：')) # 输入一条数据中的
             第一个数值
5        value2 = eval(input('请输入第二个数值（-9999 代表缺失值）：')) # 输入一条数据中的
             第二个数值
6        value3 = eval(input('请输入第三个数值（-9999 代表缺失值）：')) # 输入一条数据中的
             第三个数值
7        element = [value1, value2, value3] # 生成一条列表形式的数据
8        ls.append(element) # 将新数据加入列表中
9    print('输入的数据：', ls) # 将输入的数据输出显示
```

运行程序后，根据提示依次输入数据：

```
请输入数据条数：5
请输入第一个数值（-9999 代表缺失值）：1
请输入第二个数值（-9999 代表缺失值）：2
请输入第三个数值（-9999 代表缺失值）：-9999
请输入第一个数值（-9999 代表缺失值）：2
请输入第二个数值（-9999 代表缺失值）：-9999
请输入第三个数值（-9999 代表缺失值）：3
请输入第一个数值（-9999 代表缺失值）：5
请输入第二个数值（-9999 代表缺失值）：-9999
请输入第三个数值（-9999 代表缺失值）：2
请输入第一个数值（-9999 代表缺失值）：-9999
请输入第二个数值（-9999 代表缺失值）：1
请输入第三个数值（-9999 代表缺失值）：3
请输入第一个数值（-9999 代表缺失值）：3
请输入第二个数值（-9999 代表缺失值）：2
请输入第三个数值（-9999 代表缺失值）：1
```

程序运行结束后，可得到下面的结果：

```
输入的数据：[[1, 2, -9999], [2, -9999, 3], [5, -9999, 2], [-9999, 1, 3], [3, 2, 1]]
```

2. 函数和类

在数学领域，证明一个定理时通常要借助已有的公理和定理。我们在使用这些已有的公理和定理时，并不需要考虑它们的证明过程，只要清楚它们所表述的含义即可。通过证明得到一个新的定理后，该定理又可以直接应用于其他定理的证明过程中，而不需考虑其本身的证明过程。可见，通过知识体的封装，我们可以在忽略知识证明细节的情况下，直接应用已有知识解决问题。这种方式有效地实现了已有知识的快速复用，从而推动了学科的发展。

　　程序设计领域也是如此。在利用计算机求解问题时，通常也要先设计和实现若干功能封装体，将这些封装体组合应用，即可得到问题的解。功能封装体不仅可以在一个问题的求解过程中应用，而且可以应用在多个问题的求解过程中。这样的功能封装体具有一次实现、多次重复应用的优点，有效提高了问题求解的效率，这就是程序设计领域中的复用。作为一种面向对象的程序设计语言，Python 中的功能封装体以函数和类两种形式实现。例如，对于数据的缺失值统计及缺失值填充，我们可以实现一个数据分析类，在数据类中通过属性成员保存各条数据、通过方法成员（即类中的函数）实现数据的操作和运算。代码 2-2 给出了代码 2-1 的类封装形式的实现方法。

代码 2-2　代码 2-1 的类封装形式的实现方法

```
1   class MyDA:  # 定义 MyDA 类
2       def __init__(self):  # 构造方法
3           self.ls = []  # ls 属性用于保存待做缺失值统计和缺失值填充的数据
4       def inputElements(self):  # 用于输入数据的方法
5           n = int(input('请输入数据条数：'))  # 输入数据条数
6           for i in range(n):  # 循环输入 n 行数据
7               value1 = eval(input('请输入第一个数值（-9999 代表缺失值）：'))  # 输
                    入一条数据中的第一个数值
8               value2 = eval(input('请输入第二个数值（-9999 代表缺失值）：'))  # 输
                    入一条数据中的第二个数值
9               value3 = eval(input('请输入第三个数值（-9999 代表缺失值）：'))  # 输
                    入一条数据中的第三个数值
10              element = [value1, value2, value3]  # 生成一条列表形式的数据
11              self.ls.append(element)  # 将新数据加入列表中
12      def outputElements(self):  # 用于输出数据的方法
13          for i in range(len(self.ls)):  # 遍历每一个元素的索引
14              print(self.ls[i])  # 输出元素
15  myda = MyDA()  # 创建 MyDA 对象
16  myda.inputElements()  # 输入数据
17  myda.outputElements()  # 输出数据
```

运行程序后，根据提示依次输入数据：

```
请输入数据条数：5
请输入第一个数值（-9999 代表缺失值）：1
请输入第二个数值（-9999 代表缺失值）：2
请输入第三个数值（-9999 代表缺失值）：-9999
请输入第一个数值（-9999 代表缺失值）：2
请输入第二个数值（-9999 代表缺失值）：-9999
请输入第三个数值（-9999 代表缺失值）：3
请输入第一个数值（-9999 代表缺失值）：5
请输入第二个数值（-9999 代表缺失值）：-9999
请输入第三个数值（-9999 代表缺失值）：2
请输入第一个数值（-9999 代表缺失值）：-9999
请输入第二个数值（-9999 代表缺失值）：1
请输入第三个数值（-9999 代表缺失值）：3
请输入第一个数值（-9999 代表缺失值）：3
请输入第二个数值（-9999 代表缺失值）：2
请输入第三个数值（-9999 代表缺失值）：1
```

程序运行结束后，可得到下面的结果：

```
[1, 2, -9999]
[2, -9999, 3]
[5, -9999, 2]
[-9999, 1, 3]
[3, 2, 1]
```

3. 数据的缺失值统计和缺失值填充

对代码 2-2 中的 MyDA 类，可以添加 missingvalue_stat 和 missingvalue_fill_mean 方法，
实现数据的缺失值统计和缺失值填充，如代码 2-3 所示。

代码 2-3　数据缺失值统计和缺失值填充程序示例

```
1    class MyDA: # 定义 MyDA 类
         …… # 代码 2-2 中第 2 ~ 14 行代码
15       def missingvalue_stat(self): # 用于统计缺失值的方法
16           itemcount = [0]*3 # 将 3 个数据项初始缺失值的数量设置为 0
17           datacount = 0 # 将含缺失值数据的初始条数设置为 0
18           for data in self.ls: # 遍历每一条数据
19               missingitem = False # 记录当前数据的各数据项是否存在缺失值
20               for itemidx in range(len(data)): # 依次访问一条数据的每个数据项
21                   if data[itemidx]==-9999: # 如果是缺失值
22                       itemcount[itemidx] += 1 # 对应数据项缺失值数量加 1
23                       missingitem = True # 当前数据含缺失值数据项
24               if missingitem == True: # 如果当前数据含缺失值数据项
25                   datacount += 1 # 将含缺失值数据条数加 1
26           return itemcount, datacount
27       def missingvalue_fill_mean(self): # 用于填充缺失值的方法
28           sum = [0]*3 # 将各数据项非缺失值的和初始化为 0
29           itemcount, datacount = self.missingvalue_stat() # 统计缺失值数量
30           for data in self.ls: # 遍历每一条数据
31               for itemidx in range(len(data)): # 依次访问一条数据的每个数据项
32                   if data[itemidx]!=-9999: # 如果不是缺失值
33                       sum[itemidx] += data[itemidx] # 将非缺失值加到 sum 对应
                                 的元素上
34           mean = [0]*3 # 用于保存各数据项非缺失值的均值
35           for itemidx in range(3):
36               mean[itemidx] = sum[itemidx]/(len(self.ls)-itemcount[itemidx])
                         # 计算各数据项非缺失值的均值
37           for data in self.ls: # 遍历每一条数据
38               for itemidx in range(len(data)): # 依次访问一条数据的每个数据项
39                   if data[itemidx]==-9999: # 如果是缺失值
40                       data[itemidx] = mean[itemidx] # 将缺失值填充为均值
41   myda = MyDA() # 创建 MyDA 对象
42   myda.inputElements() # 输入数据
43   itemcount, datacount = myda.missingvalue_stat() # 缺失值统计
44   print('各数据项缺失值数量: ', itemcount) # 输出各数据项缺失值的数量
45   print('含缺失值数据条数: ', datacount) # 输出含缺失值数据的条数
46   print('填充前的结果: ')
47   myda.outputElements() # 输出数据
48   myda.missingvalue_fill_mean() # 缺失值填充
49   print('填充后的结果: ')
50   myda.outputElements() # 输出数据
```

运行程序后，根据提示依次输入数据：

请输入数据条数: 5
请输入第一个数值 (-9999 代表缺失值): 1

请输入第二个数值（-9999 代表缺失值）：2
请输入第三个数值（-9999 代表缺失值）：-9999
请输入第一个数值（-9999 代表缺失值）：2
请输入第二个数值（-9999 代表缺失值）：-9999
请输入第三个数值（-9999 代表缺失值）：3
请输入第一个数值（-9999 代表缺失值）：5
请输入第二个数值（-9999 代表缺失值）：-9999
请输入第三个数值（-9999 代表缺失值）：2
请输入第一个数值（-9999 代表缺失值）：-9999
请输入第二个数值（-9999 代表缺失值）：1
请输入第三个数值（-9999 代表缺失值）：3
请输入第一个数值（-9999 代表缺失值）：3
请输入第二个数值（-9999 代表缺失值）：2
请输入第三个数值（-9999 代表缺失值）：1

程序运行结束后，可得到下面的结果：

```
各数据项缺失值数量: [1, 2, 1]
含缺失值数据条数: 4
填充前的结果:
[1, 2, -9999]
[2, -9999, 3]
[5, -9999, 2]
[-9999, 1, 3]
[3, 2, 1]
填充后的结果:
[1, 2, 2.25]
[2, 1.6666666666666667, 3]
[5, 1.6666666666666667, 2]
[2.75, 1, 3]
[3, 2, 1]
```

2.2.3 Python 的内置模块和第三方工具包

除了可以通过定义类和函数实现新的功能封装体外，还可以直接使用 Python 的内置模块和第三方工具包提供的功能。下面通过一些程序实例展示 time、random 这两个内置模块和 Pandas 第三方工具包的应用。

1. 利用 time 模块统计计算时间

在利用计算机求解问题时，我们通常会关心各步骤所消耗的计算时间，此时可以使用 Python 内置的 time 模块来实现统计计算时间的功能，如代码 2-4 所示。

代码 2-4　利用 time 模块计算缺失值统计和缺失值填充的时间

```
1  from time import perf_counter # 从 time 模块导入 perf_counter
2  myda = MyDA() # 创建 MyDA 对象
3  myda.inputElements() # 输入数据
4  start = perf_counter() # 缺失值统计前记录一个时间点
5  itemcount, datacount = myda.missingvalue_stat() # 缺失值统计
6  end = perf_counter() # 缺失值统计后记录一个时间点
7  print('缺失值统计时间: %f'%(end-start)) # 两个时间点的差即为缺失值统计所消耗的时间
8  start = perf_counter() # 缺失值填充前记录一个时间点
9  myda.missingvalue_fill_mean() # 缺失值填充
10 end = perf_counter() # 缺失值填充后记录一个时间点
11 print('缺失值填充时间: %f'%(end-start)) # 两个时间点的差即为缺失值填充所消耗的时间
```

运行程序后，根据提示依次输入数据：

```
请输入数据条数: 5
请输入第一个数值 (-9999 代表缺失值): 1
请输入第二个数值 (-9999 代表缺失值): 2
请输入第三个数值 (-9999 代表缺失值): -9999
请输入第一个数值 (-9999 代表缺失值): -9999
请输入第二个数值 (-9999 代表缺失值): -9999
请输入第三个数值 (-9999 代表缺失值): 3
请输入第一个数值 (-9999 代表缺失值): 5
请输入第二个数值 (-9999 代表缺失值): -9999
请输入第三个数值 (-9999 代表缺失值): 2
请输入第一个数值 (-9999 代表缺失值): -9999
请输入第二个数值 (-9999 代表缺失值): 1
请输入第三个数值 (-9999 代表缺失值): 3
请输入第一个数值 (-9999 代表缺失值): 3
请输入第二个数值 (-9999 代表缺失值): 2
请输入第三个数值 (-9999 代表缺失值): 1
```

程序运行结束后，可得到下面的结果：

```
缺失值统计时间: 0.000101
缺失值填充时间: 0.000136
```

提示:

由于运行环境不同，每次运行程序后，输出的数据缺失值统计时间和数据缺失值填充时间并不固定。

2. 利用 random 模块生成大量测试数据

在分析计算所消耗时间时，通常需要统计不同规模的数据情况下的计算时间。单纯依靠人工输入测试数据，难以支撑大规模测试的需求。为了查看大规模数据缺失值统计和数据缺失值填充所消耗的时间，我们引入 random 模块来自动生成测试数据。另外，为了使测试结果更加稳定，我们重复 10 次实验，如代码 2-5 所示。

代码 2-5　利用 random 模块生成缺失值统计和缺失值填充的测试数据

```
1    import random # 导入 random 模块
2    from time import perf_counter # 从 time 模块导入 perf_counter
     …… # 代码 2-3 中第 1 ~ 40 行代码
43       def randomElements(self, n): # 随机生成 n 条数据
44           value1 = [random.randint(-200,1000) for _ in range(n)] # 生成 [-200,999]
                 区间的 n 个随机整数
45           value2 = [random.randint(-200,1000) for _ in range(n)] # 生成 [-200,999]
                 区间的 n 个随机整数
46           value3 = [random.randint(-200,1000) for _ in range(n)] # 生成 [-200,999]
                 区间的 n 个随机整数
47           for idx in range(n): # 将小于 0 的数值转为缺失值 -9999
48               if value1[idx]<0:
49                   value1[idx] = -9999
50               if value2[idx]<0:
51                   value2[idx] = -9999
52               if value3[idx]<0:
53                   value3[idx] = -9999
```

```
54              self.ls = []  # 将待处理数据列表置为空
55              for v1,v2,v3 in zip(list(value1), list(value2), list(value3)):  # 获取
                    value1、value2 和 value3 中同一位置的元素
56                  self.ls.append([v1,v2,v3])  # 将 3 个元素封装成列表加到 self.ls 中
57  myda = MyDA()  # 创建 MyDA 类对象
58  myda.randomElements(100000)  # 随机生成数据
59  start = perf_counter()  # 数据缺失值统计前记录一个时间点
60  itemcount, datacount = myda.missingvalue_stat()  # 缺失值统计
61  end = perf_counter()  # 数据缺失值统计后记录一个时间点
62  print(' 数据缺失值统计消耗时间：%f'%(end-start))  # 两个时间点的差即为数据缺失值统计所消耗
        的时间
63  start = perf_counter()  # 数据缺失值填充前记录一个时间点
64  myda.missingvalue_fill_mean()  # 数据缺失值填充
65  end = perf_counter()  # 数据缺失值填充后记录一个时间点
66  print(' 数据缺失值填充消耗时间：%f'%(end-start))  # 两个时间点的差即为数据缺失值填充所消耗
        的时间
```

程序运行结束后，可得到下面的结果：

```
数据缺失值统计消耗时间：0.065014
数据缺失值填充消耗时间：0.215024
```

提示：

1）与代码 2-4 相同，由于运行环境不同，每次运行程序后，输出的数据缺失值统计时间和数据缺失值填充时间并不固定。

2）第 44 ~ 46 行代码中，random.randint(m,n) 函数的作用是生成 [m,n] 范围内的随机整数。

3. 利用 Pandas 工具包实现数据缺失值统计和数据缺失值填充

对于一些常用功能，Python 的内置模块或第三方工具包通常已提供函数或类，可以直接使用，而且这些 Python 的内置模块或第三方工具包在实现相应功能时通常会做优化，直接调用这些已有的函数或类会比我们重新实现相应功能具有更高的计算效率。因此，我们在使用 Python 进行问题求解时，通常先根据要实现的功能选择相应的 Python 内置模块或第三方工具包直接使用；当已有的工具无法提供需要的功能，或者性能无法满足要求时，我们再考虑自己去实现相应的功能模块。代码 2-6 对自己实现的计算方法与利用 Pandas 工具包实现的计算方法进行了计算效率的对比分析。

代码 2-6 利用 Pandas 工具包提升缺失值统计和缺失值填充的计算效率

```
1  import numpy as np  # 导入 NumPy 工具包
2  import pandas as pd  # 导入 Pandas 工具包
   ……  # 代码 2-5 中第 1 ~ 56 行代码
59  myda = MyDA()  # 创建 MyDA 类对象
60  myda.randomElements(100000)  # 随机生成数据
61  df = pd.DataFrame(myda.ls, columns=['value1', 'value2', 'value3'])  # 根据 myda.
       ls 创建 DataFrame 对象，df 与 myda.ls 中保存的数据完全一致
62  start = perf_counter()  # 列表数据缺失值统计前记录一个时间点
63  ls_itemcount, ls_datacount = myda.missingvalue_stat()  # 列表数据缺失值统计
64  end = perf_counter()  # 列表数据缺失值统计后记录一个时间点
65  print(' 列表数据缺失值统计消耗时间：%f'%(end-start))  # 两个时间点的差即为列表数据缺失值统
       计所消耗的时间
66  df = df.replace(-9999, np.NaN)  # 将数据中的 -9999 替换为 np.NaN（Python 中缺失值的表
       示方法）
```

```
67  start = perf_counter() # DataFrame 对象缺失值统计前记录一个时间点
68  df_itemcount = df.isna().sum() # DataFrame 对象各列缺失值的数量统计
69  df_datacount = df.isna().any(axis=1).sum() # DataFrame 对象含缺失值数据的条数统计
70  end = perf_counter() # DataFrame 对象缺失值统计后记录一个时间点
71  print('DataFrame 对象缺失值统计消耗时间：%f'%(end-start)) # 两个时间点的差即为数据缺失
        值统计所消耗的时间
72  start = perf_counter() # 列表数据缺失值填充前记录一个时间点
73  myda.missingvalue_fill_mean() # 列表数据缺失值填充
74  end = perf_counter() # 列表数据缺失值填充后记录一个时间点
75  print(' 列表数据缺失值填充消耗时间：%f'%(end-start)) # 两个时间点的差即为列表数据缺失值填
        充所消耗的时间
76  start = perf_counter() # DataFrame 对象缺失值填充前记录一个时间点
77  df = df.fillna(df.mean())
78  end = perf_counter() # DataFrame 对象缺失值填充后记录一个时间点
79  print('DataFrame 对象缺失值填充消耗时间：%f'%(end-start)) # 两个时间点的差即为 DataFrame
        对象缺失值填充所消耗的时间
```

程序运行结束后，可得到下面的结果：

列表数据缺失值统计消耗时间：0.062880
DataFrame 对象缺失值统计消耗时间：0.003229
列表数据缺失值填充消耗时间：0.201508
DataFrame 对象缺失值填充消耗时间：0.009719

提示：

与代码 2-4 相同，由于运行环境不同，每次运行程序后，输出的缺失值统计时间和缺失值填充时间并不固定。但从输出结果中可以看到，利用 Pandas 工具包提供的 DataFrame 类对象实现缺失值统计和缺失值填充，其效率明显高于自己实现的方法。

拓展学习：Python 常用的第三方库及主要功能模块。

 ## 2.3　问题分析

问题 1 和问题 2 使用 UCI 机器学习存储库中的 CKD 数据集。数据来自患有和未患有 CKD 的患者的血液检查和其他测量值。数据集中总共有 400 条数据，每名患者一条，这些患者在 2015 年 7 月之前接受了大约两个月的治疗。

每条数据有 24 个预测变量及 1 个预测目标变量。预测目标变量有两个值，分别是 1（患有 CKD 的数据）和 0（没有患 CKD 的数据）。在 400 条数据中，250 条数据属于患有 CKD 的范畴，另外 150 条数据属于没有患 CKD 的范畴。

根据 2.2 节的介绍，使用 Pandas 工具包的 DataFrame 类对象可以实现更加高效的缺失值统计和缺失值填充。在进行数据分析前，首先要获取被分析的数据。问题 1 和问题 2 所要分析的数据保存在 CSV 文件中，利用 Pandas 工具包提供的 read_csv 函数可以方便地从 CSV 文件中读取数据并返回保存数据的 DataFrame 对象。

代码 2-7 显示了 CSV 数据文件的读取方法。

代码 2-7　读取 CSV 数据文件

```
1   import pandas as pd # 导入 Pandas 工具包
2   df = pd.read_csv('ckd.csv') # 读取 CSV 文件数据到 df 中
3   print(df) # 输出数据
```

程序运行结束后，可得到下面的结果：

```
     Age Bp     Sg Al Su Rbc Pc Pcc Ba  Bgr ...  Pcv Wbcc Rbcc Htn Dm Cad \
0     48 80   1.02  1  0   ?  0   0  0  121 ...   44 7800  5.2   1  1   0
1      7 50   1.02  4  0   ?  0   0  0    ? ...   38 6000    ?   0  0   0
2     62 80   1.01  2  3   0  0   0  0  423 ...   31 7500    ?   0  1   0
3     48 70  1.005  4  0   0  0   1  0  117 ...   32 6700  3.9   1  0   0
4     51 80   1.01  2  0   0  0   0  0  106 ...   35 7300  4.6   0  0   0
..    .. ..    ... .. ..  .. ..  .. ..  ... ...   .. ...   ..  .. ..  ..
395   55 80   1.02  0  0   0  0   0  0  140 ...   47 6700  4.9   0  0   0
396   42 70  1.025  0  0   0  0   0  0   75 ...   54 7800  6.2   0  0   0
397   12 80   1.02  0  0   0  0   0  0  100 ...   49 6600  5.4   0  0   0
398   17 60  1.025  0  0   0  0   0  0  114 ...   51 7200  5.9   0  0   0
399   58 80  1.025  0  0   0  0   0  0  131 ...   53 6800  6.1   0  0   0


     Appet pe Ane  Class
0        1  0   0      0
1        1  0   0      0
2        0  0   1      0
3        0  1   1      0
4        1  0   0      0
..      .. ..  ..    ...
395      1  0   0      0
396      1  0   0      0
397      1  0   0      0
398      1  0   0      0
399      1  0   0      0

[400 rows x 25 columns]
```

提示：

从输出结果可以看到，数据文件中共包含 400 条数据。问号（?）表示缺失值。

读取数据后，问题 1 可使用 DataFrame 对象的 isna、any 和 sum 方法实现缺失值的快速统计，问题 2 可使用 DataFrame 对象的 fillna 和 mean 方法实现缺失值的快速填充。

2.4　问题求解

基于 2.3 节的分析，可以很容易地完成对问题 1 和问题 2 的求解，如代码 2-8 所示。

代码 2-8　问题求解

```
1   import numpy as np # 导入 NumPy 工具包
2   import pandas as pd # 导入 Pandas 工具包
3   df = pd.read_csv('ckd.csv', header=0, na_values="?") # 读取 CSV 文件数据到 df 中
4   df = df.replace('?', np.NaN) # 将代表缺失值的问号（?）替换为 Python 中的缺失值表示方法
5   itemcount = df.isna().sum() # 统计各数据项缺失值的数量
6   datacount = df.isna().any(axis=1).sum() # 统计含缺失值数据的条数
7   print(' 各数据项缺失值的数量: \n', itemcount)
```

```
8    print('含缺失值数据的条数: \n', datacount)
9    print('缺失值填充前: \n', df)
10   df = df.fillna(df.mean())
11   print('缺失值填充后: \n', df)
```

程序运行结束后，可得到下面的结果：

各数据项缺失值的数量：

```
Age         9
Bp         12
Sg         47
Al         46
Su         49
Rbc       152
Pc         65
Pcc         4
Ba          4
Bgr        44
Bu         19
Sc         17
Sod        87
Pot        88
Hemo       52
Pcv        71
Wbcc      106
Rbcc      131
Htn         2
Dm          0
Cad         2
Appet       1
pe          1
Ane         1
Class       0
dtype: int64
```

含缺失值数据的条数：
 242

缺失值填充前：

	Age	Bp	Sg	Al	Su	Rbc	Pc	Pcc	Ba	Bgr	...	Pcv \
0	48.0	80.0	1.020	1.0	0.0	NaN	0.0	0.0	0.0	121.0	...	44.0
1	7.0	50.0	1.020	4.0	0.0	NaN	0.0	0.0	0.0	NaN	...	38.0
2	62.0	80.0	1.010	2.0	3.0	0.0	0.0	0.0	0.0	423.0	...	31.0
3	48.0	70.0	1.005	4.0	0.0	0.0	0.0	1.0	0.0	117.0	...	32.0
4	51.0	80.0	1.010	2.0	0.0	0.0	0.0	0.0	0.0	106.0	...	35.0
..	...	...	...	...	...	...	...	...	...	...	...	...
395	55.0	80.0	1.020	0.0	0.0	0.0	0.0	0.0	0.0	140.0	...	47.0
396	42.0	70.0	1.025	0.0	0.0	0.0	0.0	0.0	0.0	75.0	...	54.0
397	12.0	80.0	1.020	0.0	0.0	0.0	0.0	0.0	0.0	100.0	...	49.0
398	17.0	60.0	1.025	0.0	0.0	0.0	0.0	0.0	0.0	114.0	...	51.0
399	58.0	80.0	1.025	0.0	0.0	0.0	0.0	0.0	0.0	131.0	...	53.0

	Wbcc	Rbcc	Htn	Dm	Cad	Appet	pe	Ane	Class
0	7800.0	5.2	1.0	1	0.0	1.0	0.0	0.0	0
1	6000.0	NaN	0.0	0	0.0	1.0	0.0	0.0	0
2	7500.0	NaN	0.0	1	0.0	0.0	0.0	1.0	0
3	6700.0	3.9	1.0	0	0.0	0.0	1.0	1.0	0
4	7300.0	4.6	0.0	0	0.0	1.0	0.0	0.0	0

```
 ..     ...    ...  ...  ...  ...   ...  ...  ...      ...
395  6700.0   4.9  0.0   0   0.0   1.0  0.0  0.0        0
396  7800.0   6.2  0.0   0   0.0   1.0  0.0  0.0        0
397  6600.0   5.4  0.0   0   0.0   1.0  0.0  0.0        0
398  7200.0   5.9  0.0   0   0.0   1.0  0.0  0.0        0
399  6800.0   6.1  0.0   0   0.0   1.0  0.0  0.0        0
```

`[400 rows x 25 columns]`
缺失值填充后:

```
      Age    Bp     Sg    Al   Su  Rbc   Pc  Pcc   Ba        Bgr  ...    Pcv  \
0    48.0  80.0  1.020  1.0  0.0  0.0  0.0  0.0  0.0  121.000000  ...   44.0
1     7.0  50.0  1.020  4.0  0.0  0.0  0.0  0.0  0.0  148.036517  ...   38.0
2    62.0  80.0  1.010  2.0  3.0  0.0  0.0  0.0  0.0  423.000000  ...   31.0
3    48.0  70.0  1.005  4.0  0.0  0.0  0.0  1.0  0.0  117.000000  ...   32.0
4    51.0  80.0  1.010  2.0  0.0  0.0  0.0  0.0  0.0  106.000000  ...   35.0
 ..   ...   ...    ...  ...  ...  ...  ...  ...  ...         ...  ...    ...
395  55.0  80.0  1.020  0.0  0.0  0.0  0.0  0.0  0.0  140.000000  ...   47.0
396  42.0  70.0  1.025  0.0  0.0  0.0  0.0  0.0  0.0   75.000000  ...   54.0
397  12.0  80.0  1.020  0.0  0.0  0.0  0.0  0.0  0.0  100.000000  ...   49.0
398  17.0  60.0  1.025  0.0  0.0  0.0  0.0  0.0  0.0  114.000000  ...   51.0
399  58.0  80.0  1.025  0.0  0.0  0.0  0.0  0.0  0.0  131.000000  ...   53.0

       Wbcc      Rbcc  Htn  Dm  Cad   Appet   pe  Ane  Class
0    7800.0  5.200000  1.0   1  0.0     1.0  0.0  0.0      0
1    6000.0  4.707435  0.0   0  0.0     1.0  0.0  0.0      0
2    7500.0  4.707435  0.0   1  0.0     0.0  0.0  1.0      0
3    6700.0  3.900000  1.0   0  0.0     0.0  1.0  1.0      0
4    7300.0  4.600000  0.0   0  0.0     1.0  0.0  0.0      0
 ..     ...       ...  ...  ..  ...     ...  ...  ...    ...
395  6700.0  4.900000  0.0   0  0.0     1.0  0.0  0.0      0
396  7800.0  6.200000  0.0   0  0.0     1.0  0.0  0.0      0
397  6600.0  5.400000  0.0   0  0.0     1.0  0.0  0.0      0
398  7200.0  5.900000  0.0   0  0.0     1.0  0.0  0.0      0
399  6800.0  6.100000  0.0   0  0.0     1.0  0.0  0.0      0
```

`[400 rows x 25 columns]`

提示:

对比缺失值填充前和缺失值填充后的输出结果,可以看到 NaN 均已被替换为有效值。

2.5 效果评价

读者可以尝试在自己的计算机上运行代码 2-8,程序会立即输出计算结果。可见,对于人来说比较复杂的计算任务,利用计算机可以快速完成求解。因此,在实际中,我们应充分发挥计算机在计算方面的优势,主动利用计算的方法来更高效地完成相关工作。

参考文献

[1] 王恺,王志,李涛,等. Python 语言程序设计 [M]. 北京:机械工业出版社,2019.

[2] 王恺,路明晓,于刚,等. Python 数据分析与应用 [M]. 北京:机械工业出版社,2021.

[3] tejasnaik0509/CKD-Prediction[EB/OL].https://github.com/tejasnaik0509/CKD-Prediction.

[4] RUBINI L. Chronic_Kidney_Disease DataSet[DS/OL].https://archive.ics.uci.edu/ml/datasets/ Chronic_Kidney_Disease.

[5] RASHED-AL-MAHFUZ M, HAQUE A , AZAD A ,et al. Clinically applicable machine learning approaches to identify attributes of chronic kidney disease (ckd) for use in low-cost diagnostic screening[J]. IEEE Journal of Translational Engineering in Health and Medicine,2021(4).

[6] RAJU N , LAKSHMI K P, PRAHARSHITHA K G , et al. Prediction of chronic kidney disease (CKD) using Data Science[C]//IEEE 2019 International Conference on Intelligent Computing and Control Systems (ICCS).New York: IEEE Communications Society，2019.

[7] GUNARATHNE W H S D , PERERA K , KAHANDAWAARACHCHI K . Performance evaluation on machine learning classification techniques for disease classification and forecasting through data analytics for chronic kidney disease (CKD)[C]//2017 IEEE 17th International Conference on Bioinformatics and Bioengineering (BIBE). New York: IEEE Communications Society，2017.

[8] ROSMANI A F , MAZLAN U H , IBRAHIM A F , et al. i-KS: Composition of chronic kidney disease (CKD) online informational self-care tool[C]// International Conference on Computer. New York: IEEE Communications Society，2015.

数据获取和预处理

3.1　引入问题

3.1.1　问题描述

　　随着生活水平的提高，大家越来越关注自己和家人的身体健康。出现感冒、流鼻涕等症状时，一般会先初步判断是风热感冒还是风寒感冒，再自行选择一些合适的药物缓解症状或去医院进一步治疗。

　　人们买药主要有三种方式，一是到药店，由店内药师根据我们描述的症状推荐对症的药物；二是去医院，通过医生问诊及检测结果，由医生对症开药；三是根据医生处方或建议从网上购药。

3.1.2　问题归纳

　　药品通常分为处方药和非处方药，这里提到的去药店或网上购买药品，通常指购买非处方药。除了关心价格外，购买者主要考虑是否对症及疗效如何，且一般会选择知名药厂生产的产品。另外，对儿童来说，药品的服用方式和口味也是一个不容忽视的因素。由于药物种类太多，本章主要针对感冒药进行数据获取，以便于后期的分析归纳。

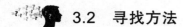 **3.2　寻找方法**

3.2.1　数据的类别

由于本书采用 Python 语言，且网页中大部分代码及数据是用 HTML 或 JavaScript 语言编写的，因此这里简单介绍一下 JavaScript 及 Python 中常用的数据类型及文件格式。

1. JavaScript 的数据类型

JavaScript 中的数据类型分为两类，分别是基本数据类型（或称为值类型）和复杂数据类型（或称为引用数据类型）。其中，基本数据类型包括 Boolean(布尔型)、String(字符串型)、Number（数字型）、Null（空型）和 Undefined（未定义型），复杂数据类型包括 Object（对象）、Array（数组）和 Function（函数）等。

JavaScript 不区分整型和浮点型，就只有一种数字类型，还有一种 NaN，表示不是一个数字。也就是说，如果想把一个字符串转换成数字类型，那么这个字符串必须是全数字组成的才能转换，否则就不能转换。常用的方法是 parseInt() 或 parseFloat()。

JavaScript 中的字符串是采用单引号或双引号括起来的 0 个或多个字符。

JavaScript 中的对象类似于 Python 中的字典，key 可以不加引号，默认是字符串。JavaScript 中的对象本质上是键值对的集合，但是只能用字符串作为键。

JavaScript 中的数组类似于 Python 中的列表，使用单独的变量名来存储一系列的值。JavaScript 数组常用的方法如表 3-1 所示。

表 3-1　JavaScript 数组常用的方法

方法	作用
.length	返回长度
.push(element)	在尾部追加元素
.pop()	删除尾部的元素并返回删除的元素
.unshift(element)	在头部插入元素
.shift()	在头部移除元素
.splice(index,howmany,item1,...,itemX)	向数组中添加 / 删除项目，然后返回被删除的项目
.reverse()	反转
.join(seq)	将数组元素连接成字符串
.concat(val,...)	连接数组，生成新的数组
.sort()	排序
.filter()	创建一个新的数组，其元素是数组中符合条件的所有元素

2. Python 的数据类型

Python 的数据类型包括 Numbers（数字）、String（字符串）、List（列表）、Tuple（元组）、Set（集合）和 Dictionary（字典）。

1）数字：Python 支持 int、float、bool、complex（复数）。当指定一个值时，会创建数字对象，如 var1 = 9。可通过 type() 函数查看对象的类型。

2）字符串：是用单引号 (') 或双引号 (") 括起来的，同时内部可以使用反斜杠 (\\) 实现特殊字符的转义输出。

注意：

Python 中的字符串有两种索引方式：左边从 0 开始，右边从 −1 开始。

字符串可以用加号（+）运算符连接在一起，用星号（*）运算符表示重复。

3）列表：是写在方括号（[ ]）之间，用逗号分隔开的元素列表，其元素类型可以不同。列表是 Python 中最具灵活性的有序集合对象类型。和字符串一样，列表同样可以被索引和截取，列表被截取后返回一个包含所需元素的新列表。

Python 列表的索引与字符串类似。正向索引是从左到右计数，从 0 开始逐渐增加；反向索引是从右到左计数，数字依次减小。与字符串不同的是，列表可以修改其元素的值；列表可以使用加号操作符（+）进行拼接。

4）元组：与列表类似，不同之处在于其元素不能修改，而且使用小括号（）将元素括起来，元素之间用逗号隔开。

元组可被索引且下标与字符串及列表类似，从左向右计数时，从 0 开始不断增加；从右向左计数时，从 −1 开始不断减小。元组也可以使用加号操作符（+）进行拼接。

5）集合：是一个由唯一元素组成的无序集合体。也就是说，集合中的元素没有特定顺序且不重复。可使用大括号（{}）或者 set() 函数创建集合，需要注意的是，创建一个空集合必须使用 set()，因为 { } 创建的是空字典。

6）字典：由若干无序的元素组成。与集合不同的是，字典是一种映射类型，其中的每个元素都由键值对组成，如键（key）：值（value），每个元素键的取值必须唯一（不允许重复，类似关键字）。

可以使用大括号（{}）或 dict() 创建函数。如果要创建空字典，除了上面提到的 {} 之外，还可以使用 dict()。

对于前面提到的药品数据，通常以数值型或字符串型表示，比如"价格"和"药品名"等。

3.2.2 数据采集方法

1. 数据库采集方法

数据库可以被视为电子化的数据仓库，有权限的用户可以根据需求对存储的数据进行操作，比如查找、更新、新增、删除等。数据库是一个按数据结构来存储和管理数据的计算机软件系统。公司或企事业单位通常都有自己的数据库，用于存储人事档案、公司产品、客户等数据。常用的数据库有 Access、MySQL、MongoDB 等。

另外，网络上有很多开源数据集（如 Kaggle、VisualData、Data.gov 等），我们可以从中找出感兴趣的数据进行下载。为了节省时间，提高效率，通常利用开源数据集中的数据进行机器学习。

【例 3-1】从 Kaggle 中寻找药物相关的数据集。

进入 www.kaggle.com，如图 3-1 所示，单击左上角黑框中的"Datasets"，进入 Datasets 搜索页面。

在搜索框内输入 medicine，就会出现与 medicine 相关的多个数据集，如图 3-2 所示。

单击图 3-2 中的第一个搜索结果，就可以进入具体的数据集页面，如图 3-3 所示。

从图 3-3 中可以看出数据集的具体信息，包括文件名称、列数及列名（字段名称）、每列的数据统计等。单击右上角的"Download"，会弹出登录或注册页面，可以使用 Google 账号或者邮箱进行注册，注册成功后，就可以将该数据集下载到本地计算机中。

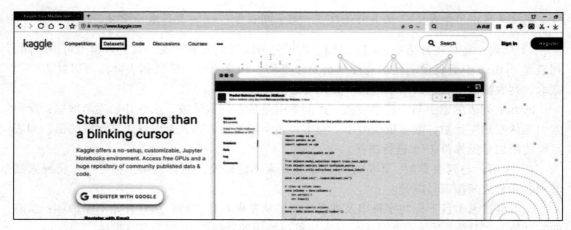

图 3-1   进入 Datasets 搜索页面

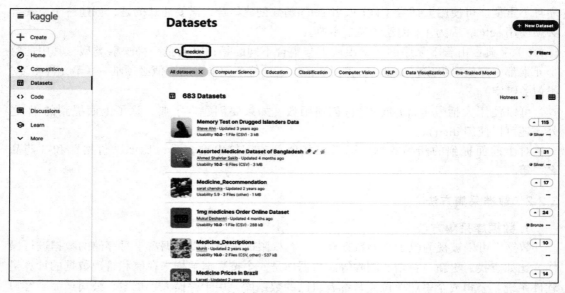

图 3-2   搜索与 medicine 相关的数据集

2. 网络爬虫

网络爬虫（也称为网页蜘蛛，网络机器人）可以按照设定的某种规则，自动地抓取万维网信息的程序或脚本。网络爬虫可以将目标网页上的对应数据下载到本地或服务器，以便于进行后续的数据分析、对数据进行总结或根据已有的数据进行预测分析等。

网络爬虫的基本工作流程如下：

课程思政：辩证
地对待数据

- 发起请求：使用 http 向目标发起 request 请求。
- 获取响应内容：连接成功后，会得到一个 response，其中包含 html、json、图片等。
- 解析内容：使用正则表达式、Bs4 或 XPath 等方式解析 html 的内容。
- 保存数据：以文件的形式保存数据。

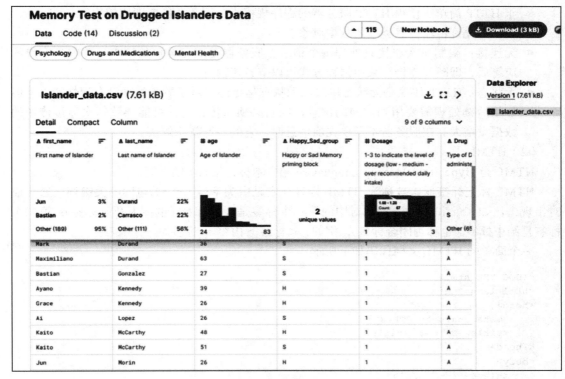

图 3-3　具体数据集页面

要想从网页上爬取数据，先要了解一些基础知识。

（1）HTTP

HTTP 是 Hyper Text Transfer Protocol（超文本传输协议）的缩写，是用于从万维网（World Wide Web，WWW）服务器传输超文本到本地浏览器的传输协议。

HTTP 是基于 TCP/IP 来传递数据（HTML 文件、图片文件、查询结果等）的。

HTTP 工作于客户端 – 服务器架构上。用户作为客户端通过 URL 向服务器端发送请求，服务器接收到请求后，向客户端发送响应信息，如图 3-4 所示。

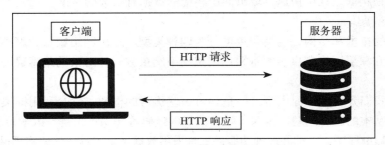

图 3-4　HTTP 的基本原理

HTTP 的主要特点有：

- 支持客户 / 服务器模式。
- 简单快速：用户向服务器发送请求服务时，只需传送请求方法和路径。常用的请求方法有 get、post、head 和 put 等。每种方法规定的客户与服务器联系的类型不同。由于 HTTP 简单，使得 HTTP 服务器的程序规模小，因此通信速度比较快。

- 灵活：允许传输任意类型的数据对象。
- 无连接：限制每次连接只处理一个请求。服务器处理完客户的请求，并收到客户的应答后，即断开连接。采用这种方式可以节省传输时间。
- 无状态：HTTP 协议是无状态协议。无状态是指协议对于事务处理没有记忆能力，但如果后续处理需要用到前面的信息，则它必须重传，这样可能导致每次连接传送的数据量增大。在服务器不需要先前信息时，它的应答就比较快。

（2）HTML

HTML 是 Hyper Text Markup Language（超文本标记语言）的缩写。

HTML 标记标签通常被称为 HTML 标签，它是由尖括号（< >）包围的关键词，通常成对出现，比如 <b> 和 </b>。标签对中的第一个标签是开始标签（也称为开放标签），第二个标签是结束标签（也称为闭合标签），例如：< 标签 > 内容 </ 标签 >。

一个简单的 HTML 文档代码如下所示：

```
<!DOCTYPE html>
<html lang="en">
<head>
    <meta charset="UTF-8">
    <title> 我的标题 </title>
</head>
<body>
    <h1> 第一个网页 </h1>
    <p> 第一个自然段。</p>
</body>
</html>
```

从上面的代码中可以看出，HTML 文档由两部分组成，分别是 head（文件头）和 body（文件主体）。其中，文件头 <head> 是所有头部元素的容器，它可包含脚本，指示浏览器在何处可以找到样式表、提供元信息等。<title> 标签用来定义文档的标题，它是 <head> 部分中唯一必需的元素，表示该网页的名称（出现在浏览器窗口的标题栏中）。文件主体部分 <body> 包含文档的所有内容，包括文本、超链接、图像和表格等。了解各标签的含义及属性，对于后面在爬取过程中快速读取页面中相应的数据有很大的帮助。

（3）Python 爬取

按照实现的技术和结构，网络爬虫可分为四种类型：通用网络爬虫、聚焦网络爬虫、增量式网络爬虫和深层网络爬虫。本章采用聚焦网络爬虫方式，对某网站感冒类药品信息进行爬取。

在这里，我们介绍三方面内容：一是学习一些优秀的框架，学会利用框架实现简单的爬虫任务，解决基本的爬虫问题，再深入学习框架的代码等知识；二是深入学习 Python 相关知识，自己设计爬虫程序，并扩展多种功能；三是采用数据采集工具，快速实现网络数据爬取。

- **常用的 Python 爬虫框架**

Scrapy 框架是一套成熟的开源协作框架，可以高效地爬取数据。Scrapy 的应用范围很广，具有快速、功能强大、简单、易于扩展、便携的特点。其架构如图 3-5 所示。

【例 3-2】用 Scrapy 爬取某网站中的药品品牌。

制作 Scrapy 爬虫的步骤如下：

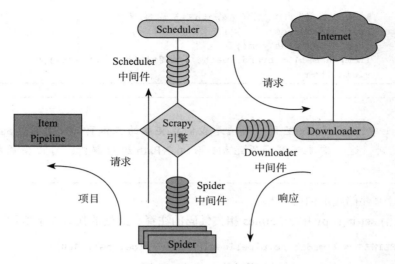

图 3-5　Scrapy 的架构

1）新建一个爬虫项目，此处命名为 medicine。

启动 Anaconda Prompt，输入以下命令：

```
scrapy startproject medicine
```

此时，在同目录下生成 medicine 文件夹（具体位置请查看页面提示），同时在文件夹内会自动生成多个文件。

2）明确想要爬取的目标，创建爬虫程序。

以 https://list.jd.com/list.html?cat=21919 网址为例，爬取该页面中的药品品牌列表。打开 items.py 文件，在其中定义一个字段用来保存爬取到的数据，将下面语句的注释去掉：

```
name = scrapy.Field()
```

3）爬取网页数据。

利用 cd 命令将目录切换到刚才新建的 medicine 文件夹：

```
cd medicine
```

这个要与第一步的文件夹名字对应，然后再输入命令：

```
scrapy genspider brand list.jd.com
```

此时，在 medicine 文件夹下的 spiders 文件夹里生成了一个名为 brand.py 的爬虫文件。

修改 brand.py 里的代码，结果如代码 3-1 所示。

代码 3-1　brand.py

```
import scrapy
from medicine.items import MedicineItem        # 导入 MedicineItem
class BrandSpider(scrapy.Spider):               # 文件自带
    name = 'brand'                              # 文件自带
    allowed_domains = [' list.jd.com']          # 文件自带
    start_urls = ['https://list.jd.com/list.html?cat=21919']
    def parse(self, response):                  # 文件自带
        brands  = response.xpath('//ul[@class="J_valueList v-fixed"]//li)
```

```
                    # 根据实际网页内容自行修改 xpath 括号里的内容
            for brand in brands:
                item = MedicineItem()
                item['name'] = brand.xpath('./a/@title').extract()[0]
                yield item
```

注意：

　　在代码 3-1 中，start_urls 里面的网址是我们要爬取的具体页面。另外，parse 里面的是具体的爬取规则，这里需要了解网页结构，使用 XPath 进行解析，可以使用插件 "XPath Helper"。

　　4）设计管道存储爬取内容。

　　首先，取消 settings.py 中 pipelines 相关代码的注释，此处的代码如下所示：

```
ITEM_PIPELINES = {'medicine.pipelines.MedicinePipeline': 300,}
```

　　其次，模拟浏览器的操作，修改代码如下：

```
USER_AGENT = 'Mozilla/5.0'
```

　　最后，修改 pipelines.py 中的代码，具体如代码 3-2 所示。

代码 3-2　pipelines.py

```
from itemadapter import ItemAdapter
class MedicinePipeline:
    def process_item(self, item, spider):
        with open("brand.txt",'a') as fp:          # 打开 brand.txt 文件
                fp.write(item['name']+'\n')
            # 将药品品牌数据存储在 brand.txt 文本文件中，并添加换行
        return item
```

　　最后启动爬虫。在 weather 目录下，输入命令：

```
scrapy crawl brand
```

　　打开 brand.txt 文件，就会发现爬取的数据。

- **编写 Python 代码**

　　除使用框架外，还可以根据需求利用 Python 编写程序进行数据爬取。Python 自带的网络请求模块是 Urllib 模块，后来随着用户需求的增加，出现了 Urllib3 模块，该模块是第三方模块。除此之外，requests 模块也是目前常用的实现 http 请求的模块，它也是第三方模块，比 Urllib、Urllib3 模块简化很多，而且操作更人性化。

　　使用 requests 模块前需要先安装。以 Windows 为例，通过 cmd 输入命令：pip install requests 就可以实现该模块的安装。

　　requests 中最常用的是 get 方法，它对应于 HTTP 的 GET 方法，是获取 HTML 网页的主要方法。其基本使用格式如下：

```
response = requests.get(url)
```

　　其中，url 是要爬取的 html 网页，response 返回的是一个包含服务器资源的 response 对象。该调用形式是不带参数的，也可以通过配置 params 参数实现参数传递。

response 对象有如下属性：

- response.status_code: HTTP 请求的返回状态，200 表示连接成功，404 表示连接失败。
- response.text: HTTP 响应文本，即 URL 对应的页面内容。
- response.encoding: 从 http_header 中得到的响应内容编码格式。
- response.apparent_encoding: 从内容中分析出的响应内容编码方式。
- response.content: HTTP 响应内容的二进制形式。

这里采用的爬取网页通用代码框架为：

```
import requests
try:
    response = requests.get(url, timeout = 30)
    response.raise_for_status()
    response.encoding = reponse.apparent_encoding
    return response.text
except:
    return " 出现异常情况 "
```

接下来的重点工作是解析 HTML 代码中的数据，通常采用三种方式：正则表达式、XPath 和 Beautiful Soup（即 bs4）。代码 3-1 使用的就是 XPath 方式，相比而言，bs4 上手更简单，下面以 bs4 为例进行介绍。

1）安装 Beautiful Soup 库，命令如下：

```
pip install beautifulsoup4
```

2）导入 bs4，代码为 from bs4 import BeautifulSoup。如果出现无 bs4 的提示，需要执行 import bs4。

3）对 html 文件进行解析，Python 标准库的使用方法是：

```
BeautifulSoup(markup,"html.parser")
```

如：

```
soup = BeautifulSoup(info,"html.parser")
```

最后，通常采用基于 bs4 库的 HTML 内容查找方法，如 find()、find_all() 等，找到需要的数据。具体内容可参考后面的代码。

- **数据采集工具**

使用数据采集工具不需要编写代码，通过鼠标点击就可以轻松实现数据采集，操作更简单、直观。这里主要介绍利用八爪鱼采集器进行数据采集的方法。

八爪鱼采集器的界面如图 3-6 所示，通过三步就能轻松获取数据。

1）选择自定义采集，输入收集数据的网址。

2）结合预览，根据需要选择合适的字段，也就是要采集的数据。

3）设置参数并运行采集，最后根据需要将数据存储为不同格式，如 CSV、Excel 等。

单一页面的数据采集比较容易，如果需要循环采集多个同类网页，可以采用 URL 循环，既可手动设置多个网页，也可以用列表形式设置网页循环。读者可以查看该采集器帮助文件了解详细信息，这里不再赘述，后面会通过实例讲解如何进行数据采集。

3. 调查问卷

调查问卷也称为调查表或询问表，通常是以问题的形式记载所要调查的内容，因此关键是如何设计问卷。

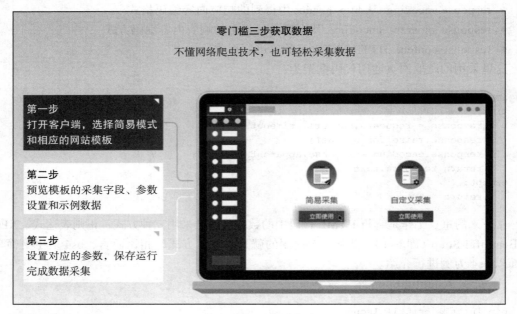

图 3-6　八爪鱼采集器

调查问卷的设计原则如下：

- 主题明确，重点突出。
- 逻辑性强，结构合理。
- 内容通俗易懂、简单明了。
- 时间合理，不占用被调查者太长时间。
- 结果便于统计。

调查问卷的设计及结果的整理、收集是非常耗费时间的，因此我们没有必要自己从头开始设计调查问卷。目前，市场上有很多调查问卷工具，比如：问卷星、腾讯问卷、问卷网和番茄表单等，每一种工具都有不同种类的模板及样式。问卷可直接分享在微信群、QQ 群，或者先生成分享图片（二维码），再以图片的形式进行问卷分享。最重要的是，利用问卷工具可以快速统计结果，并给出不同样式的统计图，导出形式多样化（通常以 Excel 或 SPSS 的形式导出问卷结果）。

3.2.3　数据预处理

利用前面介绍的方法获取的数据不能直接使用，因为其中可能有一些"脏"数据，包括不完整、不规范、不在合理范围的数据以及重复数据等，如果直接利用这些数据进行数据分析挖掘，其结果可能会出现偏差甚至与实际情况相反，因此，需要进行数据预处理，主要包括数据清洗、数据集成、数据转换和数据消减等。

数据清洗有多种方式，主要目的是检测并消除数据中存在的噪声及纠正不一致的问题。数据集成是指将多个数据源中的数据合并成一个新的更完整的数据集。数据转换是指将数据转换为另一种格式，以便于后期处理。数据消减则是指通过删除冗余特征或聚类来消除多余数据。当然，这些数据预处理方法之间是相互关联，而非彼此独立的。

在清洗数据时，首先要配置清洗规则，也就是判断哪些数据是不合理的，即所谓的"脏"数据。这里主要介绍缺失值和重复值的检测与处理。

1. 缺失值的检测与处理

可使用函数 info() 查看数据字段信息，如代码 3-3 所示。

代码 3-3　使用 info() 查看数据信息

```
import pandas as pd
data = pd.read_csv("bj-weather-0216.csv")    # 读取 CSV 文件
data.info()                                   # 显示字段信息
```

可使用函数 isnull() 和 isnull().any() 进行缺失值检测，如代码 3-4 所示。

代码 3-4　使用 isnull() 和 isnull().any() 进行缺失值检测

```
import pandas as pd
data = pd.read_csv("bj-weather-0216.csv ")    # 读取 CSV 文件
data.isnull()                                  # 缺失值检测
data.isnull().any()                            # 缺失值检测
```

注意：

函数 isnull() 或 isnull().any() 检测出缺失值后使用 True 表示，没有检测出缺失值的话，默认使用 False 表示；函数 isnull().sum() 统计缺失值数量，默认值是 0，如果有缺失值，会将真实的缺失值个数计算出来。

另外，也可以通过函数 describe() 查看数据的情况，可获得字段的基本统计特征，包括数据行数、平均值、标准差、最小值和最大值等。

检测到缺失值后，就需要对缺失值进行处理，包括删除缺失值和填充缺失值。

（1）删除缺失值

删除缺失值是通常使用的方法，当然，这仅限于在缺失数据占比很小的情况下使用。可通过函数 dropna() 删除具有缺失值的那一行数据。

函数 dropna() 的格式为：

```
dropna(axis = 0, how = 'any', thresh = None, subset = None, inplace = False)
```

其中：

- axis：默认值为 0，表示删除有缺失值的那一行；如果 axis=1，则删除有缺失值的那一列。
- how：默认值为 any，表明只要某行有缺失值就删除该行；如果 how='all'，表明某行全部为缺失值时才删除该行。
- thresh：阈值设定，当某行中非缺失值的数量小于该值时删除该行数据。
- subset：删除特定列中有缺失值的行或列，如 subset=['Co','PM10'] 表示删除列 Co 和 PM10 中有缺失值的行。
- inplace：默认值为 False，即筛选后的数据存为副本；如果 inplace=True，表示直接在原数据上更改，无返回值。

代码 3-5 给出了删除缺失值的例子。

代码 3-5　删除缺失值数据

```
import pandas as pd
data = pd.read_csv("bj-weather-0216.csv ")        # 读取 csv 文件
data_new = data.dropna()                          # 删除文件中有缺失值的所有行
```

（2）填充缺失值

直接删除缺失值是比较简单的，但可能会对后续数据分析挖掘产生某些影响，因此通常用一个特定值替换缺失值。常用函数 fillna() 进行填充，可填充均值、中位数等值。具体可参考代码 3-6。

代码 3-6　缺失数据的填充

```
import pandas as pd
import numpy as np
df=pd.DataFrame([[np.nan,2,np.nan,0],[3,4,np.nan,1],[np.nan,3,np.nan],[np.
    nan,3,np.nan,4]],columns=list('ABCD'))
df.fillna(10)                     # 可以将上述的 NaN 填充为 10
```

注意：

nan 表示 NaN，即 not a number，np.nan 表示一个 float 类型的数据。

2. 重复记录数据的检测与处理

如果两行数据完全相同，则认为是重复数据。在 Pandas 中，通常使用 duplicated() 来查找重复数据，其返回结果如果是 True，则表示有重复数据，返回结果是 False 表示没有重复数据。drop_duplicates() 主要用来删除重复数据。

这两个函数有内部参数，根据参数值的不同，可以删除后面的数据或删除前面的数据。默认重复数据只保留一行，也可以删除指定行（比如删除指定某列的重复行数据）。

drop_duplicates() 的使用格式为：

```
drop_duplicates(self, subset = None, keep = 'first', inplace = False)
```

代码 3-7 给出了查找及删除重复记录的一个例子。

代码 3-7　重复记录的查找及删除

```
import pandas as pd
df=pd.DataFrame({'A':[1,2,2,1,1],'B':[2,3,3,2,2],'C':[3,4,1,3,3],'D':[0,1,2,4,0]})
    # 创建数据
df
df.duplicated()                         # 查找否有重复数据（行号为 4 的显示 True）
df_1 = df.drop_duplicates()# 将删除重复数据后的数据保存在 df_1 中（删除最后一行）
df_2 = df.drop_duplicates(['B'])        # 删除 B 列中重复的数据（结果只剩下前两行）
df.drop_duplicates(keep='last')         # 删除前面的重复数据（保留后面出现的数据）
```

注意：

从上面的介绍可以看出，数据清洗一般是对备份文件进行操作，而不是在原始数据上直接操作！

3. 数据噪声的检测与处理

数据噪声是指获取数据集中的干扰数据（也就是不准确的数据）。数据噪声的存在使得数据量增加，同时会增大计算误差，并降低数据分析结果的准确性。

常见的处理数据噪声的方法有人工检查、统计模型、分箱、聚类和回归等。其中，聚类和回归在后面的章节中会专门讲述，可使用 Sklearn 中的包来实现，这里简单介绍一下分箱法。

分箱法是一种常用的数据预处理方法，它是通过考察相邻数据来确定最终值。采用分箱法时，需要确定两个主要问题：如何分箱和如何对每个箱子的数据进行平滑处理。其中，有 4 种分箱的方法：等深分箱法（统一权重）、等宽分箱法（统一区间）、用户自定义区间法和最小熵法，而平滑数据方法主要有平均值平滑、边界值平滑和按中值平滑。

可使用 Pandas 中的 cut() 和 qcut() 进行分箱，然后通过 mean() 和 median() 编写数据平滑的函数。

除了自己编写程序进行数据清洗外，还可以使用现有的清洗工具。例如，OpenRefine 是一种具有清洗、转换等功能的工具，类似于 Excel 的表格处理软件，但其工作方式更像数据库，以列和字段的方式工作。OpenRefine 的操作简单，以网页的形式处理数据，通过单击每列的下拉菜单就可以对数据进行处理，比如，去掉单元格数据中的多余空格、去除重复数据、排序、散列图、分列等。OpenRefine 的界面如图 3-7 所示。

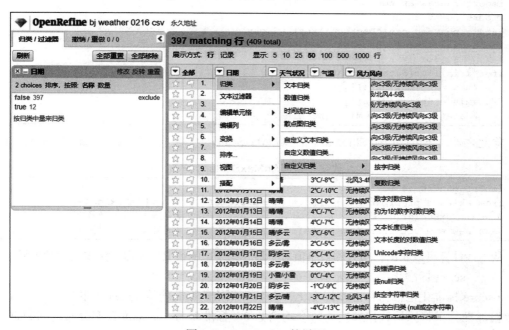

图 3-7　OpenRefine 的界面

说起数据清洗，就不得不提 ETL（Extract-Transform-Load），它用来描述将数据从来源端经过抽取（Extract）、转换（Transform），再加载（Load）至目的端的过程。ETL 作为一个桥梁，负责将不同系统中的数据库经过中间处理统一化格式后转到数据仓库，成为后续分析处理、数据挖掘的基础。主流的 ETL 工具有 Kettle、DataPipeline、Talend、Informatica 等。感兴趣的读者可以下载试用一下。

3.2.4　数据变换

经过前面介绍的数据处理后，我们获得了比较完整且准确的数据。但是，此时仍不能直接对该数据进行分析，还需要进行数据变换，比如数据标准化、数据降维等。

1. 数据标准化

数据标准化（Normalization）是常用的数据预处理操作，目的是将数据转换到统一规格或特定区间，以减少数值范围等因素的影响。通常，在数据标准化中去除数据的单位限制，将其转化为无量纲的纯数值，便于对不同单位或量级的指标进行比较和加权。

下面介绍两种常用的标准化方法：min-max（最小 – 最大）标准化和 z-score 标准化。

（1）min-max 标准化

min-max 标准化也称为离差标准化，是对原始数据进行线性变换，结果映射到 [0,1] 中，如式（3-1）所示：

$$x_{new} = \frac{x - x_{min}}{x_{max} - x_{min}} \tag{3-1}$$

数据导入及 min-max 标准化的过程参见代码 3-8。

代码 3-8　数据导入及 min-max 标准化

```
import pandas as pd
import numpy as np
data = pd.read_csv("Desktop\\test--3.csv")       # 读入数值型数据
(data-data.min())/(data.max()-data.min())        # min-max 标准化，整体计算
# 也可以通过 for 循环，按列进行计算
#for i in list(data.columns):
    #max = np.max(data[i])
    #min = np.min(data[i])
    #data[i]=(data[i]-min)/(ma-min)
```

除此之外，还可以使用 Sklearn 中的 MinMaxScaler() 方法归一化 API，如代码 3-9 所示。

代码 3-9　MinMaxScaler() 方法

```
import pandas as pd
from sklearn.preprocessing import MinMaxScaler   # 导入 MinMaxScaler
m = MinMaxScaler()                               # 实例化一个转换器
data_new = m.fit_transform(data)                 # 进行转换，实现标准化
```

从上述计算可以看出，最大和最小值对于最终结果影响很大，所以一定要清除数据异常值。

（2）z-score 标准化

z-score 标准化也称为标准差标准化，它基于原始数据的均值（mean）和标准差（std）进行数据标准化，将原始数据转换为符合均值为 0、标准差为 1 的标准正态分布的新数据，且无量纲，如式（3-2）所示：

$$x_{new} = \frac{x - \mu}{\delta} \tag{3-2}$$

其中，$\mu = \frac{1}{n}\sum_{i=1}^{n} x_i$，为所有样本数据的均值；$\delta = \sqrt{\frac{1}{n-1}\sum_{i=1}^{n}(x_i - \mu)^2}$，为所有样本数据的标准差。z-score 标准化的方法如代码 3-10 所示。

代码 3-10　　z-score 标准化

```
import pandas as pd
data = pd.read_csv("Desktop\\test--3.csv")        # 读入数值型数据
(data-data.mean ())/data.std()                    # z-score 标准化，整体计算
```

也可以使用更简单的方法：直接调用 Sklearn 库中的 StandardScaler()。具体用法可参考代码 3-9。

2. 数据降维

当获取的样本数量或者特征数量较多时，需要进行数据降维，也就是降低特征矩阵中特征的数量，从而使得样本集容易使用，模型运算速度更快。

Sklearn 中有多种降维算法，包括主成分分析法（PCA）、因子分析（FA）和独立成分分析（ICA）等。其中，使用较多的是主成分分析法，其在数据压缩和数据噪声消除等领域都有广泛应用，其思想是将高维数据投影到低维。降维不是简单地去除一些特征，而是重构，利用全新的正交特征，把重复信息合并起来。

PCA 的参数主要有以下 4 个：

- n_components：指定 PCA 降维后的特征维度数目。
- copy：在运行算法时，是否将原始数据拷贝一份，默认值为 True。
- whiten：白化，即对降维后数据的每个特征进行标准化，让方差都为 1，默认值为 False。
- svd_solver：指定奇异值分解（SVD）的方法，可选值有 auto、full、arpack 和 randomized。

代码 3-11 给出了 PCA 示例。

代码 3-11　　PCA 示例

```
from sklearn.decomposition import PCA        # 加载 PCA 包
pca = PCA(n_components = 2)                   # 加载 PCA 算法，设置降维后的主成分数目为 2
new_data = pca.fit_transform(data)           # 假设 data 为原始部分数据
```

3. 数据相关性分析

相关性分析是指对两个或多个具有相关性的变量元素进行分析，用来衡量变量的密切程度。通常有以下 5 种常用的数据相关性分析方法：图表相关分析（折线图及散点图）、协方差及协方差矩阵、相关系数、一元回归和多元回归和信息熵及互信息。

每种方法各有特点，其中图表相关分析方法最直观，相关系数方法可以看到变量之间的相关性。这里重点介绍相关系数法。

在相关系数法中，通常使用 Pandas 中的 corr() 方法进行相关性分析，其格式如下：

```
DataFrane.corr(method='pearson',min_periods=1)
```

其中，method 可选值为 pearson、kendall 和 spearman，默认值为 pearson。min_periods 表示样本最少的数据量。

3.3　问题分析

结合 3.1 节提出的问题，获取某网站药品数据。首先，明确数据来源，选择网址：https://yiyao.jd.com/，该网页的内容主要是中西药品。网页左边对药品进行了分类，包括消化系统、感冒用药、呼吸系统等，依次单击每个分类，发现网页类似，只是最后的 cat 值不同。以感冒用药为例，网址为：https://list.jd.com/list.html?cat=21919。

该网页的内容包括：感冒用药品牌、类别、药品剂型、适用人群和药品列表明细等。注意，在 3.2.2 节介绍 Scrapy 框架时，代码实现的就是爬取页面的品牌数据。由于药品列表太多，一页只能显示固定个数的药品。在页面底部，显示页面跳转列表。页码共有 100 页，可通过单击下一页查看网址是否存在规律。

通过查看网页源代码（在该网页单击鼠标右键，即可查看网页源代码），发现部分数据在网页上，属于静态网页，此类数据的爬取相对容易。

通过查看网页源代码，发现我们需要的药品价格在 … 后面的 <i>…</i> 里，药品名称在 … 里，而药品部分属性在 … 中，我们可以利用前面提到的 bs4、Xpath 或正则表达式解析 HTML，以获取药品数据。

要想获得更多页面的数据，可以自动进入下一页进行数据爬取。通过单击多个页面，发现网址存在某种规律，具体如下：

https://list.jd.com/list.html?cat=21919

https://list.jd.com/list.html?cat=21919&page=3&s=61&click=0

https://list.jd.com/list.html?cat=21919&page=5&s=121&click=1

可以看出，存在 page、s 和 click 等参数。其中，page 是等差序列，差为 2；s 也为等差序列，差为 60，且与 page 存在比例关系。

如果要一次爬取更多数据，可以设置循环，依次爬取多个页面的数据。

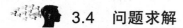

3.4   问题求解

3.4.1   利用爬虫代码进行数据采集

基于 3.3 节的分析，可以很容易地完成对某网站感冒药品数据的爬取工作，如代码 3-12 所示。

代码 3-12   使用爬虫代码实现数据获取

```
import requests                                          # 导入 requests 模块
import re

headers={'user-agent': 'Mozilla/5.0'}

def getInfo(url):                                        # 定义爬取网页数据函数
    try:
        r = requests.get(url,headers = headers,timeout=30)   # 获取网页 URL 的数据
        r.raise_for_status()                             # 状态码不是 200，产生异常
        r.encoding = r.apparent_encoding
        return r.text                                    # 返回获取的网页文本信息
    except:
        return 0

def saveInformation(info,saveFileName):                  # 定义保存信息的函数
        fp = open(saveFileName,'a',encoding = 'utf-8')
        plt = re.findall(r"<em>￥</em><i.*?\.\d\d",info)   # 获取商品价格，搜索以
            <em>￥</em><i> 开头，以 . 数字数字结尾的字符串
        tlt = re.findall(r"[^(<em>￥</em>)]<em>.*?[\u4e00-\u9fa5].*?</em>",info)
            # 获取商品名称，搜索以 <em> 开始，以遇到的第一个 </em> 结尾的字符串。但是价格除外，
            即第一个字符是 (<em>￥</em>)] 的 <em> 不算
```

```
            for i in range(len(plt)):
                price = plt[i].split('">')[1]
                title = tlt[i].split('<em>')[1].split('<')[0]
                fp.write(price)
                fp.write(',')
                fp.write(title)
                fp.write('\n')
                infoList.append([price,title]) # append() 方法用于在列表末尾添加新的对象

def main():
            for i in range(1,50,2):
                try:
                    url = "https://list.jd.com/list.html?cat=21919&page=%d&s=%d"%(i,
                        (i-1)*30+1)
                    info = getInfo(url)
                    saveInformation(info,'medical.csv')
                except:
                    print(" 抓取失败 ")
main()
```

上述程序运行结束后，部分结果如图 3-8 所示，根据我们定义的页面范围，可以获得前面多页的药品价格及药品标题等数据。另外，部分页面也出现了“抓取失败”的情况。

```
29.60,以岭 连花清瘟胶囊 48粒  清热解毒 宣肺泄热 治疗流行性感冒莲花  莲花清瘟中药治感冒
7.80,恒诚 风热感冒颗粒10g*10袋 发热有汗鼻塞头痛咽痛咳嗽
17.00,感康 复方氨酚烷胺片 6片*3板/盒 感冒药 缓解发热 头痛 咽痛 流涕鼻塞
35.00,百灵鸟 维C银翘片24粒 疏风解表清热解毒外感风热流行性感冒发热头痛咳嗽口干咽喉疼痛
3.00,快佳 凉解感冒合剂 10ml*6支风热感冒流涕鼻塞咽喉肿痛 1盒
25.00,连乡 精制银翘解毒片 24片 RK 1盒装
1.60,康弘感咳双清胶囊0.3g*28粒 支气管炎咳嗽发热鼻塞咽痛急性上呼吸道感染咽痛头痛鼻塞 舌尖边红 3盒装
56.50,好立康 感冒灵颗粒10g*9袋/盒 用于感冒引起的头痛 发热 咽痛 鼻塞 流涕 3盒装
18.90,999 感冒灵颗粒 10g*9袋*3盒  解热镇痛 解热镇痛用于感冒引起的头痛发热鼻塞流涕咽痛
41.50,贝诺酯片 0.5g*100s 普通 流行性 发热 头痛 关节痛 1盒
12.00,鹅城 复方穿心莲片100片/1瓶 1盒
3.00,【星银】葛根汤合剂 120ml/瓶 国药准字Z20040087
78.00,仁皇复方金银花颗粒10g*10袋清 热解毒凉血风热咽炎扁桃体 1盒
4.10,三九 感冒清热颗粒 12g*18袋 1包（18袋）
23.00,汉安 银柴颗粒 12g*20袋/包 3袋
34.77,GROWFUL/国风 苦甘颗粒 4g*12袋  w 1盒装
75.90,同人泰 复方板蓝根颗粒冲剂 15g*20袋（含蔗糖）清热解毒 凉血 用于风热感冒 咽喉肿痛 【标准装】1包
8.90,加劲小柴胡颗粒2.5g*18袋 无蔗糖 解表散热疏肝和胃食欲不振口苦咽干 1盒装
10.90,漳河 桂枝颗粒 5g*12袋 解肌发表 调和营卫 用于外感风邪 发热 鼻塞干呕 汗出恶风 3盒装
109.00,仁智祥 复方灵颗粒14g*16袋/盒 用于风热之发热 咳嗽 头身痛 鼻塞流涕 5盒
74.80,白云山 清开灵颗粒10g*10小袋 清热解毒 镇静安神 用于外感风热感冒等 2盒装
18.00,通化金马 二丁胶囊 0.5g*48粒 清热解毒。  用于火热毒盛所致的热疖痈毒、咽喉肿痛、风热火眼。 3盒装
78.00,连乡 精制银翘解毒片 24s RK
31.10,嘉应 银翘解毒颗粒 15g*10袋 风热感冒 咳嗽口干 咽喉疼痛 儿童 1盒
1.60,【JD快递次日达】逄春小柴胡颗粒10g*6袋成人儿童感冒药解表散热食欲不振心烦喜呕口苦咽干 3盒装
18.00,迪冉 感冒解毒颗粒 5g*12袋 5盒
20.70,恒诚制药 风寒感冒颗粒 8g*10袋 /盒 解表发汗 疏风散寒 咳嗽 1盒装
105.00,疏风解毒胶囊颗粒30粒安徽药信济人可搭莲花莲花清瘟胶囊颗粒金莠清疫颗粒感冒药发热咳嗽京东大药房自营 3盒疏风解毒胶囊【30粒装】头痛发热鼻塞流涕咳嗽
药
9.90,世彪药业 板蓝根片 0.25g*100片 清热解毒 用于病毒性感冒咽喉肿痛 1盒装
26.00,太极半夏止咳糖浆 150ml*1瓶 1盒
7.90,罗浮山 广东凉茶颗粒 10g*20袋 1袋装
21.80,启元 金莲清热颗粒 2.5g*12袋 1盒
10.00,感冒灵胶囊 0.5g*12粒
2.00,鲁西  复方氨酚烷胺片 12片/盒  普通感冒 流行性感冒 发热 头痛 四肢酸痛 打喷嚏 流鼻涕 鼻塞 咽痛
21.00,十万山 银翘解毒颗粒 15g*10袋 疏风解表 清热解毒 风热 发热头疼 3盒
24.00,金牛复方板蓝根颗粒15克/袋*25袋/大袋
```

图 3-8　程序运行结果

注意：

由于数据较多，这里只列出了部分数据。需要注意的是，我们只爬取了药品价格和药品标题，而药品标题中又包含了药品名称、型号、功能等内容。后期可以将这些数据分离。

另外，上述代码中没有单独爬取药品剂型、适用人群等信息，读者可参考上述代码自行设计程序进行爬取。

除此之外，读者也可以爬取其他类型的药品数据，关键是获得其他网址“cat”的数值列表。

3.4.2 利用数据采集工具进行数据采集

在本小节中，我们利用八爪鱼采集器进行数据采集（软件安装就不再介绍了）。前面提到，可以一页一页地爬取数据，最后将数据进行合并；或者手动输入多个网址页面，该工具就会自动连续爬取这些页面的数据。这两种方法虽然可行，但都有点麻烦。这里采用循环的方式。首先，找到多个要采集的页面，点击链接，进入爬取；然后循环进入第 2 页，再自动进行数据爬取。下面介绍具体的步骤。

利用八爪鱼
采集器采集数据

打开八爪鱼采集器的主页面后，单击左侧的加号 (+)，创建新的任务，输入想要爬取的页面，如图 3-9 所示。

图 3-9   新建爬取任务

输入网址后，单击"保存设置"，会自动打开输入的网址页面。由于内容较多，网页采用分页的形式显示。为了一次性抓取较多数据，采用循环的方式进行数据爬取。首先找到图 3-10 所示的位置，单击"下一页"，在弹出的操作提示中，选择"循环点击下一页"，如图 3-11 所示。

图 3-10   单击"下一页"

在接下来弹出的操作提示中（如图 3-12 所示），将 Ajax 的超时时间修改为 3 秒（如果网页刷新速度慢的话，数值可以再大一点），接着单击"自动识别网页"，会对网页上的数据进行自动识别，在其中找到我们想要的数据，如图 3-12 所示。然后，单击页面上的生成数据采集，并在新弹出的操作提示中选择"保存并开始采集"，在弹出的"选择采集模式"页面，选择"本地采集"，再选择普通模式即可。

此时，系统可以自行爬取数据，我们可手动停止数据爬取。当然，也可以在"流程图"的"循环列表"中的"基础设置"里，写明循环执行次数，比如爬取 10 页就停止。如图 3-13 所示，将"循环执行次数"之后的数值 0 改为 10 即可。

图 3-11　选择"循环点击下一页"

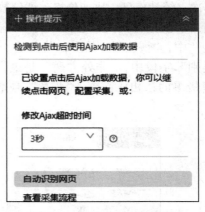

图 3-12　修改 Ajax 超时时间

数据采集停止后，导出的文件格式包括 Excel、CSV、HTML 或 JSON。也可以将文件导出为数据库的形式，如 SQLServer、MySQL 及 Oracle。本例选择导出格式为 CSV。

利用 Excel 打开保存的 CSV 文件，如图 3-14 所示，内容包括：商品名称、图片链接、价格、评论数量、店铺名称和网页链接等；这些内容还没有包括我们想要的所有数据，比如之前提到的药品剂型、适用人群、类别和使用方法等。将爬取数据中的所有网页链接复制到八爪鱼新建项目的"网址"中，进入具体网页后，单击要爬取的数据即可。如图 3-15 所示，其中已包括商品介绍、规格与包装里的具体内容。具体操作不再赘述，读者可以自行尝试一下。

注意：

　　各个网页的参数不一致且顺序不同，如果在页面爬取时选择的数据较多，那么爬取下来的数据参数各列会不同，需要做适当调整，将相同参数的数据放在同一列，以便于后期分析。

利用 Excel 打开保存的文件，按照字段对文件数据进行重新调整，以便后期统计分析。由于爬取时带着字段名，如"适用人群：成人"，因此为了快速提取关键内容，可以采用 OpenRefine 进行数据清洗和统计分析工作。

首先，寻找空白值及重复值。单击字段中的"归类"，找到"自定义归类"，最后选择"按空白归类（null 或空字符串）"；重复值的查找方法是在"自定义归类"中选择"复数归类"（由于其他字段肯定会出现重复，只有第一列

图 3-13　设置循环爬取次数

日期不会，所以，此操作只是针对第一列而言）。出现重复数据后，可以先标记一下后面出现的重复数据，最后删除匹配行。

其次，统计信息，比如价格、评价数、适用人群、类别和药品剂型等。

利用字段进行归类，选择"文本归类"，结果如图 3-15 左侧所示。"药品剂型"中，"颗粒剂"最多，其次是"胶囊剂"，最少的是"溶液剂"；而在"类别"字段中，"非处方药"是最多的；在"适用人群"字段中，"成人"是最多的，相比而言，"儿童"是最少的，因为家长一般会直接带孩子去医院看病并拿药。

OpenRefine 操作

图 3-14 爬取详细内容

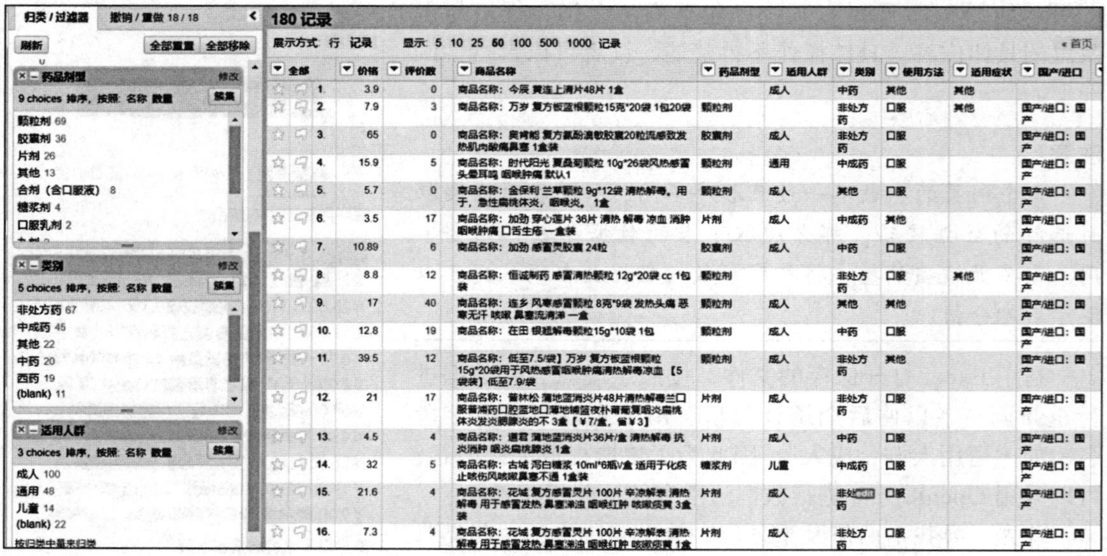

图 3-15 爬取的 CSV 文件

3.5　效果评价

前面提到的两种解决方案都能获取某网站的感冒药品数据，并对获取的数据进行简单分析，结果与实际吻合，从而很好地完成之前提出的任务。第一种方案需要对网页结构及编程有所了解，第二种方案相对简单，通过可视化操作就能实现数据获取及后续的数据处理。

读者可以参考本案例中介绍的方法，对遇到的相关问题进行数据获取。通过对各种方法进行评估，选择出合适的方案。

参考文献

[1]　SnailDev.Python 基础之五大标准数据类型 [EB/OL].https://www.cnblogs.com/snaildev/archive/2017/09/18/7544558.html.

[2]　小小程序员 Zzbj.JavaScript 初识之数据类型 [EB/OL]. https://www.cnblogs.com/Zzbj/p/9781181.html.

[3]　Python3 基本数据类型 [EB/OL].https://www.runoob.com/python3/python3-data-type.html.

[4]　ranyonsue. 关于 HTTP 协议，一篇就够了 [EB/OL].https://www.cnblogs.com/ranyonsue/p/5984001.html.

[5]　李磊，陈凤 . Python 网络爬虫从入门到实践 [M]. 长春：吉林大学出版社，2020.

[6]　张雪萍 . 大数据采集与处理 [M]. 北京：电子工业出版社，2021.

第 4 章

数据可视化

Goal **本章使命**

数据可视化是关于数据视觉表现形式的技术，属于科学、设计和艺术三个学科的交叉领域，其实质是通过对数据进行交互的可视表达来增强认知和传递信息。数据可视化作为大量数据的呈现方式，已成为大数据技术中极其重要的一个方面，并已广泛应用于各个领域。

本章使命是了解可视化的基本方法，并尝试使用不同的可视化工具展示、解读数据。

4.1 引入问题

4.1.1 问题描述

糖尿病是一种以高血糖为特征的代谢性疾病。血糖长期偏高，易导致各种组织，特别是眼、肾、心脏、血管、神经的慢性损害和功能障碍。据《2021 IDF 全球糖尿病地图（第 10 版）》提供的数据，2021 年全球成年糖尿病患者人数达到 5.37 亿（10.5%），比 2019 年增加了 7400 万人，增幅接近 14%。据国际糖尿病联合会（IDF）推测，到 2045 年这一数字将达到 7.83 亿。

在糖尿病患病率快速增长的背景下，某医疗小组召集了 768 名受试者开展相关研究。受试者中既包括糖尿病患者，也包括健康人。医疗小组采集了这些受试者的若干医学检测指标数据，计划对这些数据和是否确诊糖尿病的判断进行综合观察和分析，以便将来进行疾病预测等深入研究。

4.1.2 问题归纳

本问题的核心是采用什么样的手段可以更加直观地阐释这些医学数据，以及它们之间的相互关系，以便让医疗小组直接获取有效信息。数据可视化（Data Visualization）显然是初步探查数据规律的好办法。一方面，在成果展示、论文撰写中，虽然文字和表格的作用不可替代，但是大部分研究者会倾向于从可视化图中获取直观的实验结果，了解作者的观点；另一方面，数据可视化并不仅仅意味着生成展示研究结果的"好看的图表"，它更有助于在研究初期快速发现问题，洞察其内在规律，挖掘有价值的研究方向。

本问题建立在数据获取的基础上，数据来源可以是直接采集、清洗的医学数据，也可以是通过分类、聚类、预测后得到的数据，或者是医疗影像图像处理后的数据。根据数据类型、数据规模、应用场景、受众等因素，可以选择低代码或者无代码的数据可视化平台，或者各种可视化编程工具来完成可视化任务。

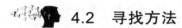

4.2 寻找方法

4.2.1 数据的统计特征和可视特征

可视化不仅仅是为了展示"漂亮的图片"，它还可以帮助我们通过视觉获取更大的信息量，拓展人类大脑在记忆能力方面的限制，帮助人们更全面、更真实地认识数据。

数据的统计特征
和可视特征

早在 1973 年，F. J. Anscombe 在 *The American Statistician* 上发表的一篇论文"Graphs in Statistical Analysis"中分析了散点图（Scatter Plot）和线性回归（Linear Regression）的关系，并着重阐述了可视化对数据分析的重要性。

该论文展示了以下四组数据，被称为 Anscombe's Quartet，如图 4-1 所示。

I		II		III		IV	
x	y	x	y	x	y	x	y
10.0	8.04	10.0	9.14	10.0	7.46	8.0	6.58
8.0	6.95	8.0	8.14	8.0	6.77	8.0	5.76
13.0	7.58	13.0	8.74	13.0	12.74	8.0	7.71
9.0	8.81	9.0	8.77	9.0	7.11	8.0	8.84
11.0	8.33	11.0	9.26	11.0	7.81	8.0	8.47
14.0	9.96	14.0	8.10	14.0	8.84	8.0	7.04
6.0	7.24	6.0	6.13	6.0	6.08	8.0	5.25
4.0	4.26	4.0	3.10	4.0	5.39	19.0	12.50
12.0	10.84	12.0	9.13	12.0	8.15	8.0	5.56
7.0	4.82	7.0	7.26	7.0	6.42	8.0	7.91
5.0	5.68	5.0	4.74	5.0	5.73	8.0	6.89

图 4-1　Anscombe's Quartet

每组数据有两个变量 x 和 y，对每一组数据进行简单的数据分析，并通过常用的统计算法评估四组数据的统计学特征，可以看到：

```
Means（平均值）: x = 9 , y = 7.5
Variance（总体方差）: x = 11, y = 4.122
Correlation（关联）x-y: 0.816
Linear regression（线性回归方程）: y = 3.0 + 0.5x
```

从表面上看，部分数据的统计学特征比较一致，具有一样的均值、方差、线性回归方程。但是，如果我们用可视化技术分析这些数据，能得到完全不同的结果，如图 4-2 所示。

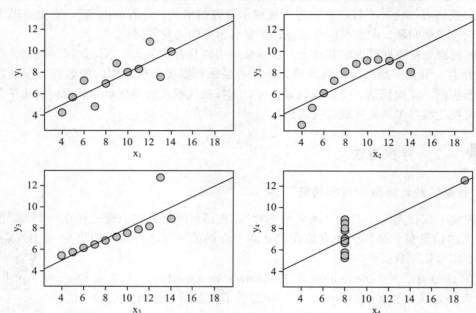

图 4-2　四组数据的散点图

第一组数据的散点图表明 x 和 y 呈弱线性相关（Weak Linear Correlation）关系，第二组数据的散点图表明 x 和 y 为曲线回归（Curve Regression）关系，第三组数据的散点图表明 x 和 y 呈较强的线性相关（Linear Correlation）关系，第四组数据的散点图的横坐标几乎都集中在一起。而且，在第三、四组数据的散点图中还可以检测出一个异常值。通过这个简单的对比实例，我们可以发现，用图像对数据进行可视化后，数据会"讲述完全不一样的故事"。

4.2.2　数据可视化的基本要素

1. 数据对象与数据属性

（1）数据对象

现实生活中常见的数据集合包括各种表格、文本语料和社会关系网络等。这些数据集合通常由数据对象组成，一个数据对象代表一个实体。数据对象又称为样本、实例、数据点或对象。例如，在旅游数据库中，数据对象可以是景区、游客或出游信息。

（2）数据属性

数据对象一般用数据属性描述。每个数据属性表示数据对象的一个特征。在各类文献中，属性、维、特征和变量这几个术语的语义基本相同。"维"一般用在数据仓库中，机器学习中多使用"特征"，统计领域则使用"变量"，数据挖掘和数据库领域一般使用"属性"。属性可分为标称（类别型）、二元、序数和数值 4 种类型。

- **标称属性**（类别型属性）的值是一些符号或事物的名称。例如，"民族"属性的值包括汉族、满族、回族、傣族，等等。
- **二元属性**是标称属性的一个特例，只有两个类别或状态，即 0 或 1。二元属性又称为布尔属性。例如，性别就是二元属性。
- **序数属性**是一种有序属性，其可能的值之间具有有意义的序或等级。例如，学历属性的值包含小学、中学、大学、硕士研究生、博士研究生。

- **数值属性**是定量的，即可度量的量，用整数或实数值表示。例如，长度、重量、体积、温度等就是常见的数值属性。数值属性又可以分为区间型数值属性和比值型数值属性。

当可视化一个对象时，针对不同的数据属性，应该选择不同的可视化手段来解释。

2. 视觉感知与格式塔理论

视觉是人与周围世界发生联系的重要的感觉通道。研究发现，80%的外界信息都是通过视觉获得的。人眼接收图像，再经过人脑处理图像，从而形成视觉，以辨认形状、轮廓、距离、尺寸、颜色等信息，以及它们随时间变化的趋势。

格式塔理论的基本原则是简单精练。该理论认为，人们在进行观察的时候，倾向于将视觉感知的内容理解为常规的、简单的、相连的、对称的或有序的结构。同时，人们在获取视觉感知的时候，会倾向于将事物理解为一个整体，而不是将事物理解为组成事物的所有部分的集合。

- 接近原则：接近或邻近的物体会被认为是一个整体。比如，图 4-3a 中的左图更容易被认为是四列，而右图更容易被认为是四行。
- 相似原则：元素的形状、大小、颜色、强度等物理属性相似时，就容易被组织起来而构成一个整体。例如，图 4-3b 更容易看成行，而非列。
- 连续原则：如果一个图形的某些部分可以被看作连接在一起的，那么这些部分就容易被我们视为一个整体，如图 4-3c 所示。
- 封闭原则：有时也称为闭合原则。有些图形是一个没有闭合的残缺图形，但主体有一种使其闭合的倾向，即主体能自行填补缺口而把其视为一个整体。例如，图 4-3d 很容易被认定为一个正方形，即使它缺失了 4 个角。
- 共向原则：如果一个对象中的一部分都向共同的方向运动，那么这些共同移动的部分就容易被感知为一个整体，如图 4-3e 所示。
- 图形与背景关系原则：指主要元素和空间的关系，观察时会认为有些物体或图形比背景更加突出，如图 4-3f 所示。

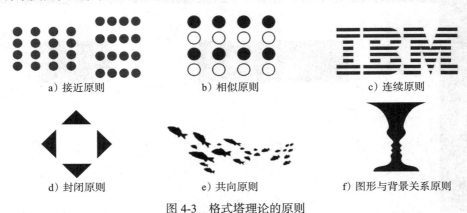

a）接近原则 b）相似原则 c）连续原则

d）封闭原则 e）共向原则 f）图形与背景关系原则

图 4-3 格式塔理论的原则

3. 视觉通道

数据可视化的核心内容是可视化编码，即将数据信息映射成可视化元素的技术。可视化编码由两部分组成：几何标记（图形元素）和视觉通道，如图 4-4 所示。

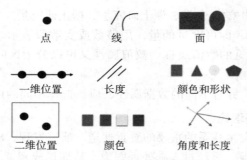

图 4-4　几何标记和视觉通道

- 几何标记：可视化中的标记通常是一些几何图形元素，例如点、线、面、体。
- 视觉通道：用于控制几何标记的展示特性，包括标记的位置、大小、形状、方向、色调、饱和度、亮度等。

4.2.3　数据可视化工具

如今，有大量的可视化工具可供用户选择、使用，但哪一种工具最适合，取决于数据本身以及可视化数据的目的。最可能的情形是，将某些工具组合起来使用最合适。

数据可视化的解决方案有两类：低代码或无代码的可视化分析工具和可视化编程工具。

1. 数据可视化分析工具

随着大数据技术的兴起，涌现出很多点击／拖拽型可视化分析工具，它们可以协助用户理解数据。这类工具包括 SaCa DataViz、DataFocus、Tableau、Flourish、Google Spreadsheets、Gephi、TileMill、ImagePlot 等。

以 SaCa DataViz 为例，它是一款面向企业业务用户的敏捷 BI 产品，目前提供云服务版和离线部署版。如果使用云服务版本，直接登录 SaCa DataViz 官网，注册后即可登录使用。云服务版 SaCa DataViz 的主界面如图 4-5 所示。

课程思政：自主知识产权的国产 BI 工具

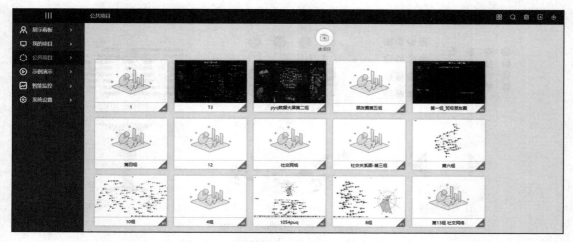

图 4-5　云服务版 SaCa DataViz 的主界面

（1）创建项目

在图 4-5 所示的主界面中单击"建项目"，为新建项目命名。随后出现 SaCa DataViz 可视化简易流程向导，如图 4-6 所示。

图 4-6　SaCa DataViz 可视化简易流程向导

（2）导入数据源，创建数据集

在图 4-6 所示的界面中单击"建数据"，在下一个界面上单击"数据源"，为数据源命名，选定本地硬盘上的数据源文件（支持 Excel、CSV、MySQL 等 20 多种类型），将数据源导入。此时自动进入"数据来源"页面，左侧显示数据源下的所有表及视图，拖拽表到右侧区域。在右侧区域的表视图上单击字段右侧的复选框，以确定选择哪些数据项形成数据集。在底部区域可以预览选定的数据集，如图 4-7 所示。选定数据集后，单击右上角的保存按钮，为数据集命名。

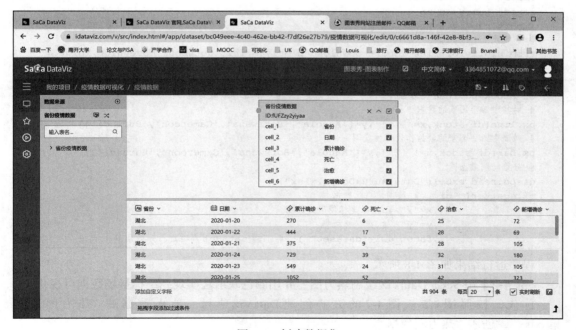

图 4-7　创建数据集

接下来就可以创建图表和图册了，本章接下来的 SaCa DataViz 可视化案例都建立在上述基础上。

2. 数据可视化编程工具

开箱即用的软件可以让用户在短时间内上手，但这些软件为了增强普适性，或多或少进行了泛化，不容易满足个性化的可视化需求。相反，使用编程工具可以让可视化的结果更加灵活，但需要用户具有较强的编程能力。

常见的数据可视化编程工具包括 Python、R、ECharts、D3.js、JavaScript、HTML、SVG 和 CSS、Processing、PHP 等。

4.2.4　数据可视化方法

1. 标量场数据可视化

标量（Scalar）是指只有大小而没有方向的量，比如长度、质量等。标量场数据可视化是指通过图形的方式揭示标量场（Scalar Field）中数据对象空间分布的内在关系。由于很多科学测量或者模拟数据都是以标量场的形式出现，因此标量场数据可视化是科学可视化研究的核心课题之一。

在标量场的空间中，每个点的属性都可以由一个单一数值（标量）来表示。常见的标量场包括温度场、压力场、势场等。标量场既可以是一维、二维的，也可以是三维的。

可以用 Python 语言绘制简单的散点图、折线图、柱图对标量场数据进行可视化。这里使用 Plotly，它是新一代的 Python 可视化开发库，提供了完善的交互能力和灵活的绘制选项。

【例 4-1】用 Python 绘制折线图、柱状图、散点图（如代码 4-1 所示）。

代码 4-1　折线图、柱状图、散点图可视化

```
import pandas as pd
import numpy as np
import plotly.express as px                    # 导入 Plotly 的简化接口 poltly.express
# 离线使用 Plotly
from plotly.offline import download_plotlyjs,init_notebook_mode,plot,iplot
init_notebook_mode(connected=True)

df_stock=pd.read_excel(" 国家示例数据集 .xlsx") # 读取数据集
# 对其中四个国家的数据作折线图
px.line(df_stock,x=' 年份 ',y=['Angola','Botswana','Cameroon','Burundi'])
# 对其中四个国家的数据作堆积柱状图
px.bar(df_stock,x=' 年份 ',y=['Angola','Botswana','Cameroon','Burundi'])
# 分格绘制散点图
df=pd.read_excel("DatasaurusDozen.xlsx")
px.scatter(   df     # 绘图使用的数据
            ,x="x"   # 横纵坐标使用的数据
            ,y="y"   # 纵坐标数据
            ,facet_col="dataset" )  # 按照 dataset 属性进行分格显示
```

程序运行结果如图 4-8 所示。

【例 4-2】用 SaCa DataViz 绘制热力图，并用颜色映射法实现二维标量场数据可视化。

首先，按照图 4-5 ～ 图 4-7 的方法创建 DataViz 项目、导入数据源"热力图数据集 .xlsx"，创建"热力图数据集"。

按照图 4-6 所示的流程，开始创建数据表。在项目上方单击"建图表"按钮，进入创建图表页面。在弹出的数据集列表中选择"热力图数据集"。在界面右侧的"展现方式"中选择"热力图"。拖拽"维度"下的"年份"和"商品"字段到"数据绑定"中的 X 轴、Y 轴；拖拽"度量"下的"订单量"字段到"数据绑定"中的"指标"，会立即渲染默认图形。展

开界面右侧的"属性设置"和"配色方案"工具栏，可以对热力图的参数和外观进行设置，如图 4-9 所示。

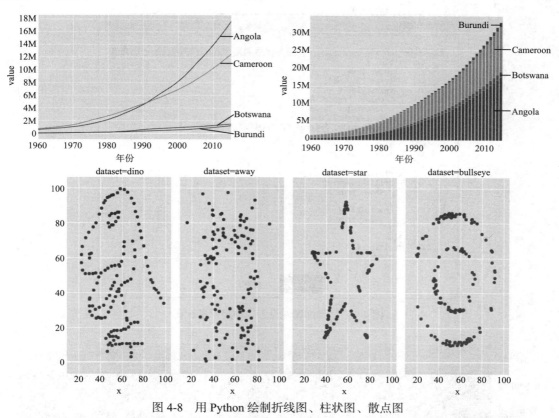

图 4-8　用 Python 绘制折线图、柱状图、散点图

图 4-9　用 DataViz 绘制热力图的参数设置

单击"属性设置"下方的"详细属性设置",可以获取绘制图表对应的代码,如图 4-10 所示。热力图效果如图 4-11 所示。

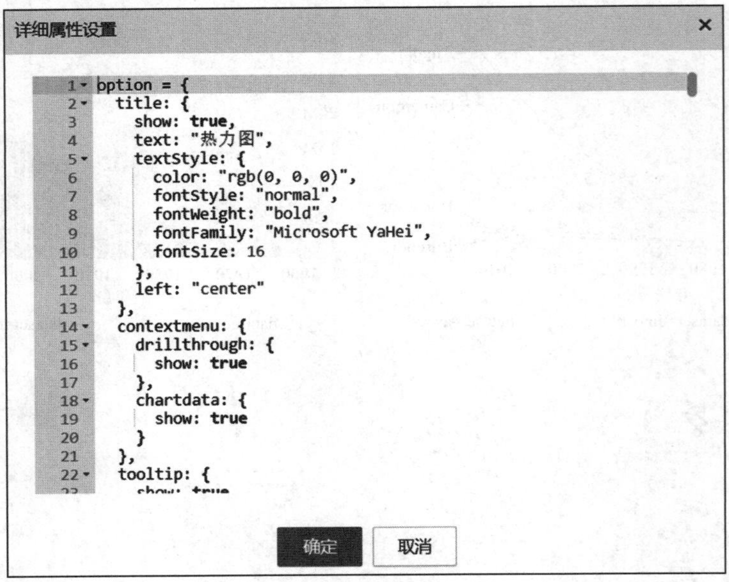

```
1  option = {
2      title: {
3          show: true,
4          text: "热力图",
5          textStyle: {
6              color: "rgb(0, 0, 0)",
7              fontStyle: "normal",
8              fontWeight: "bold",
9              fontFamily: "Microsoft YaHei",
10             fontSize: 16
11         },
12         left: "center"
13     },
14     contextmenu: {
15         drillthrough: {
16             show: true
17         },
18         chartdata: {
19             show: true
20         }
21     },
22     tooltip: {
23         show: true
```

图 4-10   "详细属性设置"中显示的代码

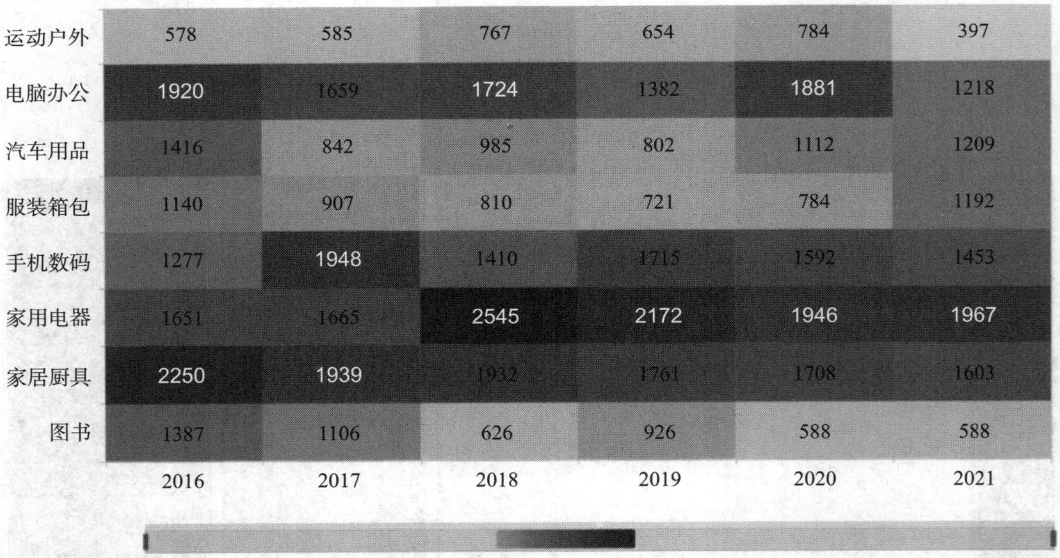

	2016	2017	2018	2019	2020	2021
运动户外	578	585	767	654	784	397
电脑办公	1920	1659	1724	1382	1881	1218
汽车用品	1416	842	985	802	1112	1209
服装箱包	1140	907	810	721	784	1192
手机数码	1277	1948	1410	1715	1592	1453
家用电器	1651	1665	2545	2172	1946	1967
家居厨具	2250	1939	1932	1761	1708	1603
图书	1387	1106	626	926	588	588

图 4-11   用颜色映射法实现二维标量场数据可视化

三维标量场也称为三维体数据场(Volumetric Field)。与二维标量场不同,三维标量场是对三维空间中数据的采样,表示一个三维空间内部的详细信息,这类数据场的典型例子就是医学 CT 采样数据。每个 CT 的照片实际上是一个二维数据场,照片的灰度表示某一片物体的密度。将这些照片按一定的顺序排列起来,就组成了一个三维数据场。三维标量场数据可视化如图 4-12 所示。

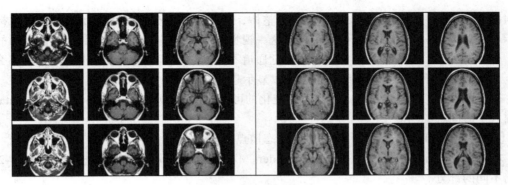

图 4-12　三维标量场数据可视化

2. 向量场数据可视化

向量（Vector）也叫作矢量，是指既有大小也有方向的量，如力、速度等。

假如一个空间中的每个点的属性都可以用一个向量来表示，那么这个场就是一个向量场。同标量场一样，向量场也分为二维、三维等类型，但向量场中每个采样点的数据是有方向的向量。向量场数据可视化的难点是找出在三维空间中表示向量的方法，不易直接进行可视化处理。常用的方法是不直接对向量进行可视化处理，而是将向量转换为能够反映其物理本质的标量数据，然后对标量数据可视化。例如，向量的大小、单位体积中粒子的密度等。这些标量的可视化可采用常规的可视化技术，如等值面抽取和体绘制等。例如，用线条表示洋流、气流等就是向量场数据可视化。图 4-13 是用 ECharts 绘制的地球大气流动图。

图 4-13　用 ECharts 绘制的地球大气流动图

拓展学习：复现向量场——地球大气流动图的完整 ECharts 代码。

3. 时变数据可视化

时变数据也叫作时序数据，它是统一按照时间顺序记录的数据列。条形图对于表示离散的时间点很有用，它看起来像一个连续的整体，但不容易区分变化；折线图以相同的标尺显示了与条形图一样的数据，但通过方向这一视觉通道直接展现出了变化趋势；散点图的数据、坐标轴和条形图一样，但它采用的视觉通道不同，它的点在每个数值上，趋势不那么明显。如果数据量不大，可以用线连接起来以显示趋势。

很多可视化工具提供了动态展示时序变化的可视化方法，如 Python Plotly、SaCa DataViz 都引入了时间轴的功能。

【例 4-3】用 Python 绘制带时间轴的动态散点图。

本例使用 Plotly 自带的数据集 gapminder。代码的前半部分与例 4-1 相同，代码 4-2 只给出不同的部分。

代码 4-2   动态散点图可视化

```
gapminder = px.data.gapminder()
px.scatter(
  gapminder                        # 绘图使用的数据
  ,x="gdpPercap"                   # 横纵坐标使用的数据
  ,y="lifeExp"                     # 纵坐标数据
  ,color="continent"               # 区分颜色的属性
  ,size="pop"                      # 区分圆的大小
  ,size_max=60                     # 圆的最大值
  ,hover_name="country"            # 悬停文本的标题
  ,animation_frame="year"          # 横轴滚动栏的属性 year
  ,animation_group="country"       # 标注的分组
  ,facet_col="continent"           # 按照 country 属性进行分格显示
  ,log_x=True                      # 横坐标表取对数
  ,range_x=[100,100000]            # 横轴取值范围
  ,range_y=[25,90] )               # 纵轴范围
```

程序执行后，即可绘制出带时间轴的动态散点图，如图 4-14 所示。

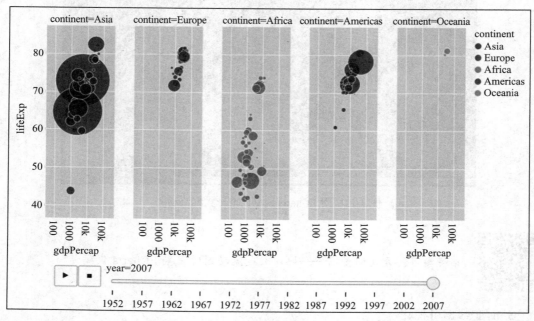

图 4-14   用 Python 绘制带时间轴的动态散点图

通过可视化结果可以看出,随着 GDP 的增长,各国人民的预期寿命有很大幅度的提高,这一趋势在亚非地区比在欧美地区更明显。

4. 地理数据可视化

地图是地理空间信息的载体,可以承载各种类型的复杂信息。大部分地理数据的空间区域属性可以在地球表面(二维曲面)表示和呈现。将地理信息数据投影到地球表面的方法称为地图投影。地图投影按照某种数学转换公式,在地球表面上的一个点与地图平面的某个点之间建立对应关系,保证了空间信息在区域上的联系与完整。地图投影过程将产生投影形变,不同投影方法的投影形变也不同。通常有三种投影方法:

- 圆柱投影(Cylindrical Projection)。
- 圆锥投影(Conical Projection)。
- 平面投影(Plane Projection)。

平常我们看到的世界地图多使用圆柱投影,展平为方形的地图多为墨卡托投影,椭圆形的地图多为摩尔威德投影。接下来,我们将看到用 Python 的 Plotly 库绘制二维平面地图和 DataViz 创建三维地球的方法。

【例 4-4】用 Python 的 Plotly 库绘制人口数据可视化地图。

本例使用的是某国家未成年人口数据集。

源代码如代码 4-3 所示。

代码 4-3 人口数据可视化地图

```python
import plotly.graph_objects as go
import pandas as pd
# 导入数据
df=pd.read_excel("人口数据.xlsx")

fig = go.Figure(data=go.Choropleth(
    locations=df['Code'], # 设置位置,各州的编号(缩写)
    z = df['Population'].astype(float), # 设置填充色
    locationmode = 'USA-states', # 设置国家名称
    colorscale = 'Reds', # 图例颜色
    colorbar_title = "人口数量", # 图例标题
))
 fig.update_layout(
    title_text = '各州未成年人口数量', # 图标题
    geo_scope='usa', # 设置地图的国家范围
)
```

通过可视化地图可以明显的看到,该国西部沿海和南部地区的未成年人口数量较多。如果数据源中存储了一段时间以来的人口变化数据,则可以添加时间轴,通过图的颜色变化观察未成年人口发展的情况。

以上的可视化例子展示了用投影的方法将三维的地理信息映射到二维空间的做法。要想找到更多的地图模板,无代码的工具还可以考虑使用 Flourish,熟悉代码设计的用户可以考虑使用 ECharts。

除此以外,SaCa DataViz 还提供了 3D 地球可视化功能,用三维视角展现全球地理数据。

【例 4-5】用 SaCa DataViz 3D 地球实现全球人口数据可视化。

首先,导入数据源"例 4-5 的数据",创建数据集"GlobalData"。在数据集界面下方的

数据预览窗格可以看到，地图数据经度和纬度的数据类型是"文本"，为了可以让经纬度可以在绘图时与 3D 地球上的某个点对应，将这两个字段的类型改为"经度"和"纬度"，还要注意经纬度数据都不能为空值，如图 4-15 所示。

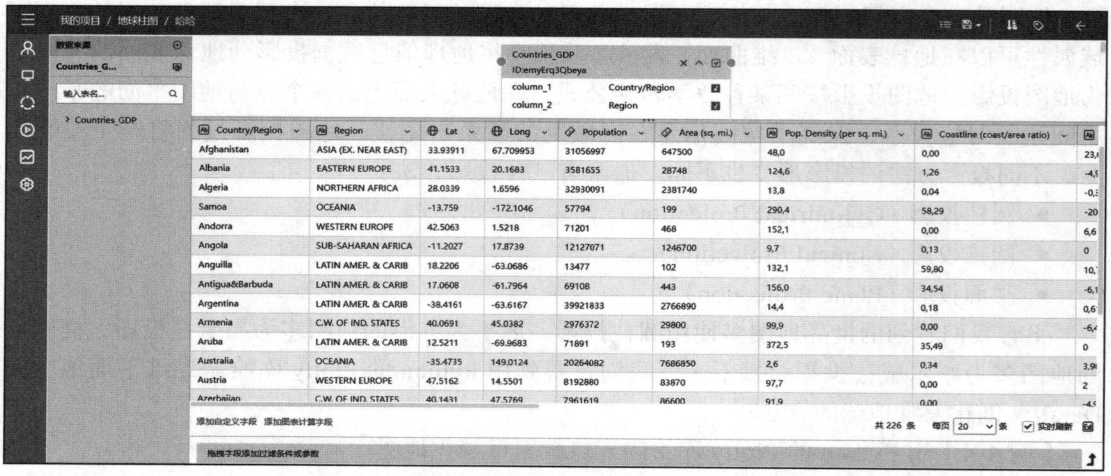

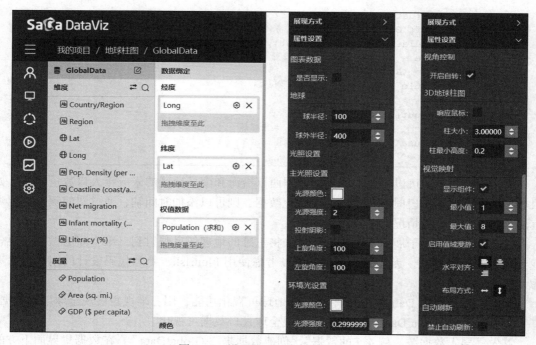

图 4-15　在数据集生成时更改经纬度的数据类型

在界面右侧的"展现方式"中选择"3D 地球柱图"。将"维度"下的"Long"和"Lat"字段分别拖拽到"数据绑定"中的"经度""纬度"处；将"度量"下的"Population"字段拖拽到"数据绑定"中的"权值数据"处，会立即渲染默认 3D 图形。如果渲染失败，则应检查是否有经纬度为空值。展开界面右侧的"属性设置"，酌情设置 3D 地球的光照、大小、位置、地球自转、视觉映射等属性，如图 4-16 所示。3D 地球柱图的效果如图 4-17 所示。

图 4-16　设置 3D 地球柱图的参数

图 4-17　3D 地球柱图的效果

5. 层次数据可视化

层次数据能够表达事物之间的从属和包含关系。这种关系可以是事物本身固有的整体与局部的关系，也可以是类别与子类别的关系或逻辑上的承接关系。典型的层次数据有企业的组织架构、生物物种遗传和变异关系、决策的逻辑层次关系等。例如，大型 IT 企业的组织架构图展示了每个公司的运行特点，如图 4-18 所示。

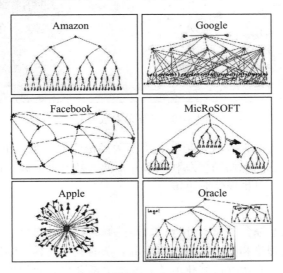

图 4-18　大型 IT 企业的组织架构图

层次数据可视化的核心是构建表达层次关系的树型结构，包括确定树型结构中的父节点和子节点，确定父子节点和具有相同父结点的兄弟节点之间的关系等。

按照布局策略，主流的层次数据可视化方法分为节点链接法和空间填充法两种。典型的节点链接可视化结果包括思维导图、树图、环形树图等，典型的空间填充可视化结果有圆填充图、矩阵树图等。通常，一些数据可视化分析平台都提供了形式丰富的层次数据可视化模板。

【**例 4-6**】用 SaCa DataViz 树图进行电商分级销售数据可视化。

首先，导入数据源"电商分级销售数据集.xls"，创建数据集"分级销售数据"。在界面右侧的"展现方式"中选择"树图（风格 2）"。将"度量"下的"利润"字段拖拽到"数据绑定"中的"数据值"处；按照层次关系依次将"维度"下的"国家 / 地区""地区""省 / 自治区""城市"字段拖拽到"数据绑定"中的"层次"处，主窗口立即渲染默认树图。展开界面右侧的"属性设置"，酌情设置树图的属性，如图 4-19 所示。树图的效果如图 4-20 所示，单击每个节点可以展开或收起下一级数据。

图 4-19　树图的参数设置

通过操作上述树图，我们发现，华北、华东等经济较发达地区的电商销售利润比较高，出乎意料的是，东北三省的电商销售总利润却并不低，甚至大大高于西南沿海地区。这些信息值得从业者仔细研究，以指导经营决策。

6. 文本数据可视化

文本数据可视化技术综合了文本分析、数据挖掘、数据可视化、计算机图形学、人机交互、认知科学等学科的理论和方法，是人们理解复杂的文本内容、结构和内在的规律等的有效手段。本小节涉及的文本数据可视化不关心文本关系和多层面信息的内容，只考虑文本内容的可视化。各种词频统计生成的词云就是典型的例子。可视化是词云生成中最简单的一个环节，其难点在于文本的识别、分词、同义词合并、词频统计等（这些知识将在本书后面的章节中介绍，在本章只探讨可视化）。

【**例 4-7**】用 SaCa DataViz 标签云图进行词云可视化。

首先，导入数据源"微博汉语语料库.xlsx"，创建数据集"微博语料库"。该语料库资源来自 BBC 汉语词频表中的微博部分，我们从上亿条数据中筛选出所有的三字词语进行分析。在界面右侧"展现方式"中选择"新标签云图"。将"维度"中的"词语"字段拖拽到

"数据绑定"中的"内容"处，将"度量"中的"词频"字段拖拽到"数据绑定"中的"数据值"处，主窗口立即渲染默认标签云图。展开界面右侧的"属性设置"，酌情设置词云图的形状、颜色等属性，如图 4-21 所示。

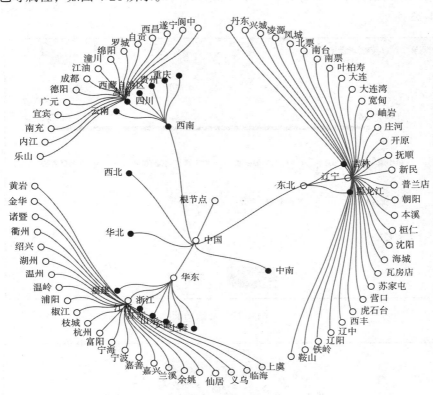

图 4-20　树图的效果

图 4-21　标签云图的参数设置

如果数据量比较大、标签太多而影响观察，可以使用筛选功能，将"度量"中的"词频"拖拽到主窗口图像上方的工具条处，弹出如图 4-22 所示的筛选窗口。在这个界面中可以限定数据范围。在词云图上单击标签，可以看到对应的词频，从中可以看出微博用户关心什么，如图 4-23 所示。

图 4-22　筛选功能

图 4-23　标签云图的效果

4.3　问题分析

1. 医学指标原始数据

数据采集的样本来自 768 个成年女性受试者，医学指标包括 9 项，分别是 Preg（Pregnancies，怀孕次数）、Gluc（Glucose，葡萄糖）、Bloo（BloodPressure，血压，单位为 mm Hg）、Skin（SkinThickness，皮层厚度，单位为 mm）、Insu（Insulin，2 小时血清胰岛素，

单位为 mu U/ml)、BMI (体重指数)、Pedi (Diabetes Pedigree Function，糖尿病谱系功能)、Age (年龄)、Outcome (是否确诊糖尿病，值为 0 或 1)。原始数据如图 4-24 所示。

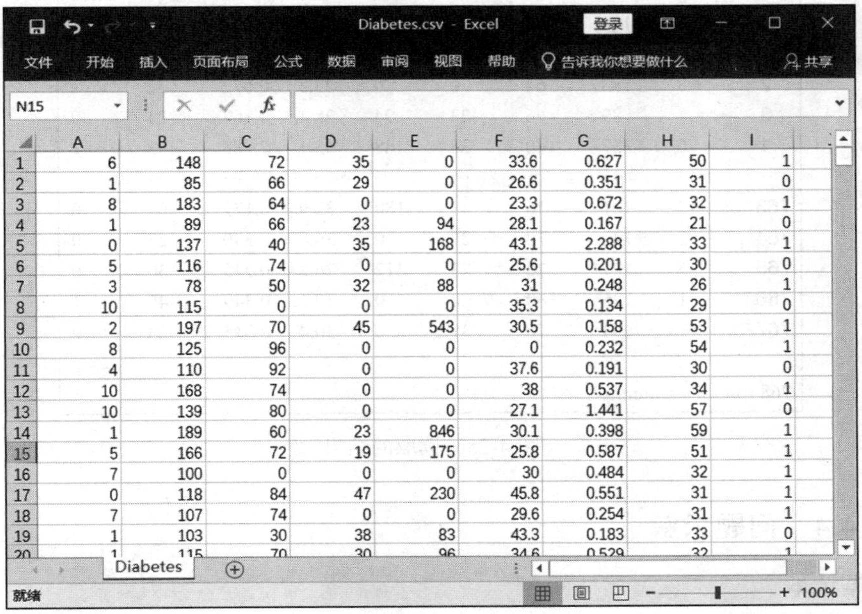

	A	B	C	D	E	F	G	H	I
1	6	148	72	35	0	33.6	0.627	50	1
2	1	85	66	29	0	26.6	0.351	31	0
3	8	183	64	0	0	23.3	0.672	32	1
4	1	89	66	23	94	28.1	0.167	21	0
5	0	137	40	35	168	43.1	2.288	33	1
6	5	116	74	0	0	25.6	0.201	30	0
7	3	78	50	32	88	31	0.248	26	1
8	10	115	0	0	0	35.3	0.134	29	0
9	2	197	70	45	543	30.5	0.158	53	1
10	8	125	96	0	0	0	0.232	54	1
11	4	110	92	0	0	37.6	0.191	30	0
12	10	168	74	0	0	38	0.537	34	1
13	10	139	80	0	0	27.1	1.441	57	0
14	1	189	60	23	846	30.1	0.398	59	1
15	5	166	72	19	175	25.8	0.587	51	1
16	7	100	0	0	0	30	0.484	32	1
17	0	118	84	47	230	45.8	0.551	31	1
18	7	107	74	0	0	29.6	0.254	31	1
19	1	103	30	38	83	43.3	0.183	33	0
20	1	115	70	30	96	34.6	0.529	32	1

图 4-24　原始数据

2. 可视化设计

可以根据应用场景的不同来选择可视化工具。如果是用于展览、演讲、日常研究等场景，可选择代码量低、交互性强的可视化开发平台，例如 SaCa DataViz、Tableau 等；如果是用于撰写论文或者在印刷品上发表研究结果，可以选择编程可视化工具，例如 Python。这里我们以 Python 编程为例来介绍医学数据可视化图表的制作。

首先观察数据结构。用 Python 读取 CSV 文件并显示读取的结果：

```
import pandas as pd
# 为各列添加字段名，用列表存储
names=['Preg','Gluc','Bloo','Skin','Insu','BMI','Pedi','Age','Outcome']
# 读取 CSV 文件，并用列表值为字段命名
df = pd.read_csv("Diabetes.csv", names=names)
```

读取的结果如图 4-25 所示。

根据 4.1 节中提出的问题，对医学数据进行可视化的要点包括直观地展示医学指标之间的相关性以及各指标与糖尿病确诊之间的关系。要观察两个数据列的分布和相关性，可以采用密度图、散点图、热图等可视化形式。

本例使用 Python 的 Seaborn 库进行可视化，它在 Matplotlib 的基础上进行了更高级的 API 封装，因此可以进行更复杂的图形设计和输出。

Seaborn 的 kdeplot 函数可用于绘制核密度估计（Kernel Density Estimation）图。核密度估计是概率论中用来估计未知的密度函数，属于非参数检验的方法之一。通过它可以比较直观地看出数据样本本身的分布特征。

Seaborn 的 pairplot 函数用于绘制成对出现的各种图像，适合展示 9 个指标彼此之间的关系。

Seaborn 的 heatmap 函数用于绘制热图，通过颜色展示事先计算好的相关性系数矩阵。

	preg	plas	pres	skin	test	mass	pedi	age	class
0	6	148	72	35	0	33.6	0.627	50	1
1	1	85	66	29	0	26.6	0.351	31	0
2	8	183	64	0	0	23.3	0.672	32	1
3	1	89	66	23	94	28.1	0.167	21	0
4	0	137	40	35	168	43.1	2.288	33	1
...	...	...	...	...	...	...	...	...	...
763	10	101	76	48	180	32.9	0.171	63	0
764	2	122	70	27	0	36.8	0.340	27	0
765	5	121	72	23	112	26.2	0.245	30	0
766	1	126	60	0	0	30.1	0.349	47	1
767	1	93	70	31	0	30.4	0.315	23	0

768 rows × 9 columns

图 4-25　读取的结果

4.4　问题求解

1. 数据读取

数据读取的代码如下：

```
import pandas as pd
import matplotlib.pyplot as plt
import seaborn as sns                # Matplotlib 的高级 API
import warnings; warnings.filterwarnings('ignore')  # 忽略警告
names=['Preg','Gluc','Bloo','Skin','Insu','BMI','Pedi','Age','Outcome']
df = pd.read_csv("Diabetes.csv", names=names)
df.groupby("Outcome").size()         # 按照是否确诊对数据集分组汇总
```

2. 绘制密度图

绘制密度图的代码如下：

```
sns.kdeplot(df["Bloo"],df["Age
    "],cbar=True,shade=True)
# 绘制血压和年龄之间的单个核密度估
    计图，添加颜色棒，填充阴影
sns.rugplot(df["Bloo"],color="
    g",axis="x",alpha=0.5)    #
    为 x 轴增加密度条码
sns.rugplot(df["Age"],color="r
    ",axis="y",alpha=0.5)    #
    为 y 轴增加密度条码
```

生成的单个核密度估计图如图 4-26
所示。

如果要绘制所有指标彼此之间的
核密度图，可以循环生成多子图，代
码如下：

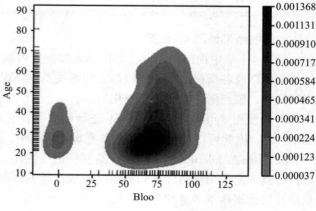

图 4-26　单个核密度估计图

```
i,j=0,0
fig=plt.figure(figsize=(20,20))        # 生成画布
for i in range(9):
    for j in range(i+1):     # 子图矩阵呈下三角形式，不重复画图
        if i!=j:
            ax1 = fig.add_subplot(9,9,i*9+j+1)
# 为不同指标之间生成双变量核密度估计图
            sns.kdeplot(df[names[j]],df[names[i]],shade=True,ax=ax1)
        else:
            ax1 = fig.add_subplot(9,9,i*9+j+1)
            # 为相同指标之间生成单变量核密度估计图
            sns.kdeplot(df[names[i]],shade=True,ax=ax1)
plt.savefig('核密度估计图矩阵 .jpg',dpi = 200) #dpi实参改变图像的分辨率
plt.show()
```

生成的核密度估计图矩阵如图 4-27 所示。

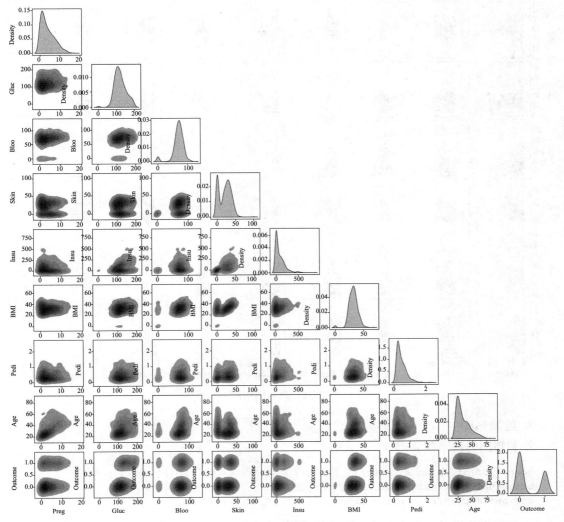

图 4-27　核密度估计图矩阵

3. 绘制散点图

使用 pairplot 函数通过一条语句即可绘制两两成对出现的各种图像，从而大大简化代码设计。代码如下：

```
sns.pairplot(df, hue = "Outcome")  # 以 Outcome 指标的内容作为分类依据
```

生成的散点图矩阵如图 4-28 所示。

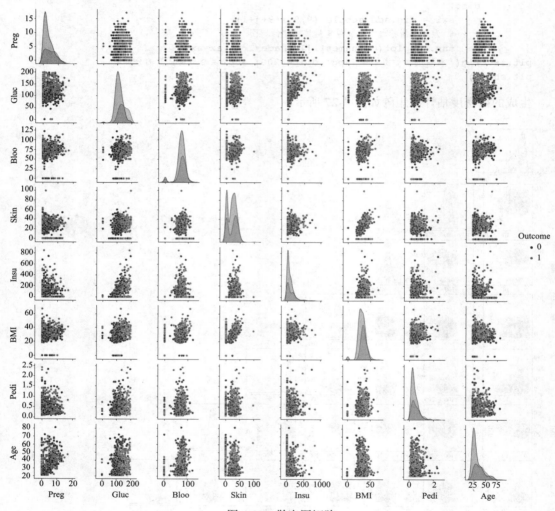

图 4-28   散点图矩阵

4. 绘制热图

绘制热图的代码如下：

```
corr = df[df.columns].corr()      # 计算指标的相关性系数，得到一个 9×9 的矩阵
plt.subplots(figsize=(14,12))      # 设置画布
sns.heatmap(corr, annot = True)  # 用热图可视化这个相关性系数矩阵
```

生成的相关性系数矩阵热图如图 4-29 所示。

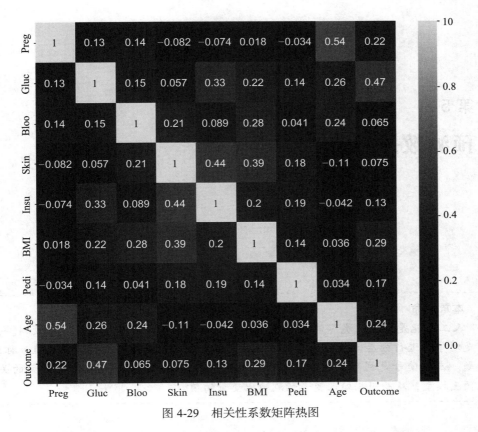

图 4-29　相关性系数矩阵热图

本例的代码运行在 Anaconda3 的 Spyder 环境下，读者可以尝试复现并改进。从可视化结果中可以观察到 9 个医学指标之间的相关系数和相关关系，以及 9 个医学指标样本的数据分布情况。

4.5　效果评价

本案例因受到数据来源、数据量、可视化方法的限制，只针对原始数据进行了初步的观察，展示作用大于分析作用。结合后面章节介绍的内容进行数据挖掘和预测后，可视化结果的信息量会更大，信息价值会更高，能进一步指导决策。请读者结合自己的专业和应用实际进行数据可视化的练习，也可以尝试使用其他可视化工具，结合代码设计进行更深层次的大数据可视化开发。

参考文献

[1]　MATEJKA J, FITZMAURICE G. Same Stats, Different Graphs: Generating Datasets with Varied Appearance and Identical Statistics through Simulated Annealing [C]//ACM SIGCHI Conference on Human Factors in Computing Systems.New York: IEEE Communications Society,2017:1290-1294.

[2]　樊银亭，夏敏捷 . 大数据可视化原理及应用 [M]. 北京：清华大学出版社，2019.

[3]　黄源，蒋文豪，徐受蓉 . 大数据可视化技术及应用 [M]. 北京：清华大学出版社，2020.

[4]　周苏，张丽娜，王文 . 大数据可视化技术 [M]. 北京：清华大学出版社，2016.

第 5 章

预测数据的值

↻
Goal **本章使命**

人工智能是模拟人类智能来解决问题的一种方案，其根本目标是进行预测。一种预测是对事物进行分类，例如添加类别标签；另一种预测是预测目标数据的值，称为回归问题。本章使命是利用机器学习中的回归方法分析输入变量和输出变量之间的关系，建立预测模型，从而根据输入变量预测输出变量的值。

5.1 引入问题

5.1.1 问题描述

在现代社会中，保险公司为了提供更优质的医疗保险服务，需要了解投保人的医疗费用情况。由于疾病的多样性和突发状况，人们很难估计因疾病而支付的医疗费用。人的健康状况受多种因素影响，例如遗传基因、生活环境和生活习惯等。虽然医疗费用难以估计，但存在一些规律，例如肥胖的人比体重正常的人更容易患脑血管方面的疾病，相应的医疗费用可能更多。因此，可以采集某些客户的个人生理特征、生活习惯特征等数据，结合其医疗费用，构建一个预测客户医疗费用的模型，继而为保险公司提供决策支持。

5.1.2 问题归纳

在机器学习中，根据客户的生理特征和生活习惯数据预测该群体的医疗费用，属于监督学习中的回归问题。首先利用训练数据集学习一个模型，再用测试样本集进行测试，然后根据评价指标评估模型的预测效果。在本预测问题中，输入变量是客户的生理特征和生活习惯数据，输出变量是医疗费用。根据一般的常识，我们只知道抽烟的人或者肥胖的人更容易患病，医疗费用更高，但具体的影响并不明确。因此，我们需要探索这些数据，判断影响医疗费用的因素有哪些、影响程度如何，这些因素与医疗费用之间存在什么样的函数关系。总地来说，我们要解决的问题是如何使用机器学习中的回归算法建立一个预测模型，对个人的医疗费用进行预测。

5.2　寻找方法

5.2.1　回归分析的基本原理

在机器学习技术中，回归模型表示从输入变量到输出变量之间映射的函数，用于预测输入变量（自变量）和输出变量（因变量）之间的关系。特别是，当输入变量的值发生变化时，输出变量的值也随之发生变化。

1. 回归的概念

回归（Regression）一词可以追溯到 19 世纪 80 年代，是英国统计学家朗西斯·高尔顿（Francis Galton）在研究人类遗传问题时提出的。为了研究父代与子代身高的关系，高尔顿搜集了 1078 对父亲及其儿子的身高数据。这些数据呈现了一个基本趋势，即父代身高增加时，子代身高也倾向于增加。但当父母身高走向极端时，子女的身高不会极端化，而是回归到父母的平均身高，即身高有回归"中心"的趋势，而实际身高与"中心"存在误差。高尔顿把这一现象称为向平均数方向的回归（Regression Toward Mediocrity），这也是统计学上回归的最初含义。

2. 回归问题

在现代数理统计学中，回归的意义比原始意义广泛得多。按照数学定义，回归分析（Regression Analysis）是确定两种或两种以上变量间相互依赖的定量关系的一种统计分析方法。在机器学习领域，回归问题的解决方案等价于函数拟合：选择一条函数曲线，使其很好地拟合已知数据并且很好地预测未知数据。

回归问题分为学习和预测两个过程，如图 5-1 所示。学习系统基于训练数据构建一个回归模型，即函数 $y = f(x)$；对于新的输入 x_{N+1}，预测系统根据模型确定相应的输出 y_{N+1}。训练数据集表示为：

$$T = \{(x_1, y_1), (x_2, y_2), \cdots, (x_N, y_N)\}$$

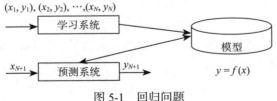

图 5-1　回归问题

解决回归问题的基本内容包括：

- 从多个输入变量中，判断哪些变量对输出变量的影响是显著的、哪些是不显著的。
- 确定输入变量与输出变量之间的回归模型，即变量间相关性的数学表达式。
- 根据输入变量的已知数值来预测因变量的值并给出预测精度。
- 根据样本评估并检验回归模型。

按照输入变量的个数，回归分为一元回归和多元回归；按照输入变量和输出变量之间的关系，回归分为线性回归和非线性回归。在解决实际的预测问题时，要根据变量之间的关系选择不同的回归模型，并且设置一些规则，才能满足预测值与真实值之间的精度要求，从而提高预测的成功率。

拓展学习：常见的回归分析类型。

5.2.2 线性回归

线性回归是一种通过输入变量的线性组合来预测输出变量数值的回归模型，目的是找到一条直线或者一个平面，使得预测值与真实值之间的误差最小化。应用线性回归要基于两个基本假设：

- 可分性 / 可加性。如果有多个输入变量影响输出，那么多个输入变量累加后对输出变量的影响程度与单独使用每个输入变量的影响程度是一样的。例如，假设血压高的人比血压正常的人寿命少 3 年，血糖高的人比血糖正常的人寿命少 2 年，那么血压高血糖也高的人比血压正常血糖正常的人寿命少 5（3+2）年。
- 单调性 / 线性。改变一个输入变量的值总是会导致输出变量的值增加或者减少。例如，房屋面积越大，售价越高。如果将输入变量和输出变量以散点图的形式绘制出来，二者的关系呈一条直线，而不是曲线或者更复杂的形状。

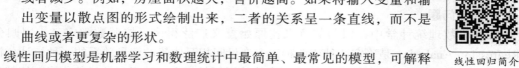
线性回归简介

线性回归模型是机器学习和数理统计中最简单、最常见的模型，可解释性好、容易实现，已广泛应用于工程领域。

1. 一元线性回归

（1）一元线性回归的理论模型

在回归函数中，只有一个输入变量，输出变量和输入变量之间的线性关系如式（5-1）所示：

$$y = w_0 + w_1 x + b \tag{5-1}$$

其中，w_0 为截距，w_1 为斜率，b 为随机误差。

（2）模型建立

对输入变量和输出变量进行观察，在 n 次独立观察后，得到样本 $(x_1 y_1), (x_2 y_2), \cdots, (x_n y_n)$，这些样本的构造如式（5-2）所示：

$$y_i = w_0 + w_1 x_i + b_i \ (i = 1, \cdots, n) \tag{5-2}$$

其中，b_i 是第 i 次观察时随机误差 b 的取值。

2. 多元线性回归

（1）多元线性回归的理论模型

在回归函数中，有两个或者两个以上输入变量，输出变量和输入变量之间的线性关系如式（5-3）所示：

$$y = w_0 + w_1 x_1 + w_2 x_2 + \cdots + w_n x_n + b \tag{5-3}$$

其中，w_0 为截距，w_i 为斜率，b 为随机误差。

（2）模型建立

对 $x_1, x_2, \cdots, x_n$ 和 y 进行观察，第 i 次观察时，取值分别记为 $x_1^{(i)}, x_2^{(i)}, \cdots, x_n^{(i)}$ 和 $y^{(i)}$，随机误

差为 $b^{(i)}$。样本的构造可以表示为式（5-4）：

$$y^i = w_0 + w_1 x_1^{(i)} + w_2 x_2^{(i)} + \cdots + w_n x_n^{(i)} + b^{(i)} \quad (i = 1, \cdots, n)$$ （5-4）

其中，$x_1^{(i)}$ 表示特征 x_1 的第 i 个样本。

在机器学习领域，线性回归模型形式统一为式（5-5）：

$$y = \sum_{i=1}^{n} w_i x_i + b = \boldsymbol{W}^{\mathrm{T}} \boldsymbol{X} + b$$ （5-5）

其中，y 是预测函数，$\boldsymbol{W}$ 是模型参数，$\boldsymbol{X}$ 是特征输入，b 是偏置量。

3. 损失函数

在线性回归模型的学习阶段，我们让预测值 $\hat{y}$ 尽可能接近真实数值 y。损失函数（Loss Function）用于度量模型一次预测的好坏程度，即真实值与预测值之间的误差。为了衡量模型的整体准确性，回归模型常用的损失函数是平方损失函数：

$$L = \frac{1}{2}(y - \hat{y})^2$$ （5-6）

当数据集有 m 个训练样本，n 个特征值时，损失函数用式（5-7）表示。

$$L(\boldsymbol{W}) = \frac{1}{2} \sum_{j=1}^{m} \left[y^{(j)} - \sum_{i=1}^{n} w_i x_i^{(j)} - b \right]^2$$ （5-7）

4. 梯度下降算法

为了使预测值尽可能接近真实值，需要求解最优的 $\boldsymbol{W}$，使损失函数 $L(\boldsymbol{W})$ 取到最小值。最常用的算法是梯度下降算法，基本思路如下：首先给 $\boldsymbol{W}$ 一个初始值，然后改变 $\boldsymbol{W}$ 的值，使 $L(\boldsymbol{W})$ 的值变小。不断重复该过程，改变 $\boldsymbol{W}$ 的值，直到 $L(\boldsymbol{W})$ 约等于最小值。在迭代过程中，使 $L(\boldsymbol{W})$ 向着变化最大的方向更新 $\boldsymbol{W}$ 的值，如式（5-8）所示：

梯度下降算法

$$W_{i+1} = W_i - \alpha \frac{\partial L(\boldsymbol{W})}{\partial (W_i)}$$ （5-8）

其中，α 称为步长（Learning Rate），也称为学习速率，它用于控制每次迭代时 $L(\boldsymbol{W})$ 变小的幅度。将式（5-8）代入线性回归方程，得到线性回归的梯度下降训练的迭代公式（推导过程略），如式（5-9）所示：

$$W_{i+1} = W_i + \alpha \left[\sum_{j=1}^{m} (y^{(j)} - \sum_{i=1}^{n} w_i x_i^{(j)} - b) * x_i^{(j)} \right]$$ （5-9）

其中，α 由用户设定，$y^{(j)}$ 是第 j 个样本，$x_i^{(j)}$ 是第 j 个样本的第 i 个特征。

5.2.3　常用的回归模型评估方法

评价回归算法的好坏要看算法的预测结果与真实结果的差异大小。在实践中，常用的评估指标包括均方误差、均方根误差、平均绝对误差、解释方差得分和决定系数。

1. 均方误差

均方误差（Mean Squared Error，MSE）建立在残差平方和（Residual Sum of Square，RSS）的基础上。RSS 用于预测值与真实值之间的差异，均方误差在 RSS 的基础上除以样本总量。均方误差计算了预测数据和原始数据的数值误差平方的平均值，表示拟合效果的好坏，值越小说明拟合效果越好（不考虑过拟合现象）。RSS 和 MSE 的定义如式（5-10）所示。

$$RSS = \sum_{i=1}^{m}(y_i - \hat{y}_i)^2 \qquad MSE = \frac{1}{m}\sum_{i=1}^{m}(y_i - \hat{y}_i)^2 \qquad (5\text{-}10)$$

2. 均方根误差

均方根误差（Root Mean Squared Error，RMSE）是均方误差的算术平方根，意义和均方误差相同。RMSE 的定义如式（5-11）所示。

$$RMSE = \sqrt{\frac{1}{m}\sum_{i=1}^{m}(y_i - \hat{y}_i)^2} \qquad (5\text{-}11)$$

3. 平均绝对误差

平均绝对误差（Mean Absolute Error，MAE）用于评估预测结果和真实数据集的接近程度。MAE 的定义如式（5-12）所示。

$$MAE = \frac{1}{m}\sum_{i=1}^{m}|y_i - \hat{y}_i| \qquad (5\text{-}12)$$

4. 解释方差得分

解释方差得分（Explained Variance Score）用于衡量回归模型对数据集波动的解释能力，是解释回归模型的方差得分。解释方差得分的取值范围是 [0,1]，这个值越接近 1 说明效果越好，值越小说明效果越差。解释方差得分的计算方法见式（5-13）。

$$explained\_variance\_score = 1 - \frac{VAR\{y - \hat{y}\}}{VAR\{y\}} \qquad (5\text{-}13)$$

其中，VAR 是预测值与真实值的方差。

5. 决定系数（R-squared，R^2）

决定系数的含义也是解释回归模型的方差得分，当残差的均值为 0 时，它与解释方差得分是一样的。R^2 的取值范围是 [0,1]，越接近 1 说明自变量越能解释因变量的方差变化，值越小说明效果越差。决定系数的计算方法见式（5-14）。

$$R^2 = 1 - \frac{\sum_{i=1}^{m}(y_i - \hat{y}_i)^2}{\sum_{i=1}^{m}(y_i - \overline{y}_i)^2} \qquad (5\text{-}14)$$

5.2.4 使用 Python 实现线性回归

Sklearn（Scikit-learn）是一个开源机器学习库，它支持有监督和无监督的学习，提供了用于模型拟合、数据预处理、模型选择和评估等的多种实用工具。其中，linear_model 模块提供的 LinearRegression 类可以完成线性回归。在本例中，我们采用 LinearRegression 类完成模型建立和学习。

1. 准备数据

文件中的数据是幼儿出生月份和身高的模拟数据，不存在异常值、缺失值等情况。首先加载数据，对数据样本进行初步的统计和观察，并绘制散点图，如代码 5-1 所示。

代码 5-1　加载数据并绘制散点图

```
# 导入相关模块
import numpy as np
import pandas as pd
```

```
import matplotlib.pyplot as plt

# 从给定的文件中读取数据
dataset = pd.read_csv('demodata_height.csv')
print(dataset.head())    # 查看数据的前五行
print(dataset.describe())    # 查看数据的基本统计信息

# 取输入变量 x 和输出变量 y, 绘制散点图
x = dataset.loc[:,'Moths'].values
y = dataset.loc[:,'Height'].values
plt.plot(x,y,'b.')
plt.ylabel('Moths')
plt.xlabel('Height')
plt.show()
```

其中:

- dataset 是读取文件之后的数据集, 文件存储为 CSV 格式。
- x 是输入变量, 即幼儿的出生月份。
- y 是输出变量, 即幼儿的身高, 单位为 cm。

2. 训练模型

采用 Sklearn 库中的 LinearRegression 类建立线性回归模型, 如代码 5-2 所示。

代码 5-2   建立线性回归模型

```
# 导入相关模块
from sklearn.model_selection import train_test_split
from sklearn.linear_model import LinearRegression

X = x.reshape((-1,1))    # 保证 X 的维数正确

# 划分训练集和测试集
x_train, x_test, y_train, y_test = train_test_split(X, y, test_size = 0.3)

# 创建线性回归模型
model = LinearRegression()

# 训练线性回归模型
model.fit(x_train,y_train)

# 输出模型参数
print(' 系数是: ',model.coef_)
print(' 截距是: ',model.intercept_)
print(' 模型是: y = ', model.coef_, '* X + ', model.intercept_)
```

其中:

- x_train 是执行 train_test_split 函数划分出的训练特征数据集。
- y_train 是执行 train_test_split 函数划分出的训练目标数据集。
- x_test 是执行 train_test_split 函数划分出的测试特征数据集。
- y_test 是执行 train_test_split 函数划分出的测试目标数据集。
- test_size 的值若在 0 ~ 1 之间, 则为测试集样本数目与原始样本数目之比; test_size 的值若为整数, 则为测试集样本的数目。test_size=0.3 表示将原始样本的 30% 作为

测试集。

3. 使用测试集评估

我们在测试集上测试模型的性能，并绘制散点图展示拟合效果，如代码 5-3 所示。测试集的线性拟合结果如图 5-2 所示。

代码 5-3　绘制拟合结果曲线

```
y_pred = model.predict(x_test)    # 计算测试集的目标预测数值
fig,ax = plt.subplots()
ax.plot(x_test,y_test,'b.',label='Testing Data')
ax.plot(x_test,y_pred,'g+',label= 'Prediction Data')
ax.plot(x_test,y_pred, 'r',label='Line')
ax.legend(loc=2)
ax.set_xlabel('Months')
ax.set_ylabel('Height')
plt.show()
```

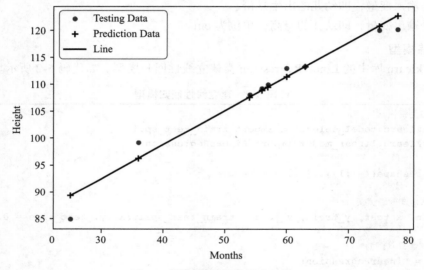

图 5-2　测试集的线性拟合结果

4. 评价模型

除了显示拟合效果外，我们还可以采用评价指标定量评价模型的精度，以决定模型是否可行。调用 sklearn.metrics 中的函数计算各种评价指标，如代码 5-4 所示。

代码 5-4　计算模型的评价指标

```
# 导入相关模块
import sklearn.metrics as sm

# 输出常用评价指标
print(" 平均绝对值误差 :", sm.mean_absolute_error(y_test, y_pred))
print(" 均方误差 :", sm.mean_squared_error(y_test, y_pred,
                                        squared=True))
print(" 均方根误差 :",sm.mean_squared_error(y_test,y_pred,
                                        squared=False))
print("R2 决定系数 :", sm.r2_score(y_test, y_pred))
```

其中：

- MSE、RMSE、MAE 可以准确地计算出预测结果和真实结果之间的误差大小，但无法衡量模型的好坏程度，可以利用这些指标改进模型，如进行调参、特征选择等。
- R^2 的结果可以说明模型的好坏。该值越接近于 1，模型的效果越好；该值越接近于 0，模型的效果越差。本例中 R^2 的值为 0.95，说明拟合程度可以接受。
- 由于训练集和测试集按比例随机划分，因此读者运行代码得到的数值可能与本例中的数值存在差异。

5.2.5　多项式回归

在应用线性回归模型时，有一个重要的前提：输入量和输出量之间的确存在线性关系，否则无法建立有效的线性模型。事实上，在很多场合中，线性模型无法很好地拟合目标数据曲线，这就需要引入非线性回归模型。对于非线性回归，存在多种策略，第一种策略是将非线性回归转化成线性回归，第二种策略是将非线性回归转化成多项式回归（Polynomial Regression）。在多项式回归中，加入了特征的更高次方，用来捕获数据中非线性的变化。我们以一元的情况为例进行说明，多元的情况以此类推。一元线性回归扩展为多项式模型的表示如式（5-15）所示：

$$y = w_0 + w_1 x + w_2 x^2 + \ldots + w_d x^d + b \qquad (5\text{-}15)$$

其中，d 为多项式的阶次。在建模过程中，最高次 d 应取一个合适的值，如果太大，模型会变得太复杂，容易过拟合。在足以解释输入量和输出量关系的前提下，d 的值越小越好。

下面实现了一个简单的多项式回归模型，如代码 5-5 所示。多项式回归模型拟合效果如图 5-3 所示。

代码 5-5　简单的多项式回归模型

```
# 导入相关模块
import numpy as np
import random
import matplotlib.pyplot as plt
from sklearn.linear_model import LinearRegression
from sklearn.preprocessing import PolynomialFeatures

# 创建一个随机的数据集
np.random.seed(5)
m = 50
X = 5 * np.random.rand(m, 1)-4
y = 4*np.power(X,2)+ X + 0.6 + np.random.randn(m, 1)

# 建立多项式回归模型
lr = LinearRegression()
pf = PolynomialFeatures(degree=3)      # 设置多项式的阶次为 3
X_pol = pf.fit_transform(X)            # 转换为 x 的多项式
lr.fit(X_pol, y)        # 进行拟合
print(lr.coef_,lr.intercept_)          # 输出多项式方程的各个系数

# 绘制拟合曲线
X_new = np.linspace(-5, 5, 50).reshape(50, 1)    # 生成密集点
X_newpol = pf.transform(X_new)         # 转换为 X_new 的多项式
y_pred = lr.predict(X_newpol)
```

```
plt.plot(X, y, "b.")
plt.plot(X_new, y_pred, "r-", label="Predictions")
plt.xlabel("X")
plt.ylabel("y", rotation=0)
plt.legend(loc=2)
plt.axis([-5, 5, 0, 15])
plt.show()
```

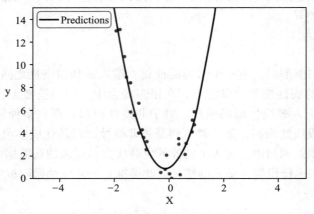

图 5-3　多项式回归模型拟合效果

在本实例中，y 为一元二次方程，我们采用 $d=3$ 建立回归模型。从方程系数和拟合曲线可以看出，回归模型的拟合效果可以接受。在实践中，需要不断调整模型参数，进行多次尝试，以获得合适的预测精度。

5.3　问题分析

对于本章中的医疗费用预测问题，需要确定具有哪些生理特征和生活习惯的人患病概率更大、医疗费用更高。这里的"生理特征和生活习惯"需要用具体的数据进行刻画，因此要收集客户生理特征和生活习惯相关的数据。对收集到的数据要进行预处理，分析数据的统计特征，然后建立回归模型，找到这些数据与医疗费用之间的定量关系。最终，可以通过某个人的生理特征和生活习惯数据预测其医疗费用。当然，还需要对所建立模型的预测准确程度进行验证。解决该问题的步骤如图 5-4 所示。

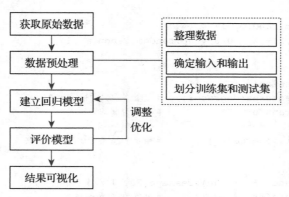

图 5-4　解决该问题的步骤

5.4　问题求解

在本案例中，使用了一个常见的保险预测数据集来预测医疗费用。该数据集包含 7 个特征信息，分别为生理特征和生活习惯数据，特征信息中包含数值型数据和字符型分类数据。本节给出了建立预测模型的基本步骤，并给出了关键步骤的实现代码。

5.4.1　加载数据

代码 5-6 给出了加载数据的代码。

代码 5-6　加载数据

```python
# 导入相关模块
import pandas as pd
import numpy as np

# 读入数据集
data = pd.read_csv('insurance.csv')
print(data.head())    # 查看前五行数据
print(data.info())    # 查看各属性特征
```

程序的运行结果如下：

```
    age       sex     bmi  children  smoker     region      charges
0   19    female  27.900         0     yes  southwest  16884.92400
1   18      male  33.770         1      no  southeast   1725.55230
2   28      male  33.000         3      no  southeast   4449.46200
3   33      male  22.705         0      no  northwest  21984.47061
4   32      male  28.880         0      no  northwest   3866.85520
<class 'pandas.core.frame.DataFrame'>
RangeIndex: 1338 entries, 0 to 1337
Data columns (total 7 columns):
 #   Column    Non-Null Count  Dtype
---  ------    --------------  -----
 0   age       1338 non-null   int64
 1   sex       1338 non-null   object
 2   bmi       1338 non-null   float64
 3   children  1338 non-null   int64
 4   smoker    1338 non-null   object
 5   region    1338 non-null   object
 6   charges   1338 non-null   float64
dtypes: float64(2), int64(2), object(3)
```

可以看出，数据集共有 1338 个样本，7 个属性，各个属性的说明见表 5-1。

表 5-1　属性的详细说明

属性名称	属性解释	取值说明
age	受益人的年龄	整数数值（int64）
sex	性别	字符类型（object），两种分类
bmi	身体质量指数	实数数值（float64）
children	子女的个数	整数数值（int64）
smoker	是否抽烟	字符类型（object），两种分类
region	所属地区	字符类型（object），四种分类
charges	医疗费用支出	实数数值（float64）

说明：客户的年龄不超过 64 岁（超过 64 岁的人医疗费用由政府负责）；bmi 是身体质量指数（Body Mass Index），值等于体重（公斤）除以身高（米）的平方，用于判断一个人的肥胖程度，理想的 bmi 值为 18.5 ～ 24.9；region 是根据客户的居住地划分的 4 个地理区域：northeast、southeast、southwest 和 northwest。

5.4.2　分析数据特征及预处理

加载数据集后，要对数据特征进行分析。例如，统计各属性的信息，判断样本是否有缺失值以及处理字符类型属性值等。代码 5-7 给出了查看数据基本信息的代码。

代码 5-7　查看数据基本信息

```
print(data.describe())         # 查看各属性的统计信息
print(data.isnull().any())     # 查看各属性是否有缺失值
```

程序的运行结果如下：

```
               age          bmi      children        charges
count  1338.000000  1338.000000  1338.000000    1338.000000
mean     39.207025    30.663397     1.094918   13270.422265
std      14.049960     6.098187     1.205493   12110.011237
min      18.000000    15.960000     0.000000    1121.873900
25%      27.000000    26.296250     0.000000    4740.287150
50%      39.000000    30.400000     1.000000    9382.033000
75%      51.000000    34.693750     2.000000   16639.912515
max      64.000000    53.130000     5.000000   63770.428010
age         False
sex         False
bmi         False
children    False
smoker      False
region      False
charges     False
dtype: bool
```

从运行结果可以看出，数据集中 3 个字符类型属性（"sex""smoker""region"）的统计信息没有显示，只统计了数值类型的属性。此外，数据集不存在样本属性缺失的情况。为了更直观地查看各个属性的统计信息，可以绘制各种图表进行可视化显示。代码 5-8 用于显示样本属性的分布情况。

代码 5-8　显示样本属性的分布情况

```
# 导入相关模块
import matplotlib.pyplot as plt
import seaborn as sns

# 可视化属性的样本分布
plt.figure(figsize=(16,10))    # 设置图片大小
for i,feat in enumerate(['sex','smoker','region',
'age','bmi','children']):
    plt.subplot(2,3,i+1)            # 设置绘制位置
    sns.histplot(data[feat],x = data[feat] )
plt.show()
```

程序的运行结果如图 5-5 所示。

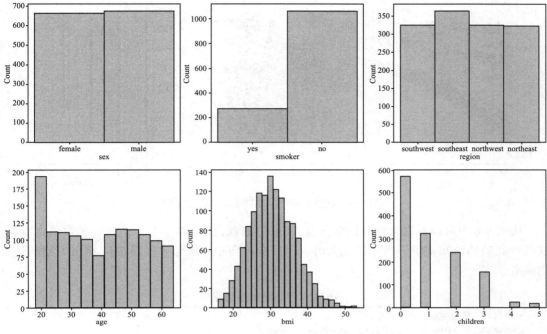

图 5-5　数据集属性的统计图

可以看出，"sex""smoker""region"是字符类型的变量，需要进行数值化处理，将字符类型转换为数值。在机器学习中，将字符类型映射为唯一数值有多种方法。在本数据集中，字符类型变量的分类数量较少，且没有顺序关系，使用 pandas.factorize 方法即可。将"sex"中的"female"映射为 0，"male"映射为 1；将"smoker"中的"yes"映射为 0，"no"映射为 1；将"region"中的"southwest"映射为 0，"southeast"映射为 1，"northwest"映射为 2，"northeast"映射为 3。代码 5-9 给出了转换字符类型的属性。

代码 5-9　转换字符类型的属性

```
data['sex'] = data['sex'].factorize()[0]
data['smoker'] = data['smoker'].factorize()[0]
data['region'] = data['region'].factorize()[0]
```

读者可以使用 data.head() 查看转换后数据集的前五行内容，这里不再赘述。

在建立线性回归模型之前，需要分析各属性之间的相关性以及对输出变量的影响。通常使用散点图显示各属性与输出变量之间的变化趋势，使用热力图显示各个属性之间的相关程度，如代码 5-10 所示。

代码 5-10　绘制散点图

```
# 绘制数值型属性与医疗费用的散点图
plt.figure(figsize=(18,6))
for i,feat in enumerate(['age','bmi','children']):
    plt.subplot(1,3,i+1)
    sns.scatterplot(x=data[feat],y=data['charges'])
plt.show()
```

程序运行结果如图 5-6 所示。

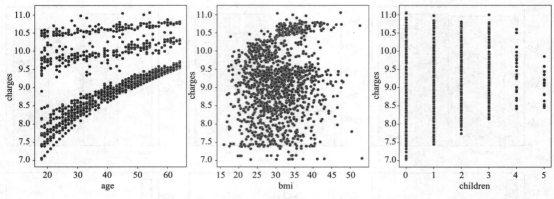

图 5-6   数值型属性与医疗费用的散点图

从图 5-6 中可以看出大致的趋势：当"age"的数值增加时，"charges"的数值也增加。这符合我们的认知常识，当年龄变大时，医疗费用会相应增加。代码 5-11 给出了绘制热力图的命令。

代码 5-11   绘制热力图

```
# 绘制各属性相关程度的热力图
sns.heatmap(data.corr(),annot=True)
```

程序的运行结果如图 5-7 所示。

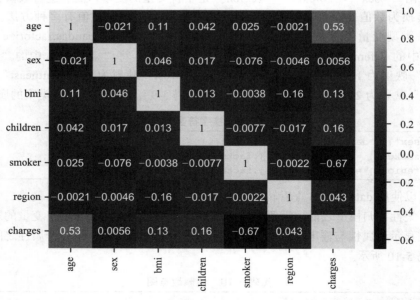

图 5-7   各属性的相关程度热力图

从图 5-7 可以看出属性之间的某些相关趋势，例如，"age"和"bmi"中度相关，即随着年龄的增长，身体质量指数也会增加。"age"和"charges"、"bmi"和"charges"中度相关。"smoker"和"charges"的相关系数是负数，在数据变换时，将"smoker"数值中的"yes"转换为 1，将"no"转换为 0。因此，"smoker"和"charges"的相关系数是负数，这并不影响二者的相关程度。

为了更好地建立线性回归模型，还需要观察输出变量 " charges " 的特征。可以通过 " charges " 分布的偏度系数和峰度系数查看具体的正态分布特征，并采用 loglp() 方法进行正态化处理，如代码 5-12 所示。

代码 5-12　加载数据并绘制散点图

```python
# 绘制输出变量的直方图显示其分布状况
sns.histplot(data['charges'],x = data['charges'] )
# 显示分布的偏度系数和峰度系数
print(data['charges'].skew(),data['charges'].kurt())
# 对输出变量进行正态化处理
data['charges'] = np.log1p(data['charges'])
```

读者可以自行运行代码，观察输出结果，这里不再赘述。

5.4.3　建立线性回归预测模型

完成数据预处理之后，要对数据集划分训练集和测试集，建立线性回归模型。观察数据，会发现多个属性特征的数值范围存在较大差异。这种情况下，可以对数据进行标准化处理，效果体现在以下方面：可以消除特征值之间的量纲影响，使各特征值处于同一数量级；提升模型的收敛速度；提升模型的精度。有很多特征标准化方法，在这里采用 StandardScaler() 提供的方法，如代码 5-13 所示。

代码 5-13　建立预测模型并计算评价指标

```python
# 导入相关库和模型
from sklearn.model_selection import train_test_split
from sklearn.linear_model import LinearRegression
from sklearn import preprocessing    # 用于数据预处理
import sklearn.metrics as sm

# 生成输出变量
y = ['charges']
# 生成输入变量
X = data[['age','sex','bmi','children','smoker','region']]
# 划分训练集和测试集
x_train, x_test, y_train, y_test = train_test_split(
X, y,random_state=0,test_size=0.2)
# 生成标准化器对象
standard_scaler = preprocessing.StandardScaler()
# 分别对训练集和测试集数据的特征进行处理
X_train=standard_scaler.fit_transform(x_train)
X_test=standard_scaler.transform(x_test)
# 创建线性回归模型
model = LinearRegression()
# 训练模型
model.fit(X_train,y_train)
# 输出模型参数
print(' 系数是: ',model.coef_)
print(' 截距是: ',model.intercept_)

# 利用测试集评价模型
y_pred = model.predict(X_test)
# 计算模型的常用评价指标
mae = sm.mean_absolute_error(y_test, y_pred)
```

```
mse = sm.mean_squared_error(y_test, y_pred,squared=True)
rmse = sm.mean_squared_error(y_test,y_pred,squared=False)
r2 = sm.r2_score(y_test, y_pred)
print(" 平均绝对值误差 MAE:%0.3f"%mae)
print(" 均方误差 MSE:%0.3f"%mse)
print(" 均方根误差 RMSE:%0.3f"%rmse)
print("R2 决定系数 :%0.3f"%r2)
```

5.5　效果评价

1. 测试集上的表现

运行上一节中的代码，可以看到模型在测试集上的评估指标：平均绝对误差值为 0.027，决定系数 R^2 是 0.778（Sklearn 使用 R^2 数值作为模型的得分），这个结果是可以接受的。除了数字指标外，还可以显示模型在测试集上的拟合效果。代码 5-14 给出了绘制拟合效果图的方法。

代码 5-14　绘制拟合效果图

```
# 绘制测试集的模型拟合效果
y_pred = model.predict(X_test)
plt.scatter(y_test, y_pred)
plt.plot([y_test.min(),y_test.max()],
         [y_test.min(),y_test.max()], 'k--')
plt.xlabel('RealValue')
plt.ylabel('PredictedValue')
plt.show()
```

测试集拟合效果图如图 5-8 所示。

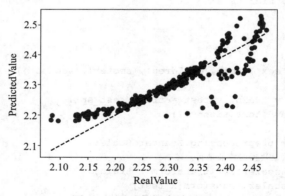

图 5-8　测试集拟合效果图

从图 5-8 可以看出，大部分散点位于直线附近，数值较大的点存在明显偏差。这与样本数据的分布有关系。在原始数据中，某些样本存在异常值，例如特别大的医疗费用支出。这种异常值对于线性回归模型的影响较大，读者可以查看数据集，对某些异常值进行处理，提高模型得分。至此，我们较好地解决了医疗费用的预测问题。

课程思政：
学以致用，
探索数据真相

2. 采用其他模型

在数据预测的实际场景中，简单的线性回归模型不一定是最好的选择。如果某个隐性但关键的因素没有纳入到模型中，就可能使预测值与真实值之间产生重大偏差，这也是数据预测问题的难点所在。本例是学习如何利用多元线性回归方法解决一个预测问题，读者也可以尝试使用其他模型来预测。这里以决策树模型为例进行尝试，如代码 5-15 所示。

代码 5-15　使用决策树模型进行预测

```python
# 导入相关库和模型
import numpy as np
import pandas as pd
from sklearn.tree import DecisionTreeRegressor
from sklearn.model_selection import train_test_split
import sklearn.metrics as sm

# 加载数据集
data = pd.read_csv('insurance.csv')

# 将字符型属性转换为数字
data['sex'] = data['sex'].factorize()[0]
data['smoker'] = data['smoker'].factorize()[0]
data['region'] = data['region'].factorize()[0]
# 对 charges 的数值分布进行正态化处理
data['charges'] = np.log1p(data['charges'])

# 确定输入变量和输出变量
y = data['charges']
X = data[['age','sex','bmi','children','smoker','region']]

# 划分训练集和测试集
x_train, x_test, y_train, y_test = train_test_split(X, y,
random_state=0,test_size=0.2)
# 建立决策树模型 (省略了特征标准化处理)
dt = DecisionTreeRegressor()
dt_model = dt.fit(x_train,y_train)

# 在测试集上评估模型
y_pred = dt_model.predict(x_test)
print(" 均方误差 MSE:%0.3f"%sm.mean_squared_error(y_test, y_pred, squared=True))
print("R2 决定系数 :%0.3f"%sm.r2_score(y_test, y_pred))
```

参考文献

[1]　刘启林 . 线性回归模型的原理、公式推导、Python 实现和应用 [EB/OL].(2021-01-03) [2022-04-16]. https://zhuanlan.zhihu.com/p/80887841.

[2]　DUA D, GRAFF C. UCI Machine Learning Repository [EB/OL].http://archive.ics.uci.edu/ml.

[3]　李航 . 统计方法学 [M]. 北京：清华大学出版社，2012.

[4]　CONWAY　D, WHITE D C . 机器学习：实用案例解析 [M]. 陈开江，刘逸哲，孟晓楠，译 . 北京：机械工业出版社，2013.

[5]　王恺，王志，李涛，等 . Python 语言程序设计 [M]. 北京：机械工业出版社，2019.

第6章

判断对象属于哪一类

6.1 引入问题

6.1.1 问题描述

南瓜籽是南瓜的种子，营养丰富，也是人们常吃的一种休闲食品。南瓜籽含有丰富的蛋白质、脂肪、碳水化合物和矿物质，具有解毒、保护肠胃粘膜、预防"三高"、促进生长发育、防癌等作用。南瓜的产地分布广泛，品种也比较多。优良的南瓜品种是南瓜产量、品质的重要保障。那么，如何判断和选择南瓜的品种呢？

6.1.2 问题归纳

可以根据南瓜籽的形态特征将其划分为某个品种。南瓜籽的形态特征包括面积、周长、直径、离心率、密度等，本问题就是要根据这些特征来判断南瓜籽的品种。判断南瓜籽属于哪个品种的问题是对对象进行分类的问题。有经验的生物学家、农业学家凭借知识和经验就能够判断南瓜籽的品种。那么，能否借助计算机的相关算法实现判断某一个对象属于哪一类（如判断南瓜籽品种）的问题呢？

6.2 寻找方法

6.2.1 分类问题及常用算法

分类问题是人们在日常生活和工作中经常遇到的问题，如判断邮件是否为垃圾邮件、肿瘤是良性还是恶性、判断植物的类别和空气质量级别等。分类过程就是将每一个数据对象划分到相应的类别之中，相当于给物品"贴标签"。分类是一个有监督的学习过程，也就是从有标签（类别信息）的训练数据中学习模型，以便对未知或未来的数据做出预测。

常用的分类算法有决策树、朴素贝叶斯、K近邻、支持向量机和人工神经网络等。本章介绍几种传统的分类算法，用于求解前面提出的问题，并对分类结果进行对比评价。

1. 决策树算法

决策树算法是一种逼近离散函数值的方法。该算法先对数据进行处理，利用归纳算法生成可读的规则和决策树，然后利用该决策树对新数据进行分类预测。

一棵决策树包含一个根节点、若干内部节点和若干叶子节点。根节点包含样本全集；每个非叶节点对应一个属性测试，每个分支根据属性测试的结果进行划分，即每个节点包含的样本集合根据属性测试结果划分到其子节点中；叶子节点则对应决策结果，即一种类型。图6-1给出了一个根据天气情况判断是否外出活动的决策树。

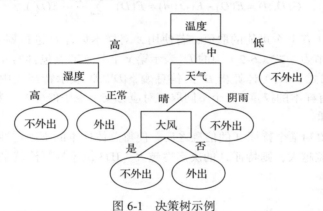

图 6-1　决策树示例

从根节点到每个叶子节点的路径对应一个判定测试序列。决策树学习的目的是产生一棵泛化能力强（处理未见样本能力强）的决策树。

（1）算法流程

决策树算法是通过一系列规则对数据进行分类的过程。决策树分类器可被视为判断模块和终止模块组成的流程图，终止模块（即叶子节点）表示分类结果，判断模块表示对一个特征取值的判断，根据特征取值将当前样本集合划分到不同的子集合中（当前节点的孩子节点）。

可以根据特征在分类中起决定性作用的程度来构造决策树。决定性作用最大的特征作为根节点，然后递归找到各分支下子数据集中决定性作用最大的特征，直到子数据集中的所有数据都属于同一类或子数据集中的样本数量少于预设的阈值为止。

一棵决策树的生成过程包括特征选择、决策树生成和决策树剪枝。

1）特征选择：从训练数据中选择一个最优特征作为当前节点的分裂标准。不同的决策树算法选择最优特征的量化标准不同，如ID3算法采用信息增益、C4.5算法采用信息增益率。

2）决策树生成：根据选择的特征评估标准，从上至下递归生成子节点，直到数据集不可再分时停止决策树生成。

3）决策树剪枝：去掉过于细分的叶子节点，将决策树变得更简单，从而使它具有更好的泛化能力。也就是说，决策树的生成只考虑局部最优，决策树的剪枝则考虑全局最优。

（2）特征选择

- **信息熵**

信息熵是度量样本集合确定性程度的常用指标。假定样本集合 D 中第 k 类样本所占的比例为 $p_k(k=1,2,\cdots,n)$，则 D 的信息熵为：

$$E(D) = -\sum_{k=1}^{n} p_k \log_2 p_k \tag{6-1}$$

$E(D)$ 的值越小，则 D 的确定性越高。如果样本集合 D 中只包括一类样本，则 $E(D)$ 的值为 0。

- **信息增益**

特征 A 对训练数据集合 D 的信息增益为 $G(D,A)$。$G(D,A)$ 定义为集合 D 的信息熵 $E(D)$ 与给定特征 A 条件下 D 的信息条件熵之差：

$$G(D, A) = E(D) - E(D \mid A) = E(D) - \sum_{v=1}^{V} \frac{|D^v|}{|D|} E(D^v) \tag{6-2}$$

假定离散特征 A 有 V 个可能的取值，若使用 A 对样本集合 D 进行划分，则会产生 V 个分支节点，式（6-2）中的 D^v 表示第 v 个分支节点包含的样本数。$E(D^v)$ 表示根据式（6-1）计算出 D^v 的信息熵，$|D^v|/|D|$ 表示特征 A 中第 V 个分支节点占所有样本的权重。V 个不同取值对应分支节点中的样本个数，给定分支节点的权重。

信息增益的计算

信息增益表示得知某个特征 A 的信息之后，使得总体样本的不确定性减少的程度。信息增益越大，则特征 A 的决定性越大。ID3 决策树算法就是以信息增益为准则来选择最优特征的。

- **信息增益率**

信息增益准则对可能取值数目多的属性有所偏好，为减少这种偏好带来的影响，C4.5 使用改进的信息增益率来选择最优特征。信息增益率的公式见式（6-3）：

$$G\_r(D, A) = \frac{G(D, A)}{IV(A)} \tag{6-3}$$

其中：

$$IV(A) = -\sum_{v=1}^{V} \frac{|D^v|}{|D|} \log_2 \frac{|D^v|}{|D|} \tag{6-4}$$

$IV(A)$ 称为属性 A 的固有值。属性 A 的可能取值数目越多（V 越大），$IV(A)$ 的值通常越大。

- **基尼指数**

CART 决策树采用基尼指数来选择最优特征。基尼值的定义为：

$$\text{Gini}(D) = \sum_{k=1}^{n} \sum_{k \neq k} p_k p_k = 1 - \sum_{k=1}^{n} p_k^2 \tag{6-5}$$

基尼值越小，数据集 D 的确定性越高。

基尼指数的公式为：

$$\text{Gini\_index}(D, A) = \sum_{v=1}^{V} \frac{|D^v|}{|D|} \text{Gini}(D^v) \tag{6-6}$$

应选择使得划分后基尼指数最小的特征作为最优特征进行样本数据的划分。

2. 朴素贝叶斯算法

朴素贝叶斯（Naive Bayesian）是基于概率论的分类算法，即基于贝叶斯定理和特征属性独立假设的分类方法。

（1）贝叶斯定理

$P(A|B)$ 表示事件 B 已经发生的前提下，事件 A 发生的概率，即事件 B 发生前提下事件 A 的条件概率。$P(A|B)$ 的计算公式为：

$$P(A \mid B) = \frac{P(AB)}{P(B)} \tag{6-7}$$

根据 $P(A|B)$ 求 $P(B|A)$ 的计算方法为：

$$P(B \mid A) = \frac{P(A \mid B)P(B)}{P(A)} \tag{6-8}$$

其中，$P(A)$ 可以根据全概率公式计算得到：

$$P(A) = \sum_{i=1}^{n} P(B_i)P(A \mid B_i) \tag{6-9}$$

例如，在早晨多云的情况下，下雨的概率为 $P($ 下雨 $|$ 多云 $)$。

假设：

60% 的雨天是早晨多云的，即 $P($ 多云 $|$ 下雨 $)=0.6$；

40% 的日子是早上多云的，即 $P($ 多云 $)=0.4$；

这个地区比较干旱，大概每个月 3 天下雨，即 $P($ 下雨 $)=0.1$。

那么，$P($ 下雨 $|$ 多云 $)= P($ 多云 $|$ 下雨 $) \times P($ 下雨 $)/ P($ 多云 $)=0.6 \times 0.1/0.4=0.15$，因此早晨多云的情况下，下雨的概率为 15%。

（2）朴素贝叶斯

朴素贝叶斯算法假设特征属性之间相互独立。

给定样本数据集 D，包含 n 个特征属性：$x_1, x_2, \cdots, x_n$。数据的类别有 K 种，即 $y_1, y_2, \cdots, y_K$。对于新的数据样本 x，如何判断它属于 $y_1, y_2, \cdots, y_K$ 中的哪种类别呢？实际上，这就是计算 x 属于每个类别的概率，取概率最大的那个类别作为分类结果，也就是求 $P(y_1|x), P(y_2|x), \cdots, P(y_K|x)$ 中的最大值，即后验概率最大的输出 $\mathrm{argmax}_{y_k} P(y_k|x)$。$P(y_k|x)$ 可以利用贝叶斯定理进行计算：

$$P(y_k \mid x) = \frac{P(x \mid y_k)P(y_k)}{P(x)} \tag{6-10}$$

对于上述计算，$P(x|y_k)=P(x_1, x_2, \cdots, x_n|y_k)$，朴素贝叶斯算法对条件概率分布进行独立性假设，即假设各个特征 $x_1, x_2, \cdots, x_n$ 之间相互独立，则：

$$P(x \mid y_k) = P(x_1, x_2, \cdots, x_n \mid y_k) = \prod_{i=1}^{n} P(x_i \mid y_k) \tag{6-11}$$

将式（6-11）代入式（6-10），得到：

$$P(y_k \mid x) = \frac{\prod_{i=1}^{n} P(x_i \mid y_k)P(y_k)}{P(x)} \tag{6-12}$$

朴素贝叶斯的
计算

由于对于所有的 y_k，分母 $P(x)$ 都相同，因此可以不用计算分母部分。于是，朴素贝叶斯分类器就可以表示为：

$$f(x) = \arg\max_{y_k} P(y_k)\prod_{i=1}^{n}P(x_i \mid y_k) \tag{6-13}$$

3. k 近邻算法

（1）算法思路

k 近邻算法（k-Nearest Neighbor，KNN）的思路是：在特征空间中，如果一个样本附近的 k 个最相似（特征空间中最邻近）的样本中的大多数属于同一种类别，那么该样本被分类到这个类别。

例如，在图 6-2 中有两类样本，分别用正方形和三角形表示。图的正中间有一个圆形，表示待分类的新样本。

现在利用 k 近邻的思想给这个圆形样本分类。

- 如果 $k=3$，圆形最近的 3 个邻居是 2 个三角形和 1 个正方形，那么三角形占大多数，则把圆形这个样本分类到三角形这一类。
- 如果 $k=5$，圆形最近的 5 个邻居是 3 个正方形和 2 个三角形，那么正方形占大多数，则把圆形这个样本分类到正方形这一类。

（2）k 的选取

如果选取的 k 值过小，则很容易受到异常点的影响，造成过拟合，泛化能力较差。例如，在图 6-3 中，有两类样本：长方形和圆形，待分类样本为五边形。如果 $k=1$，则可以立刻判断五边形属于圆形这一类。

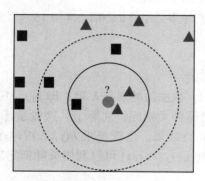

图 6-2　k 近邻算法示例

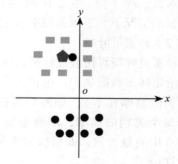

图 6-3　k 近邻算法过拟合示例

显然，这种结果是不正确的，因为离待分类样本最近的圆形显然是一个噪声数据。当 k 过小时，意味着模型复杂度高，很容易学习到噪声，造成过拟合，导致模型在训练集上的准确率非常高而在测试集上的准确率非常低的情况。

相反，如果 k 的取值过大，相当于用较大邻域中的训练数据进行预测，这样，离待分类样本距离较远的训练样本也会起作用，使得判定结果的错误率增加。因此，k 值过大时，意味着模型变得简单，会出现欠拟合情况。

因此，k 值的选取不能过小也不能过大，通常采取交叉验证法（见 6.2.2 节）进行选取。

（3）距离的度量

在 k 近邻算法中，需要找到离待分类样本最近的 k 个样本，因此要计算样本之间的距离。常用的距离计算方法包括欧几里得距离、曼哈顿距离等。

欧几里得距离是最简单、最容易理解的距离度量方法。例如，$a(x_{11}, x_{12}, \cdots, x_{1n})$ 和 $b(x_{21}, x_{22}, \cdots, x_{2n})$ 之间的欧几里得距离为：

$$d_{12} = \sqrt{\sum_{i=1}^{n} (x_{1i} - x_{2i})^2} \qquad (6\text{-}14)$$

显然，当 $n=2$ 时，就是二维平面坐标中两点之间的直接距离。

曼哈顿距离也称为"出租车距离"或"城市街区距离"，如图 6-4 所示，直线表示欧几里得距离，而折线都表示曼哈顿距离，为两个点在标准坐标系上的绝对轴距总和。

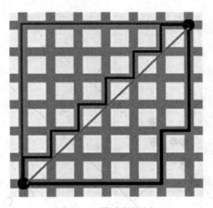

图 6-4　曼哈顿距离

二维平面中两点 $a(x_1, y_1)$ 和 $b(x_2, y_2)$ 的曼哈顿距离的计算公式为：

$$d_{12} = |x_1 - x_2| + |y_1 - y_2| \qquad (6\text{-}15)$$

n 维空间中 $a(x_{11}, x_{12}, \cdots, x_{1n})$ 和 $b(x_{21}, x_{22}, \cdots, x_{2n})$ 之间的曼哈顿距离为：

$$d_{12} = \sum_{i=1}^{n} |x_{1i} - x_{2i}| \qquad (6\text{-}16)$$

（4）特征归一化

使用 k 近邻算法计算距离时，若各类特征的数据范围相差很大，就需要对样本的特征数据进行归一化处理，即将每个特征的取值范围归一化到 0～1 或 -1～1。

4. 支持向量机

支持向量机（Support Vector Machine，SVM）是一种二分类模型（也适用于多分类）。它是定义在特征空间上的间隔最大的广义线性分类器，其决策边界是对学习样本求解的最大边距超平面。SVM 还可通过核函数进行非线性分类。

（1）概述

给定训练样本集 $D = \{(x_1, y_1), (x_2, y_2), \cdots, (x_n, y_n)\}$，其中 x_i 为特征向量，y_i 为样本类型，$y_i \in \{-1, 1\}$ 表示负类和正类。分类学习就是在样本空间中划分一个作为决策边界的超平面，将不同类别的样本分开。

如图 6-5 所示，在二维空间上有两种不同类型的数据，可以被一条直线分开，称为线性可分。这条直线就相当于一个超平面，超平面一边的数据点类型 y 都是 -1，另一边的数据点对应的 y 都是 1。

从二维空间扩展到多维空间，这个超平面可以表示为：

$$w^T x + b = 0 \qquad (6-17)$$

其中，w 和 b 分别为法向量和截距。

为了使这个超平面泛化能力更强，应该找到最佳超平面，即最大间隔超平面。也就是说，距离超平面最近的那些样本点和超平面的距离越远越好，即距离超平面的最小间隔最大化。

如图 6-6 所示，图中实线是超平面（决策边界），虚线是间隔边界，虚线上的数据点是支持向量，它们就是距离超平面最近的点。

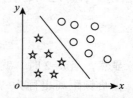

图 6-5　二维空间上的线性可分

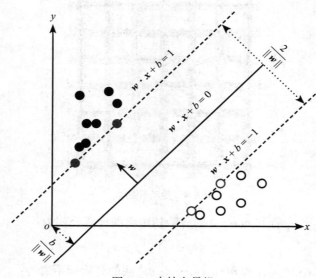

图 6-6　支持向量机

（2）SVM 目标函数

SVM 需要解决的是找到超平面 $w^T x + b = 0$，使得支持向量和它的距离最远。最终求解的目标函数为 $\min \dfrac{1}{2} \| w \|^2$，约束条件为 $y_i(w^T x_i + b) \geq 1$。下面介绍大致的计算过程。

样本数据点 (x_i, y_i) 到超平面的距离表示为：

$$\frac{|w^T x + b|}{\| w \|} \qquad (6-18)$$

其中，$\| w \| = \sqrt{w_1^2 + \cdots + w_n^2}$。

令支持向量到超平面的距离为 d，则任意属于正类（$y_i=1$）的样本点到超平面的距离都大于等于 d，而任意属于负类（$y_i=-1$）的样本点到超平面的距离都小于等于 $-d$，即下面的式（6-19）成立：

$$\begin{cases} \dfrac{w^T x + b}{\| w \|} \geq d & y = 1 \\[2mm] \dfrac{w^T x + b}{\| w \|} \leq -d & y = -1 \end{cases} \qquad (6-19)$$

进行缩放调整之后，转化为式（6-20）：

$$\begin{cases} \boldsymbol{w}^{\mathrm{T}}\boldsymbol{x}+b\geq 1 & y=1 \\ \boldsymbol{w}^{\mathrm{T}}\boldsymbol{x}+b\leq -1 & y=-1 \end{cases} \tag{6-20}$$

将两个方程合并，得到式（6-21）：

$$y(\boldsymbol{w}^{\mathrm{T}}\boldsymbol{x}+b)\geq 1 \tag{6-21}$$

由于 $y(\boldsymbol{w}^{\mathrm{T}}\boldsymbol{x}+b)\geq 1>0$，可以得到 $y(\boldsymbol{w}^{\mathrm{T}}\boldsymbol{x}+b)=|\boldsymbol{w}^{\mathrm{T}}\boldsymbol{x}+b|$，因此可以得到式（6-22）：

$$d=\frac{y(\boldsymbol{w}^{\mathrm{T}}\boldsymbol{x}+b)}{\|\boldsymbol{w}\|} \tag{6-22}$$

现在就是求这个距离的最大值。为了便于计算，将其表示成式（6-23）：

$$\mathrm{MAX}2*\frac{y(\boldsymbol{w}^{\mathrm{T}}\boldsymbol{x}+b)}{\|\boldsymbol{w}\|} \tag{6-23}$$

前面已知，对于支持向量 $y(\boldsymbol{w}^{\mathrm{T}}\boldsymbol{x}+b)=1$，因此可以得到：

$$\mathrm{MAX}\frac{2}{\|\boldsymbol{w}\|} \tag{6-24}$$

为了便于计算，对式（6-24）进行调整，进而得到 SVM 求解的目标函数：

$$\mathrm{MIN}\frac{1}{2}\|\boldsymbol{w}\|^2 \quad \text{s.t.} \quad y_i(\boldsymbol{w}^{\mathrm{T}}\boldsymbol{x}_i+b)\geq 1 \tag{6-25}$$

求解这个目标函数，需要用到拉格朗日乘数法，这里不再赘述。

（3）核函数

当遇到样本点不是线性可分的情况，如图 6-7 所示，可以将样本空间映射到更高维的特征空间，从而将非线性分类转换为高维空间内的线性分类。

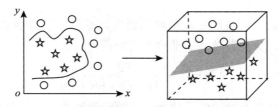

图 6-7　从低维空间映射到高维空间

对于源样本点 $\boldsymbol{x}$，令 $\varphi(\boldsymbol{x})$ 表示将其映射后得到的新的特征向量，则映射后的特征空间中的超平面可表示为：

$$f(\boldsymbol{x})=\boldsymbol{w}^{\mathrm{T}}\varphi(\boldsymbol{x})+b \tag{6-26}$$

这时，非线性 SVM 的目标函数就变成了式（6-27）：

$$\mathrm{MIN}\frac{1}{2}\|\boldsymbol{w}\|^2 \quad \text{s.t.} \quad y_i(\boldsymbol{w}^{\mathrm{T}}\varphi(\boldsymbol{x}_i)+b)\geq 1 \tag{6-27}$$

这时，在 SVM 目标函数求解过程的对偶问题中，需要计算映射函数的内积 $\varphi(\boldsymbol{x}_i)^{\mathrm{T}}\varphi(\boldsymbol{x}_j)$。由于映射函数 $\varphi(\boldsymbol{x})$ 形式复杂，难以计算其内积，因此可将映射函数的内积转换为低维空间中的某个函数：

$$\kappa(x_i, x_j) = \varphi(x_i)^{\mathrm{T}} \varphi(x_j)$$ （6-28）

$\kappa(x_i, x_j)$ 称为核函数，可以利用它来代替复杂的非线性变换的内积计算，以回避内积的显示计算。

常用的核函数有：

- 线性核： $\kappa(x_i, x_j) = x_i^{\mathrm{T}} x_j$ ，这实际上就是原始空间中的内积。

- 多项式核： $\kappa(x_i, x_j) = (x_i^{\mathrm{T}} x_j)^d$ ， $d \geq 0$ 是多项式的次数。参数 d 越大，映射的维度越高，计算量就会越大。

- 高斯核： $\kappa(x_i, x_j) = \exp\left(-\dfrac{\|x_i - x_j\|^2}{2\sigma^2}\right)$ ， $\sigma > 0$ 是高斯核的带宽。高斯核函数的灵活性相当高，可以通过设置参数 σ 取得较好的性能，因此高斯核函数是广泛应用的核函数之一。

5. 模型评估

分类模型的评估指标有准确率、精确率、召回率、F1 值、ROC 曲线和 AUC 面积等。

首先来看混淆矩阵，其中包括预测值与真实值之间四种不同结果的组合，如图 6-8 所示。

真实值	预测值	
	正类（Positive）	负类（Negative）
正类（True）	True Positive（TP）	False Negative（FN）
负类（False）	False Positive（FP）	True Negative（TN）

图 6-8　混淆矩阵

在混淆矩阵中，TP 表示将正类预测为正类，TN 表示将负类预测为负类，FP 表示将负类错误预测为正类（误报），FN 表示将正类错误预测为负类（漏报）。可以通过混淆矩阵来评定分类器的性能。

1）准确率（Accuracy）：分类正确的样本数除以总样本。准确率是最基本的评价指标，通常认为，准确率越高，分类器越好。准确率的公式为：

$$\text{Accuracy} = \frac{\text{TP} + \text{TN}}{\text{TP} + \text{FP} + \text{FN} + \text{TN}}$$ （6-29）

实际上，准确率评价是有缺陷的。比如，在癌症诊断中，恶性肿瘤为正类，良性肿瘤为负类，准确率只能反映出所有样本检测的正确程度，并不知道是 TP 多还是 TN 占比大，也就是不能确定真正患癌的病人能被检测出来的概率。如果样本中负类占绝大多数，正类（恶性）占比非常小，那么即使预测所有的样本都是良性肿瘤，准确率也是非常高的。这样，真正患癌症的人没有被检测出来。为了更精准地进行对样本进行分类，引入了精确率和召回率两个性能指标。

课程思政：
学会从不同角度
看问题

2）精确率（Precision）：预测值为正类的样本中真实值为正类的比例。

例如，预测值为恶性肿瘤的样本中，真正患癌的比例就是真正生病的数量是多少，由此可以推断出误诊的情况，1−Precision 即为误诊率。精确率的公式为：

$$\text{Precision} = \frac{\text{TP}}{\text{TP} + \text{FP}}$$ （6-30）

3）召回率（Recall）：真实值为正类的样本中预测结果为正类的比例。例如，根据真实患癌的样本（恶性）中能被检查出来的数量，可以推算出漏检的情况，1−Recall 即为漏检率。召回率的公式为：

$$Recall = \frac{TP}{TP + FN} \tag{6-31}$$

4）F1 值（F1-score）：将精确率和召回率合成为一个指标，对模型的综合评价。公式为：

$$F1 \text{-} score = \frac{2 * Precision * Recall}{Precision + Recall} \tag{6-32}$$

另外，也可以利用 ROC 曲线和 AUC 面积对模型进行评估，这里不再赘述。

在选择分类器时，可以根据具体问题对哪个评估指标要求更高，选取相应的性能指标比较好的分类器算法和参数。

6.2.2　利用 Python 求解分类问题

1. Scikit-learn

Scikit-learn 项目诞生于 2010 年，需要 NumPy 和 SciPy 等工具包的支持，目前已成为 Python 开发者首选的机器学习工具包。

Scikit-learn 包括分类、回归、聚类、数据降维、模型选择和数据预处理等功能模块。

Scikit-learn 框架还提供了一些常用的数据集，如鸢尾花数据集、乳腺癌数据集、手写数字数据集、糖尿病数据集、波士顿房价数据集和体能训练数据集等，这些数据集都比较适合用于分类和回归任务。

Scikit-learn 工具包的安装方法请参见 2.2.1 节的介绍。

2. 数据的获取和预处理

数据的获取和预处理参见第 3 章的介绍。

3. 划分数据集

用 Scikit-learn 中的 train_test_split 函数，按照设定的比例，将样本数据集划分为训练集和测试集，如代码 6-1 所示。

代码 6-1　划分数据集

```
from sklearn.model_selection import train_test_split
train_X,test_X,train_Y,test_Y=train_test_split(train_data,train_target,test_
    size=0.2,random_state=5)
```

其中：
- train_data 为待划分的特征样本集。
- train_target 为带划分数据集中的分类目标（标签）。
- test_size 为划分后测试集占原始样本集的比例。
- random_state 为随机数种子，若设置为 0 或不填，则每次划分结果都不一样。若设置为同一个数值，则每次划分的结果一样。
- 返回值 train_X，test_X 是划分后的特征训练集和特征测试集。
- 返回值 train_Y，test_Y 是划分后的训练集中的目标值和测试集中的目标值。

根据分类器的需求，分别对训练集和测试集进行归一化或标准化处理，如代码 6-2 所示。

代码 6-2　数据归一化、标准化

```
from sklearn.preprocessing import MinMaxScaler      # 归一化
train_X=MinMaxScaler().fit_transform(train_X)
from sklearn.preprocessing import StandardScaler    # 标准化
train_X=StandardScaler().fit_transform(train_X)
```

提示:

对特征训练集 train_X 和特征测试集 test_X 需要进行同样的归一化或标准化处理。

4. 模型的选择与调参

选择适当的分类器模型,并利用 Sklearn 中的网格搜索工具 GridSearchCV 对多个参数进行交叉验证,找到最优的参数组合。决策树分类模型的选择与调参如代码 6-3 所示。

代码 6-3　模型的选择和调参

```
from sklearn.model_selection import GridSearchCV    # 导入网格搜索与交叉验证模型
from sklearn.tree import DecisionTreeClassifier     # 导入决策树分类模型
clf_Tree=DecisionTreeClassifier()                   # 分类器实例化
param_grid={'criterion':['entropy','gini'],'max_depth':np.arange(1,20)}  # 设置参数
    字典
clf_Tree=GridSearchCV(clf_Tree,param_grid,cv=10)    # 实例化
clf_Tree.fit(train_X,train_Y)                       # 训练
print(clf_Tree.best_params_)                        # 输出最优参数,如 {'criterion':
    'entropy', 'max_depth': 3}
print(clf_Tree.best_score_)                         # 输出最优结果
```

提示:

criterion 表示将信息增益 entropy 或者基尼指数 gini 作为特征选择的标准,max_depth 表示决策树的最大深度范围是 $1 \sim 20$。

5. 训练和预测

1)对训练集进行拟合训练,如代码 6-4 所示。

代码 6-4　模型训练

```
clf_Tree=DecisionTreeClassifier(criterion="entropy",max_depth=3)
# 按最优参数实例化分类器
clf_Tree.fit(train_X,train_Y)  # 分类器训练
```

2)对新的样本数据进行分类预测。可以利用测试集进行预测,评估模型的准确率,如代码 6-5 所示。

代码 6-5　对测试集进行预测

```
from sklearn.metrics import accuracy_score
predict_Y=clf_Tree.predict(test_X)   # 对测试集的特征样本进行预测
accuracy_score(test_Y,predict_Y) # 求准确率
# 或直接用语句 clf_Tree.score(test_X,test_Y) 计算
```

6. 模型评估

进一步对分类器模型的精确率、召回率、F1 值等进行评估,如代码 6-6 所示。

代码 6-6　模型评估

```
from sklearn.metrics import classification_report
classification_report(test_Y, predict_Y, labels,target_name, sample_weight, digits)
```

其中，test_Y 为目标测试值，predict_Y 为目标预测值，labels 指定目标类别对应的数字，target_name 为目标类别的名称。返回值包括每个类别的精确率、召回率和 F1 值等。

 ## 6.3　问题分析

不失一般性，本问题选取两种南瓜籽进行实验。实验步骤如下：

1）确定问题特征。要对南瓜籽进行分类，首先要确定决定南瓜籽品种的几何特征，如面积、周长、轴长度、密实度等。

2）数据采集。利用仪器和光学技术进行测量，获取不同品种的南瓜籽样本的几何特征数据。由于数据中往往存在缺失值、异常值等，因此需要进行数据预处理。

3）分类算法选择。将数据划分为训练集和测试集，选取分类算法进行模型训练，再用测试集进行预测，测试其分类效果，最终选择准确率最高的分类器模型。

4）利用分类器模型对新的南瓜籽样本进行分类预测。

 ## 6.4　问题求解

6.4.1　确定问题特征

植物学专家和农业研究人员通过共同研究，对南瓜籽的几何结构进行分析，确定了影响南瓜籽品种的特征，如表 6-1 所示。

表 6-1　南瓜籽的几何特征

序号	特征	解释	取值
1	Area	面积（南瓜籽边界内的像素数）	连续值
2	Perimeter	周长（单位为像素）	连续值
3	Major Axis Length	主轴长度	连续值
4	Minor Axis Length	短轴长度	连续值
5	Convex Area	凸面面积（南瓜籽形成区域最小凸面的像素数）	连续值
6	Equiv Diameter	当量直径（南瓜籽的面积乘 4，除以 π，再求平方根）	连续值
7	Eccentricity	离心率	连续值
8	Solidity	坚固度	连续值
9	Extent	南瓜籽面积与边界框像素的比例	连续值
10	Roundness	不考虑南瓜籽边缘变形的情况下，南瓜籽的椭圆度	连续值
11	Aspect Ration	南瓜籽的长宽比	连续值
12	Compactness	密实度	连续值

6.4.2　数据采集与预处理

研究人员收集了不同的南瓜籽样本，包括 Cercevelik 和 Urgup Sivrisi 两个品种。使用阈值技术中的灰色和二进制形式的技术，对两个品种的南瓜种子进行形态学测量，对每个南瓜籽提取了 12 个形态特征。同时，标记每个样本的品种（目标类别）"Class"，0 表示"Cercevelik"，1 表示"Urgup Sivrisi"。采集到的数据如表 6-2 所示。

表 6-2   采集到的数据

Area	Perimeter	Major Axis Length	Minor Axis Length	Convex Area	Equiv Diameter	Eccentricity	Solidity	Extent	Roundness	Aspect Ration	Compactness	Class
56276	888.242	326.1485	220.2388	56831	267.6805	0.7376	0.9902	0.7453	0.8963	1.4809	0.8207	0
76631	1068.146	417.1932	234.2289	77280	312.3614	0.8275	0.9916	0.7151	0.844	1.7811	0.7487	0
71623	1082.987	435.8328	211.0457	72663	301.9822	0.8749	0.9857	0.74	0.7674	2.0651	0.6929	0
66458	992.051	381.5638	222.5322	67118	290.8899	0.8123	0.9902	0.7396	0.8486	1.7146	0.7624	0
66107	998.146	383.8883	220.4545	67117	290.1207	0.8187	0.985	0.6752	0.8338	1.7413	0.7557	0
73191	1041.46	405.8132	231.4261	73969	305.2698	0.8215	0.9895	0.7165	0.848	1.7535	0.7522	0
73338	1020.055	392.2516	238.5494	73859	305.5762	0.7938	0.9929	0.7187	0.8857	1.6443	0.779	0
69692	1049.108	421.4875	211.7707	70442	297.8836	0.8646	0.9894	0.6736	0.7957	1.9903	0.7067	0
76910	1146.88	483.5875	203.5562	77745	312.9295	0.9071	0.9893	0.7629	0.7348	2.3757	0.6471	1
118751	1468.224	629.723	240.9782	120036	388.8425	0.9239	0.9893	0.744	0.6922	2.6132	0.6175	1
86565	1215.697	508.1608	218.3103	87292	331.9909	0.903	0.9917	0.7189	0.736	2.3277	0.6533	1
72106	1131.138	484.9191	193.0989	72800	302.9987	0.9173	0.9905	0.6187	0.7082	2.5112	0.6248	1
86686	1208.535	509.7207	216.9252	87352	332.2229	0.9049	0.9924	0.7411	0.7458	2.3498	0.6518	1
91703	1279.029	549.6899	213.0754	92721	341.7015	0.9218	0.989	0.7226	0.7044	2.5798	0.6216	1
97531	1262.195	517.7879	241.3246	98317	352.3923	0.8847	0.992	0.7294	0.7693	2.1456	0.6806	1

......

参照第 3 章的相关方法对数据进行预处理。最终，本问题共获得 2500 条样本数据，存储在 Pumpkin-Seeds-Dataset.csv 文件中。

6.4.3　选择分类模型

准备好样本数据之后，就可以开始编程进行分类模型训练，以便对南瓜籽品种进行分类预测。首先，导入相关工具包和模型，如代码 6-7 所示。

代码 6-7　导入工具包和模型

```
# 导入相关工具包和模型
import pandas as pd                                        # 导入 Pandas
import numpy as np                                         # 导入 Numpy
from sklearn.model_selection import train_test_split       # 导入数据集划分函数
from sklearn.preprocessing import MinMaxScaler             # 导入归一化函数
from sklearn.model_selection import GridSearchCV           # 导入网格搜索与交叉验证模型
from sklearn.tree import DecisionTreeClassifier            # 导入决策树分类模型
from sklearn.neighbors import KNeighborsClassifier         # 导入 K 近邻分类模型
from sklearn.naive_bayes import GaussianNB                 # 导入高斯朴素贝叶斯分类模型
from sklearn import svm                                    # 导入支持向量机分类模型
from sklearn.metrics import classification_report          # 导入分类模型评估报告函数
```

读取准备好的数据集 Pumpkin-Seeds-Dataset.csv，并进行训练集和测试集的划分，如代码 6-8 所示。

代码 6-8　划分数据集

```
data=pd.read_csv('Pumpkin-Seeds-Dataset.csv')   # 读取数据集
print(data)                                      # 输出数据集
y=data['Class']   # 将 Class 数据提取到 y
data=data.drop('Class',axis=1)                   # 将目标列 Class 从数据集中删除
train_X,test_X,train_Y,test_Y=train_test_split(data,y,test_size=0.3,random_sta
    te=15)
                                                 # 划分数据集，训练集和测试集的比例为 7：3
```

虽然有的分类算法不需要归一化处理，但为了方便比较各种算法的性能，现将数据统一进行归一化处理，如代码 6-9 所示。

代码 6-9　数据归一化

```
transfer=MinMaxScaler()                          # 实例化转换器类
train_X=transfer.fit_transform(train_X)          # 对训练集进行归一化
print(train_X)
print(train_X.shape)                             # 输出 (1750, 12)
test_X=transfer.transform(test_X)                # 对测试集进行同样处理
print(test_X)
print(test_X.shape)                              # 输出 (750, 12)
```

输出结果显示，训练集共有 1750 条数据，测试集共有 750 条数据，特征数量都是 12。

至此，训练集和测试集的数据已经准备好，下面使用不同的分类模型训练，并对性能进行分析和比较，最终选取适合该问题的模型进行分类预测。

1. 利用决策树分类模型求解

利用 GridSearchCV 进行网格搜索和交叉验证，并利用最优参数进行训练，然后对测试集进行预测，输出该模型的准确率、精确率、召回率和 F1 值等，如代码 6-10 所示。

代码 6-10 利用决策树分类模型求解

```
clf_Tree=DecisionTreeClassifier()                        # 决策树分类器实例化
param_grid={'criterion':['entropy','gini'],'max_depth':np.arange(1,20)}# 设置参数字典
#criterion 表示将信息增益 entropy 或者基尼指数 gini 作为特征选择的标准
#max_depth 表示决策树的最大深度范围是 1~20
clf_Tree=GridSearchCV(clf_Tree,param_grid,cv=10)         # 选择最优参数
clf_Tree.fit(train_X,train_Y)                            # 分类器训练
print(" 最优参数: ",clf_Tree.best_params_)               # 最优参数
print(" 最优准确率: ",clf_Tree.best_score_)              # 最优准确率
print('test score:',clf_Tree.score(test_X,test_Y))# 测试集准确率
predict_Y=clf_Tree.predict(test_X)                       # 对测试集进行预测
report=classification_report(test_Y, predict_Y,target_names=['Cercevelik',' Urgup
    Sivrisi'])                                           # 生成评估报告
print(report)                                            # 打印报告
```

上述代码的运行结果如下：

```
最优参数: {'criterion': 'entropy', 'max_depth': 6}
最优准确率: 0.8720000000000001
test score: 0.8813333333333333
               precision    recall    f1-score    support

   Cercevelik       0.86       0.92       0.89         398
Urgup Sivrisi       0.91       0.83       0.87         352

     accuracy                             0.88         750
    macro avg       0.88       0.88       0.88         750
 weighted avg       0.88       0.88       0.88         750
```

提示：

最优准确率反映的是在交叉验证时对训练集中数据训练的结果。而 test score 反映的是测试集的准确率。

评估报告中分别显示两个类别的精确率、召回率和 F1 值，support 是样本个数。macro avg 是两个类别的各个性能的平均值，weighted avg 是加权（权值为 support）平均值。

下面实现决策树可视化，加入下面的代码 6-11。

代码 6-11 决策树可视化

```
from sklearn.tree import export_graphviz   # 导入决策树可视化方法
clf_Tree=DecisionTreeClassifier(criterion="entropy", max_depth=6)  # 按最优参数实例化
    分类器
clf_Tree.fit(train_X,train_Y)    # 训练
export_graphviz(clf_Tree,out_file="Pumpkin-Seeds-Dataset.dot",feature_name
    s=['Area','Perimeter','Major Axis Length','Minor Axis Length','Convex
    Area','Equiv Diameter','Eccentricity','Solidity','Extent','Roundness','Aspect
    Ration','Compactness'])   # 生成决策树的结构, 保存到 dot 文件
```

运行上面的代码之后，会在当前文件夹下面生成 Pumpkin-Seeds-Dataset.dot 文件，以文本形式保存决策树。可以通过 Graphviz 工具将 dot 文件转换为以树形式保存的 pdf 文件。

拓展学习：决策树可视化

2. 利用朴素贝叶斯分类模型求解

针对本问题的数据特点，选择高斯朴素贝叶斯模型进行训练，然后对测试集进行预测，并对该模型的准确率、精确率等进行评估，如代码 6-12 所示。

代码 6-12　利用朴素贝叶斯分类模型求解

```
clf_gnb=GaussianNB()                                  # 高斯朴素贝叶斯分类器实例化
clf_gnb.fit(train_X,train_Y)                          # 训练
print('test score:',clf_gnb.score(test_X,test_Y))    # 测试集的准确率
predict_Y=clf_gnb.predict(test_X)                     # 对测试集进行预测
report=classification_report(test_Y, predict_Y,target_names=['Cercevelik','Urgup
    Sivrisi'])
print(report)
```

提示:

朴素贝叶斯分类器有高斯模型、多项式模型和伯努利模型。对于连续型的特征数据，可以选择高斯模型。

上述代码的运行结果如下:

```
test score: 0.884
                precision     recall    f1-score    support

    Cercevelik       0.88       0.91        0.89        398
 Urgup Sivrisi       0.89       0.86        0.87        352

      accuracy                              0.88        750
     macro avg       0.88       0.88        0.88        750
  weighted avg       0.88       0.88        0.88        750
```

3. 利用 k 近邻分类模型求解

k 近邻分类器中的参数 n_neighbors，也就是算法中的 k 值，是决定算法性能的主要参数。可以利用循环寻找准确率最高的 k 值，如代码 6-13 所示。

代码 6-13　利用 k 近邻分类模型求解

```
max_acc,optm_k=0,0
accList=[]
krange=range(1,31)    # 设置 k 的范围
for k in krange:
    neigh=KneighborsClassifier(n_neighbors=k)    # 实例化 KNN 分类器
    neigh.fit(train_X,train_Y)                   # 训练
    acc=neigh.score(test_X,test_Y)               # 本次测试集的准确率
    accList.append(acc)                          # 添加到准确率列表
    if acc>max_acc:
        max_acc=acc                              # 求准确率的最大值
        optm_k=k                                 # 记录 k 值
print(" 最优 k 值 :{}, 准确率: {:.8f}".format(optm_k,max_acc))
# 下面绘制曲线
import matplotlib.pyplot as plt                  # 导入模块
plt.plot(krange,accList,marker='.')              # 绘制曲线
plt.xlabel('k')                                  # 设置横坐标
plt.ylabel('Accuracy score')                     # 设置纵坐标
plt.show()                                       # 显示
```

```
# 下面利用最优 k 值训练并评估
clf_neigh=KneighborsClassifier(n_neighbors=optm_k)      # 用最优 k 值
clf_neigh.fit(train_X,train_Y)                          # 训练
print('test score:',clf_neigh.score(test_X,test_Y))    # 测试集的准确率
predict_Y=clf_neigh.predict(test_X)                    # 对测试集进行预测
report=classification_report(test_Y, predict_Y,target_names=['Cercevelik','Urgup
    Sivrisi'])
print(report)
```

上述代码的运行结果如下：

最优 k 值：9，准确率：0.89200000

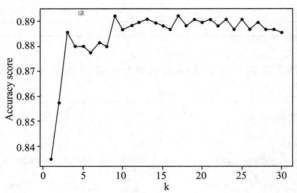

```
test score: 0.892
              precision    recall  f1-score   support

  Cercevelik       0.88      0.92      0.90       398
Urgup Sivrisi      0.91      0.86      0.88       352

    accuracy                           0.89       750
   macro avg       0.89      0.89      0.89       750
weighted avg       0.89      0.89      0.89       750
```

4. 利用支持向量机分类模型求解

SVM 分类器训练模型中的参数 kernel 表示核函数的类型，包括高斯核 rbf、多项式核 poly 和线性核 linear 等，还有两个重要的参数 C 和 gamma。C 是惩罚系数，默认为 1。gamma 越大，分类效果越好，只对 rbf、poly 和 sigmoid 有效。

首先，利用 GridSearchCV 进行网格搜索和交叉验证，选择最优参数组合进行分类器训练，然后，对测试集预测，并进行评估，如代码 6-14 所示。

代码 6-14　利用支持向量机分类模型求解

```
clf_svc=svm.SVC()   # 支持向量机分类器实例化
parameters=[{"kernel":["rbf","poly"],"C":[0.1,1,10,12,14,15,16],"gamm
    a":[0.01,0.02,0.05,0.1,0.2,0.5,1,2,3,5,6]},{"kernel":["linear"],
    "C":[0.1,1,10,12,14,15,16]}]                    # 设置参数字典
clf_svc=GridSearchCV(clf_svc,parameters,n_jobs=-1)   # 选择最优参数
clf_svc.fit(train_X,train_Y)                        # 训练
print(" 最优参数: ",clf_svc.best_params_)           # 最优参数
print(" 最优准确率: ",clf_svc.best_score_)          # 最优准确率
print('test score:',clf_svc.score(test_X,test_Y))  # 测试集的准确率
```

```
predict_Y=clf_svc.predict(test_X)        # 对测试集进行预测
report=classification_report(test_Y, predict_Y,target_names=['Cercevelik','Urgup
    Sivrisi'])
print(report)
```

提示:

如果运行时间过长，可以简化参数，如:

```
parameters=[{"kernel":["rbf","poly"],"C":[0.1,1,10],"gamma":[0.01,0.1,1,10]},
    {"kernel":["linear"],"C":[0.1,1,10]}]
```

上述代码的运行结果如下:

```
最优参数: {'C': 12, 'gamma': 5, 'kernel': 'rbf'}
最优准确率: 0.8822857142857142
test score: 0.8986666666666666
                precision    recall    f1-score    support

    Cercevelik       0.88      0.93        0.91        398
Urgup Sivrisi        0.92      0.86        0.89        352

      accuracy                             0.90        750
     macro avg       0.90      0.90        0.90        750
  weighted avg       0.90      0.90        0.90        750
```

6.4.4 预测新样本

选择在测试集上准确率最高的支持向量机模型对新的南瓜籽样本进行分类预测。首先，将支持向量机分类模型保存到文件 Pumpkin-Seeds_model.m 中。需要对新样本进行预测时，加载该模型文件即可，如代码 6-15 所示。

代码 6-15 预测新样本

```
import joblib  # 导入 joblib 库
joblib.dump(clf_svc,"Pumpkin-seeds_model.m") # 保存支持向量机模型到 d 盘的 Pumpkin-
    Seeds_model.m 文件中
model=joblib.load("Pumpkin-seeds_model.m")      # 使用时，加载已保存的模型即可
xtest=[[78502,1079.334,421.6898,237.9784,79204,316.1516,0.8255,0.9911,0.7335,0.84
    68,1.772,0.7497],[81401,1196.705,521.3143,199.0874,82040,321.9363,0.9242,0
    .9922,0.781,0.7143,2.6185,0.6175]]
xtest=transfer.transform(xtest)              # 对新样本进行归一化处理
xpredict=clf_svc.predict(xtest)              # 对一组新的样本数据进行预测
print(xpredict)  # 输出预测结果
```

上述代码的运行结果为:

```
[0 1]
```

表示这两个南瓜籽样本分别属于类别 0 和类别 1，即 Cercevelik 和 Urgup Sivrisi。

6.5 效果评价

本案例针对同一问题，采用相同的数据集和不同的机器学习分类算法进行训练，并对测试集进行了预测和性能评估。从运行结果来看，决策树和朴素贝叶斯算法在测试集上的准确

率为 0.88 左右，k 近邻和支持向量机算法在测试集上的准确率分别为 0.89 和 0.90。由此可见，后两种算法的分类效果更好。实际上，准确率相同的算法在不同类别上的精确率、召回率等性能指标是不尽相同的。

例如，决策树和朴素贝叶斯算法的准确率接近，但是在精确率指标上，Urgup Sivrisi 类别均高于 Cercevelik 类别。然而，对于 Cercevelik 类别来说，在朴素贝叶斯算法上精确率更高；对于 Urgup Sivrisi 类别来说，在决策树算法上精确率更高。两种类别的精确率比较如图 6-9 所示。

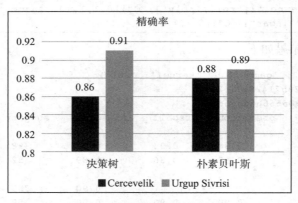

图 6-9   两种类别的精确率比较

可以根据问题对分类性能的具体要求，比如要求较高的精确率或召回率，选择相应的分类模型进行预测。

另外，划分数据集时的训练集与测试集的比例以及随机种子的不同，划分后的训练集和测试集也不相同，分类训练的结果也不相同。另外，训练时选取的参数不同，或者利用网格搜索交叉验证时设置的参数不同，最终选取的参数也不相同，这些都会对训练结果产生影响。读者可以使用不同的参数进行多次实验，观察各参数对结果的影响，选取适用于该问题的最优模型和最优参数。

读者可以参考本案例给出的方法，对所学专业的相关问题或其他实际问题进行分类预测练习。之后，对各性能进行评估，根据问题对哪个性能的要求更高，选取该性能指标比较好的分类器算法。

参考文献

[1] 王恺，闫晓玉，李涛 . 机器学习案例分析：基于 Python 语言 [M]. 北京：电子工业出版社，2020.

[2] 赵涓涓，强彦 . Python 机器学习 [M]. 北京：机械工业出版社，2019.

[3] HARRINGTON P. 机器学习实战 [M]. 李锐，李鹏，曲亚东，等译 . 北京：人民邮电出版社，2013.

[4] 传智教育 . 黑马程序员 3 天快速入门 Python 机器学习 [EB/OL].(2018-12-27).https://www.bilibili.com/video/BV1nt411r7tj?p=3.

[5] Python 数据分析 & 机器学习 & 深度学习 [EB/OL].(2019-09-22).https://www.bilibili.com/video/BV1rJ411g7Mz?p=206.

[6] CHARYTANOWICZ M，NIEWCZAS J，KULCZYCKI P ,et al. Complete Gradient Clustering Algorithm for Features Analysis of X-ray Images[J]. Information Technologies in Biomedicine, 2010(2):15-24.

第 7 章

将对象划分为不同的类别——聚类分析

> **本章使命**
>
> 人类在认知客观世界时，通常会根据事物的属性和行为将事物划分成不同的类别，以探究同类事物的特点和规律。然而，随着数据不断增加，单纯依靠人力对事物进行分类的难度变得越来越大。
>
> 本章使命是探索智能计算领域的聚类技术，通过计算机的高效计算能力辅助人类来认识和区分不同的事物。

7.1 引入问题

7.1.1 问题描述

心脏病是一类常见的循环系统疾病，由心脏结构受损或功能异常引起，可分为先天性心脏病和后天性心脏病。心脏病的常见症状包括心悸、呼吸困难、咳嗽、胸痛等，常见体征包括心脏增大、异常心音、心律失常等。在治疗手段上，以药物治疗作为首选方案，必要时进行介入或手术治疗。医生会根据患者心脏病的具体类型、症状和生命体征等，在综合评估后制定个性化的治疗方案。能否通过计算机技术帮助医生根据各项指标对心脏病患者进行分组，为各组制定不同的治疗方案呢？

7.1.2 问题归纳

上述问题是在未知数据所属类别的情况下，对数据进行自动分组，以完成数据的分类学研究，这样的问题就是聚类问题。

在第 6 章介绍的分类问题中，用于建模的数据样本都提前做了标注，指明了每个样本的类别信息，在训练过程中，可以使用这些类别信息作为监督，完成模型参数的优化学习。因此，分类问题是一种监督学习问题。在本章介绍的聚类问题中，用于建模的数据并不会包含类型信息，因此在模型训

聚类与分类的
区别——数据
维度与应用维度

练过程中没有任何类别信息作为监督，完全根据样本数据本身的特性自动实现数据的分组。因此，聚类问题是一种无监督学习问题。

对于 7.1.1 节的问题，研究人员可以在心脏病患者的数据集中选取两个或多个维度的数据进行聚类分析，从而对心脏病患者进行聚类，为同一类别的患者制定相同或类似的治疗方案。医生可以通过研究具有相似特征的患者的治疗结果，找出最佳治疗方案或进一步探索更有效的治疗方案。

7.2 寻找方法

7.2.1 聚类问题概述

聚类（Clustering）是指按照相似程度将数据对象分成不同的类或簇，使得同一个簇中的数据对象的相似性尽可能大，不同簇中数据对象的差异性尽可能大。

课程思政：归纳
总结与认知世界

用数学语言解释如下：给定一个样本集合 $X = \{x_1, x_2, \cdots, x_m\}$（其中每个样本具有 n 个可观测属性，即 $x_i = \{x_{ij} | j = 1, 2, \cdots, n\} \in \mathbb{R}^n, i = 1, 2, \cdots, m$），使用某种算法可将 X 划分成 k 个子集，使得每个子集内部的样本之间相似度尽可能高，而不同子集的样本之间相似度尽可能低。

划分后得到的每一个子集 $c_i (i = 1, 2, \cdots, k)$ 称为一个簇（Cluster）。通过聚类，具有相似属性的样本最终会被划归到同一个簇中，而不同簇中的样本之间均存在较大的属性差异。所有簇的并集是原样本集合，而任意两个簇的交集均为空，即

$$X = \bigcup_{i=1}^{k} c_i \tag{7-1}$$

$$c_i \bigcap c_j = \varnothing, i \neq j \tag{7-2}$$

对于相同的数据集，使用不同的聚类方法可能产生不同的聚类结果。比如，对于给定的一堆水果，人们最初不知道它们是什么水果、叫什么名字，也没有一个训练好的判定各种水果的模型。聚类算法要自动对这堆水果进行归类，如果没有统一的标准，就可以按照颜色、形状或者大小等标准进行归类。和分类算法不同，聚类算法没有训练过程，而是根据自己定义的规则将相似的样本划分为同一类或簇。

聚类可用来洞察数据的分布，观察每个簇的特征，将进一步分析集中在特定的簇集合上。比如，在商业领域，聚类能帮助市场分析人员从客户库中发现不同的客户群，并且用购买模式来刻画不同客户群的特征。在生物学领域，聚类能用于推导植物和动物的分类，对基因进行分类，获得对种群中固有结构的认识。

7.2.2 *k*-means 算法简介

聚类算法可分为基于距离划分的聚类算法、基于层次分解的聚类算法、基于密度的聚类算法、基于图论的聚类算法、基于网格的聚类算法和基于模型的聚类算法等。

k-means 算法
原理：直观
认识及关键问题

作为一种基于距离划分的聚类算法，*k*-means（也被称为 k 平均或 k 均值）由于其简单有效的优点已在实际中得到广泛应用。该算法采用样本之间的距离（如欧几里得距离、曼哈顿距离等）作为样本相似性度量的评价指标，即

认为两个样本之间的距离越小，其相似度就越高，反之，两个样本之间的距离越大，相似度越低。k-means 聚类算法将距离相近的样本分到一个簇中，将距离较远的样本分到不同簇中。

k-means 聚类算法涉及以下概念：

- k 值：要得到的簇的个数。
- 质心：每个簇的中心，也就是每个簇的均值向量，该簇中所有样本点的各维取平均值即可。
- 距离度量：样本之间的距离，本章使用欧几里得距离，计算公式见 6.2.1 节。

k-means 算法的计算过程如下：

1）对于待聚类的样本数据集 $X = \{x_1, x_2, \cdots, x_m\}$，设定簇的数量为 k，从数据集中随机选择 k 个数据点作为每个类簇的质心。

2）重复下面过程直至收敛（各类簇质心不再变化或变化很小）：

①对于每一个样本 $x_i(i = 1, 2, \cdots, m)$，计算其应该属于的类簇。也就是说，计算样本与每个质心的距离，距离哪个质心最近，就将样本划分到该质心所属的类簇中。

②对于每一个类簇，根据其包含的样本重新计算该类的质心。

7.2.3　k-means 聚类算法的实现

根据 7.2.2 节介绍的 k-means 聚类算法的计算过程，本节使用 Python 编程语言给出 k-means 算法的实现，并通过实例进一步说明 k-means 的计算过程。

首先，随机生成 k 个簇的初始质心。这里编写 randomCenter 函数，从待聚类样本集合中随机选取 k 个样本作为初始质心。具体实现如代码 7-1 所示。

代码 7-1　randomCenter 函数：随机生成 k 个簇的初始质心

```
# 导入工具包
import numpy as np
# 从给定的数据集 dataSet 中随机选出 k 个样本点作为初始质心
def randomCenter(dataSet, k):
    m,n = dataSet.shape #m 是 dataSet 中的样本数量，n 是每个样本的属性数量
    centers = np.zeros((k, n)) #centers 用于保存 k 个初始质心
    rd = np.random.RandomState(33) # 每次运行生成相同的随机数，以使实验结果可重现
    s = set() #s 用于保存当前已选为质心的样本索引（避免一个样本被多次选为质心）
    i = 0 # 当前已生成的质心数量
    while i<k: # 若没有生成 k 个质心，继续循环
        index = rd.randint(0, m) # 在 [0,m) 区间随机生成一个整数作为待选取样本的索引
        if index not in s: # 如果该索引对应的样本原来没有被选为质心
            s.add(index) # 将该索引加到 s 中，保证每个样本只会被选为质心一次
            centers[i,:] = dataSet[index,:]
            # 将索引为 index 的样本作为一个质心保存到 center 中
            i+=1 # 质心数量增 1
    print(' 各类簇初始质心: \n', centers)
    return centers # 返回保存 k 个初始质心的 centers
```

然后，定义样本与质心之间的距离计算函数 distEuclidean()，这里采用欧几里得距离，具体实现如代码 7-2 所示。

代码 7-2　distEuclidean 函数：计算样本与质心之间的欧几里得距离

```
# 计算样本 y 与质心 x 之间的欧几里得距离
def distEuclidean(x, y):
    return np.sqrt(np.sum((x-y)**2))
```

最后，定义 *k*-means 聚类函数 kMeans，通过迭代计算完成样本聚类，具体实现如代码 7-3 所示。

代码 7-3   kMeans 函数：通过迭代计算完成样本聚类

```python
# 对 dataSet 中的样本进行 K-means 聚类，类簇数量为 k
def kMeans(dataSet, k):
    m = dataSet.shape[0] # 获取 dataSet 中的样本数量
    clusters = np.zeros(m) #clusters 用于保存样本所属类簇
    changeFlag = True # 记录一次迭代过程中样本所属的类簇是否有变化 (初始值为 True, 以便能够进
        入第一次迭代)


    # 第 1 步：调用 randomCenter 函数随机生成 k 个簇的初始质心
    centers = randomCenter(dataSet, k)
    # 第 2 步：迭代处理直至收敛 (此处的收敛条件设定为各样本所属的类簇不再发生变化)
    iter = 1 # 记录迭代次数
    while changeFlag: # 当各样本所属的类簇有变化时，继续循环
        print(' 第 %d 次迭代 ...'%iter)
        changeFlag = False
        # 第 2.1 步：遍历所有样本，将每个样本的类簇设置为与该样本距离最小的质心所对应的类簇
        for i in range(m):
            minDist = float('inf') # 样本 i 到质心的初始最小距离初始化为无穷大
            # 第 2.1.1 步：遍历所有质心，找出与样本 i 最近的一个质心
            for j in range(k): # 遍历每一个质心
                distance = distEuclidean(centers[j,:],dataSet[i,:]) # 计算当前质心 j
                    与样本 i 之间的距离
                if distance < minDist: # 如果当前的距离小于原来保存的最小距离，则更新最小
                    距离及该样本所属类簇
                    minDist = distance # 更新最小距离
                    minIndex = j # 更新该样本所属类簇
            # 第 2.1.2 步：更新样本 i 所属的类簇
            if clusters[i] != minIndex: # 如果新的类簇与原类簇不同
                changeFlag = True # 将 changeFlag 置为 True, 表示本次迭代过程中样本所属类
                    簇有变化
                clusters[i] = minIndex # 更新样本 i 所属类簇
        # 第 2.2 步：根据样本所属类簇，更新每个簇的质心
        for j in range(k): # 遍历每一个类簇
            points = dataSet[clusters==j] # 获取属于类簇 j 的所有样本
            centers[j,:] = np.mean(points, axis = 0) # 更新类簇 j 的质心坐标
            # 输出类簇 j 的质心及属于类簇 j 的所有样本，以观察每一次迭代的计算过程
            print(' 属于类簇 %d 的样本: \n'%j, points)
            print(' 类簇 %d 的质心: '%j, centers[j,:])
        iter += 1 # 迭代次数增加 1
        print()
    return centers,clusters # 返回收敛后的各类簇质心及各样本所属类簇
```

接下来，用代码 7-4 测试所实现的 *k*-means 聚类算法。在代码 7-4 中，首先按具有均值和标准差的两个正态分布分别生成两组二维数据 array1 和 array2，每组包含 3 个样本；再将两组随机数合并，形成待聚类的数据集 dataSet；最后，调用 kMeans 函数将 dataSet 中的样本按 *k*-means 聚类算法划分为两个簇。

代码 7-4   *k*-means 聚类算法测试

```python
rd = np.random.RandomState(1) # 每次运行生成相同的随机数，以使结果可重现
array1 = 3.5*rd.randn(3,2)+np.array([-3,-3]) # 生成均值为 (-3,-3)、标准差为 3.5 的正态分
    布随机数
```

```
array2 = 2.5*rd.randn(3,2)+np.array([3,3]) #生成均值为(3,3)、标准差为2.5的正态分布随
    机数
dataSet = np.vstack([array1, array2]) #将两组随机数合并，形成待聚类的数据集dataSet
print('待聚类样本: \n', dataSet)
centers,clusters = kMeans(dataSet, 2) #对dataSet进行K-means聚类，类簇数量设置为2
print('各类簇质心: \n', centers)
print('各样本所属聚类: \n', clusters)
```

程序运行结束后，可得到下面的输出结果：

待聚类样本:
 [[2.68520877 -5.14114745]
 [-4.84860113 -6.75539018]
 [0.0289267 -11.05538544]
 [7.36202941   1.09698275]
 [3.79759774   2.37657406]
 [6.65526984 -2.15035177]]
各类簇初始质心:
 [[3.79759774 2.37657406]
 [2.68520877 -5.14114745]]

第1次迭代 ...
属于类簇0的样本:
 [[7.36202941 1.09698275]
 [3.79759774 2.37657406]]
类簇0的质心: [5.57981358 1.7367784]
属于类簇1的样本:
 [[2.68520877 -5.14114745]
 [-4.84860113 -6.75539018]
 [0.0289267 -11.05538544]
 [6.65526984 -2.15035177]]
类簇1的质心: [1.13020105 -6.27556871]

第2次迭代 ...
属于类簇0的样本:
 [[7.36202941 1.09698275]
 [3.79759774 2.37657406]
 [6.65526984 -2.15035177]]
类簇0的质心: [5.938299   0.44106835]
属于类簇1的样本:
 [[2.68520877 -5.14114745]
 [-4.84860113 -6.75539018]
 [0.0289267 -11.05538544]]
类簇1的质心: [-0.71148855 -7.65064102]

第3次迭代 ...
属于类簇0的样本:
 [[7.36202941 1.09698275]
 [3.79759774 2.37657406]
 [6.65526984 -2.15035177]]
类簇0的质心: [5.938299   0.44106835]
属于类簇1的样本:
 [[2.68520877 -5.14114745]
 [-4.84860113 -6.75539018]
 [0.0289267 -11.05538544]]
类簇1的质心: [-0.71148855 -7.65064102]
```
```

各类簇质心:
 [[5.938299   0.44106835]
 [-0.71148855 -7.65064102]]
各样本所属聚类:
 [1. 1. 1. 0. 0. 0.]

提示:

1) 从"各类簇初始质心"的输出结果可以看到, 初始质心是从待聚类样本中随机选取的两个样本; 通过修改代码 7-1 中 RandomState(33) 的参数 33, 可生成不同的初始质心。

2) 从"第 1 次迭代"的输出结果可以看到, 属于类簇 0 的样本与初始质心 [3.79759774 2.37657406] 的距离更小, 属于类簇 1 的样本与初始质心 [2.68520877 −5.14114745] 的距离更小, 根据属于类簇 0 的样本可计算得到类簇 0 的新质心 [5.57981358 1.7367784], 根据属于类簇 1 的样本可计算得到类簇 1 的新质心 [1.13020105 −6.27556871]。从"第 2 次迭代"的输出结果可以看到, 基于第 1 次迭代计算得到的两个类簇的质心, 可以完成样本的重新划分及两个类簇的新质心的计算。从"第 3 次迭代"的输出结果可以看到, 基于第 2 次迭代计算得到的两个类簇的质心, 样本所属类簇没有发生变化, 因此迭代结束。

3) 从最后"各样本所属聚类"的输出结果可以看到, 前 3 个来自同一正态分布的样本被划分到了同一个类簇中, 后 3 个来自另一个正态分布的样本被划分到了另一个类簇中。通过 k-means 聚类算法得到了正确的样本划分结果。

代码 7-4 对两组正态分布的样本给出了正确划分结果, 那么通过聚类是否一定能给出样本的正确划分结果呢? 答案是不一定。对于客观世界中不同类别的事物, 如果选取的属性或行为明显不同, 那么能够容易地将这些不同类别的事物分开; 如果部分类别的事物的属性和行为区分度不高, 则容易产生错误的划分结果。当出现这种情况时, 一方面是改进聚类算法, 另一方面是选取区分度更大、更适合进行分类的特征。

下面通过代码 7-5 展示聚类算法对样本的划分结果错误的示例。在代码 7-5 中, 首先仍然按具有不同均值和标准差的两个正态分布分别生成两组二维数据 array1 和 array2, 但此处使用的均值、标准差及生成的样本数量与代码 7-4 不同。另外, 利用 Matplotlib 工具包进行了散点图的绘制, 以便更直观地看到正确划分样本、错误划分样本及各类簇质心的情况。最后, 输出了两组正态分布样本的类簇划分结果、各类簇质心以及错误划分样本的详细信息。

代码 7-5 k-means 聚类算法对样本的划分结果错误的示例

```
import matplotlib.pyplot as plt
rd = np.random.RandomState(1) #每次运行生成相同随机数, 以使结果可重现
array1 = [3.0, 1.5]*rd.randn(100,2)+np.array([-5,0])    # 生成均值为 (-5,0)、标准差为
    (3.0,1.5) 的正态分布随机数
array2 = [0.5, 4.5]*rd.randn(100,2)+np.array([5,0])        # 生成均值为 (5,0)、标准差为
    (0.5,4.5) 的正态分布随机数
dataSet = np.vstack([array1, array2]) #将两组随机数合并, 形成待聚类的数据集 dataSet
centers,clusters = kMeans(dataSet, 2) # 对 dataSet 进行 K-means 聚类, 类簇数量设置为 2
correct_samples1 = array1[clusters[:100]==0] #第一组正态分布随机数中被正确划分的样本
correct_samples2 = array2[clusters[100:]==1] #第二组正态分布随机数中被正确划分的样本
wrong_samples1 = array1[clusters[:100]==1] #第一组正态分布随机数中被错误划分的样本
wrong_samples2 = array2[clusters[100:]==0] #第二组正态分布随机数中被错误划分的样本
plt.scatter(correct_samples1[:,0], correct_samples1[:,1], marker='.') #绘制第一组
    正态分布随机数中被正确划分样本的散点图
```

```
plt.scatter(correct_samples2[:,0], correct_samples2[:,1], marker='o') #绘制第二组
    正态分布随机数中被正确划分样本的散点图
plt.scatter(wrong_samples1[:,0], wrong_samples1[:,1], marker='x') #绘制第一组正态分
    布随机数中被错误划分样本的散点图
plt.scatter(wrong_samples2[:,0], wrong_samples2[:,1], marker='D') #绘制第二组正态
    分布随机数中被错误划分样本的散点图
plt.scatter(centers[:,0], centers[:,1], marker='s') #绘制各类簇质心
plt.show() #显示绘制的散点图
print('前100个样本所属聚类: \n', clusters[:100])
print('后100个样本所属聚类: \n', clusters[100:])
print('各类簇质心: \n', centers)
print('第一组正态分布随机数中被错误划分的样本: \n', wrong_samples1)
print('第二组正态分布随机数中被错误划分的样本: \n', wrong_samples2)
```

程序运行结束后，可得到如下所示的输出结果：

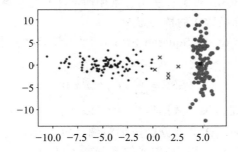

前100个样本所属聚类：
```
[0. 0. 0. 1. 0. 0. 0. 0. 0. 0. 0. 0. 0. 0. 0. 0. 0. 0. 0. 0. 0. 0. 0. 0.
 0. 0. 0. 0. 0. 0. 0. 0. 0. 0. 1. 0. 0. 0. 0. 0. 0. 0. 0. 0. 0. 0. 0. 0.
 0. 0. 0. 0. 0. 0. 0. 0. 0. 0. 0. 0. 0. 0. 0. 0. 0. 0. 0. 0. 0. 0. 0. 0.
 0. 0. 0. 0. 0. 0. 0. 0. 0. 1. 0. 1. 0. 0. 0. 0. 0. 0. 0. 0. 0. 0. 0. 0.
 1. 0. 0. 0.]
```
后100个样本所属聚类：
```
[1. 1. 1. 1. 1. 1. 1. 1. 1. 1. 1. 1. 1. 1. 1. 1. 1. 1. 1. 1. 1. 1. 1. 1.
 1. 1. 1. 1. 1. 1. 1. 1. 1. 1. 1. 1. 1. 1. 1. 1. 1. 1. 1. 1. 1. 1. 1. 1.
 1. 1. 1. 1. 1. 1. 1. 1. 1. 1. 1. 1. 1. 1. 1. 1. 1. 1. 1. 1. 1. 1. 1. 1.
 1. 1. 1. 1. 1. 1. 1. 1. 1. 1. 1. 1. 1. 1. 1. 1. 1. 1. 1. 1. 1. 1. 1. 1.
 1. 1. 1. 1.]
```
各类簇质心：
```
[[-4.61753243  0.02942938]
 [ 4.78915185  0.23505437]]
```
第一组正态分布随机数中被错误划分的样本：
```
[[ 0.23443529 -1.14181035]
 [ 1.55672622 -2.0947445 ]
 [ 1.57209919 -2.84454138]
 [ 2.58497712 -0.37295217]
 [ 0.71397613  1.66658505]]
```
第二组正态分布随机数中被错误划分的样本：
```
[]
```

提示：

1）在输出的散点图中，两组正态分布随机数分别用圆点和圆圈表示，第一组正态分布随机数中被错误划分的5个样本用 × 表示，第二组正态分布随机数中没有被错误划分的样本，两个类簇的质心用方块表示。

2）从输出结果中可以看到，该示例并没有对样本进行完全正确的划分，在第一组正态分布随机数中存在 5 个被错误划分的样本。其原因在于，样本到质心的欧几里得距离的等距离线是以质心为圆心的圆，而该示例随机生成二维数据样本所使用的正态分布在两个维度上的标准差不同，每组样本所在区域呈椭圆形。因此，虽然待划分样本由两个正态分布生成，实际上应划分为两个类簇，但因 k-means 算法本身的局限性（只适用于"类圆形"的聚类），所以使用两个类簇无法实现所有样本的正确划分。

7.2.4 k-means 算法中类簇数量 k 的选取

对于代码 7-5 运行结果中所出现的样本错误划分问题，一方面可以考虑设计数据表示能力更强的聚类算法，另一方面可以考虑调整类簇数量 k 的值。确定类簇数量是聚类算法要考虑的一个关键问题。在 k-means 聚类算法中，常用肘部法和轮廓系数法确定最佳类簇数量 k，下面分别介绍肘部法和轮廓系数法的核心思想。

肘部法使用 SSE（Sum of the Squared Errors，平方误差和）作为指标，SSE 的计算方法如下：

$$\text{SSE} = \sum_{i=1}^{m}(x_i - \mu(x_i))^2 \tag{7-3}$$

其中，$x_i(i=1,2,\cdots,m)$ 是待聚类数据集合中的第 i 个样本，$\mu(x_i)$ 是 x_i 所属类簇的质心。

随着类簇数量 k 的增加，样本划分会更加精细，每个类簇的聚合程度会越来越高，因此，SSE 会越来越小。当 k 小于实际所需类簇数量时，随着 k 的增大，每个类簇的聚合程度会大幅增加，此时 SSE 的下降幅度较大；当 k 达到所需类簇数量时，随着 k 的增大，SSE 的下降幅度会趋于平缓。因此，SSE 与 k 的关系图呈手肘的形状，而肘部对应的 k 被认为是最佳类簇数量。

拓展学习：肘部法选取 k 值。

轮廓系数法（Silhouette Coefficient）结合了聚类的凝聚度和分离度两个因素，用于评估聚类的效果，轮廓系数越大，则聚类算法越好。

每次聚类后，分别计算每个样本的轮廓系数。

对于样本集合 S 中的每个样本 x_i（$i=1,2,\cdots,N$），首先计算其平均簇内距离 a_i 和平均最近簇距离 b_i：

$$a_i = \frac{\sum_{x_j \in C_p} \text{Dis}(x_i, x_j)}{|C_p|} \qquad b_i = \frac{\sum_{x_j \in C_q} \text{Dis}(x_i, x_j)}{|C_q|} \tag{7-4}$$

其中，样本 x_i 所在的簇为 C_p，除了 C_p 之外，距离 x_i 最近的簇为 C_q，Dis 是某种距离度量函数（如欧几里得距离），$|C_p|$ 和 $|C_q|$ 分别表示簇 C_p 和簇 C_q 中样本的数量。

a_i 为 x_i 到它所在簇内其他样本点的距离的平均值，b_i 为 x_i 到某一个不包含它的簇的所有样本点的平均距离的最小值。

x_i 的轮廓系数为：

$$SC_i = (b_i - a_i)/\max(a_i, b_i) \tag{7-5}$$

可见，平均簇内距离越大，则轮廓系数越小；平均最近簇距离越大，则轮廓系数越大。也就是说，同一簇内的样本尽可能紧凑，不同簇的样本尽可能距离较远。

聚类算法的轮廓系数是所有样本轮廓系数的平均值，即

$$SC = \frac{\sum_{i=1}^{N} SC_i}{|S|} \tag{7-6}$$

其中，$|S|$ 是样本集合 S 的样本数量。

7.2.5　调用工具包实现 *k*-means 聚类

除了自己编写代码实现 *k*-means 聚类算法外，还可以直接调用 Sklearn 工具包中的 cluster 模块提供的 KMeans 类快速完成 *k*-means 聚类。代码 7-6 给出了调用工具包实现 *k*-means 聚类的程序示例。

代码 7-6　调用工具包实现 *k*-means 聚类

```
from sklearn.cluster import KMeans # 从 sklearn.cluster 导入 KMeans 类

estimator = KMeans(n_clusters=2)      # 构造 k-means 聚类器
estimator.fit(dataSet)                # 对 dataSet 进行聚类
print('各类簇质心: \n', estimator.cluster_centers_)
print('前 100 个样本所属聚类: \n', estimator.labels_[0:100])
print('后 100 个样本所属聚类: \n', estimator.labels_[100:])
```

程序运行结束后，可得到下面的输出结果：

```
各类簇质心:
 [[ 4.78915185  0.23505437]
 [-4.61753243  0.02942938]]
前 100 个样本所属聚类:
 [1 1 1 0 1 1 1 1 1 1 1 1 1 1 1 1 1 1 1 1 1 1 1 1 1 1 1 1 1 1 1 1 1 0 1 1
 1 1 1 1 1 1 1 1 1 1 1 1 1 1 1 1 1 1 1 1 1 1 1 1 1 1 1 1 1 1 1 1 1 1 1 1
 1 1 1 1 1 1 1 1 0 1 0 1 1 1 1 1 1 1 1 0 1 1 1]
后 100 个样本所属聚类:
 [0 0 0 0 0 0 0 0 0 0 0 0 0 0 0 0 0 0 0 0 0 0 0 0 0 0 0 0 0 0 0 0 0 0 0 0
 0 0 0 0 0 0 0 0 0 0 0 0 0 0 0 0 0 0 0 0 0 0 0 0 0 0 0 0 0 0 0 0 0 0 0 0
 0 0 0 0 0 0 0 0 0 0 0 0 0 0 0 0 0 0 0 0 0 0 0]
```

提示：

estimator.cluster_centers_ 属性用于获取各类簇质心，estimator.labels_ 属性用于获取数据集中各样本被划分到的类簇的编号。

对于 *k*-means 聚类算法中类簇数量 *k* 的选取，Sklearn 工具包也提供了相应的属性和函数。代码 7-7 给出了利用肘部法和轮廓系数法估计最佳类簇数量 *k* 的示例。

代码 7-7　利用肘部法和轮廓系数法选取 *k* 值的示例

```
from sklearn.cluster import KMeans # 从 sklearn.cluster 导入 KMeans 类
from sklearn.metrics import silhouette_score # 从 sklearn.metrics 导入 silhouette_score
    函数
SSE = [] # 保存各类簇数量 k 设置下的聚类误差
SC = [] # 保存各类簇数量 k 设置下的轮廓系数
for k in range(2, 10): #k 的取值范围设置为 2~9
```

```
        estimator = KMeans(n_clusters=k)  # 构造 k-means 聚类器
        estimator.fit(dataSet) # 对 dataSet 进行聚类
        SSE.append(estimator.inertia_) # 将当前类簇数量下的 SSE 添加到 SSE 列表中
        SC.append(silhouette_score(dataSet, estimator.labels_)) # 将当前类簇数量下的轮廓
            系数添加到 SC 列表中
fig, axes = plt.subplots(2,1)
axes[0].plot(range(2,10), SSE, marker='o') # 绘制 SSE 与 k 的关系图
axes[0].set_ylabel('SSE') # 设置第一个子图的 y 轴标签
axes[1].plot(range(2,10), SC, marker='x') # 绘制 SC 与 k 的关系图
axes[1].set_ylabel('SC') # 设置第二个子图的 y 轴标签
plt.xlabel('k') # 设置 x 轴标签
plt.show() # 显示图表
```

程序运行结束后，可得到图 7-1 所示的输出结果。

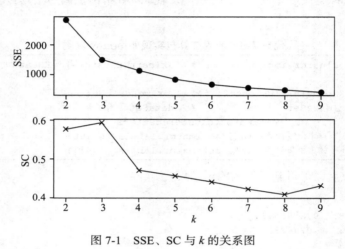

图 7-1　SSE、SC 与 *k* 的关系图

提示：

1）estimator.inertia_ 属性用于获取所有样本的平方误差和 SSE。

2）Sklearn 工具包中 metrics 模块提供的 silhouette_score 函数用于计算轮廓系数，其第一个参数是做聚类的数据集，第二个参数是聚类模型对该数据集中所有样本给出的类簇划分（保存了各样本所属类簇的编号）。

3）从输出的结果中可以看到，用肘部法和轮廓系数法得到了相同的结论：最佳类簇数量 *k* 为 3（轮廓系数越大越好）。

4）由于各类簇初始质心的生成结果不同，因此对于同一数据集，不同实现方式可能给出不同的结论，如代码 7-7 给出的最佳类簇数量 *k* 为 3，而 7.2.4 节的二维码代码中给出的最佳类簇数量 *k* 为 4。

7.3　问题分析

对于心脏病患者的聚类问题，我们首先需要加载数据文件 heart_disease_patients.csv，然后分析数据信息，选择用于聚类的数据列，具体实现如代码 7-8 所示。准备好数据之后，我们就可以使用 7.2 节介绍的 *k*-means 算法完成聚类。

代码 7-8　心脏病患者的数据加载及数据概况

```
import pandas as pd # 导入 Pandas 工具包
data = pd.read_excel('heart_disease_patients.csv') # 加载数据文件
print(' 数据形状: ', data.shape) # 显示数据形状
print(' 数据明细: ', data) # 显示数据明细
```

程序运行结束后，可得到如下输出结果：

```
数据形状: (303, 5)
数据明细:      age    trestbps    chol    thalach    oldpeak
0           63     145        233      150        2.3
1           67     160        286      108        1.5
2           67     120        229      129        2.6
3           37     130        250      187        3.5
4           41     130        204      172        1.4
..          ...    ...        ...      ...        ...
298         45     110        264      132        1.2
299         68     144        193      141        3.4
300         57     130        131      115        1.2
301         57     130        236      174        0.0
302         38     138        175      173        0.0

[303 rows x 5 columns]
```

提示：

　　该数据文件中的数据是经过预处理之后的数据，包括 age（年龄）、trestbps（静息血压，单位为毫米汞柱）、chol（血清胆固醇，单位为 mg/dl）、thalach（最大心率）和 oldpeak（ST 段压值）。这几项数据均适用于进行聚类分析，可以从中选择两列、三列，或者多列，分别进行二维、三维或多维聚类分析。

7.4　问题求解

　　由于 k-means 算法需要计算距离，因此需要先对数据进行归一化或标准化处理，将数据映射到同一尺度。归一化处理的过程如代码 7-9 所示。

代码 7-9　数据归一化处理

```
from sklearn.preprocessing import MinMaxScaler
transfer=MinMaxScaler() # 实例化转换器类
newdata=transfer.fit_transform(data) # 对数据进行归一化
print(newdata)
```

程序运行结束后，可得到如下输出结果：

```
[[0.70833333 0.48113208 0.24429224 0.60305344 0.37096774]
 [0.79166667 0.62264151 0.3652968  0.28244275 0.24193548]
 [0.79166667 0.24528302 0.23515982 0.44274809 0.41935484]
 ...
 [0.58333333 0.33962264 0.01141553 0.33587786 0.19354839]
 [0.58333333 0.33962264 0.25114155 0.78625954 0.        ]
 [0.1875     0.41509434 0.11187215 0.77862595 0.        ]]
```

7.4.1 二维数据聚类

选择 age 和 trestbps 两列数据，利用 7.2 节介绍的 *k*-means 聚类算法完成心脏病数据的二维数据聚类。具体实现如代码 7-10 所示。

代码 7-10   对 *age* 和 trestbps 数据进行 *k*-means 聚类

```
from sklearn.cluster import KMeans # 从 sklearn.cluster 导入 KMeans 类
from sklearn.metrics import silhouette_score # 从 sklearn.metrics 导入 silhouette_
    score 函数
import matplotlib.pyplot as plt # 导入 matplotlib.pyplot
subdata=newdata[:,[0,1]] # 获取 age 和 trestbps 两列数据
SC = [] # 保存各类簇数量 k 设置下的轮廓系数
bestEstimator = None # 用于保存最佳聚类器
bestSC = -1 # 用于保存最佳轮廓系数
for k in range(3, 10): #k 的取值范围设置为 3~9
    estimator = KMeans(n_clusters=k)   # 构造 k-means 聚类器
    estimator.fit(subdata) # 对数据进行聚类
    curSC = silhouette_score(subdata, estimator.labels_) # 计算当前类簇数量下的轮廓系数
    SC.append(curSC) # 将当前类簇数量下的轮廓系数添加到 SC 列表中
    if curSC>bestSC: # 如果当前类簇数量下的轮廓系数更大，则更新最佳聚类器和相应轮廓系数
        bestEstimator = estimator # 更新最佳聚类器
        bestSC = curSC # 更新最佳轮廓系数
plt.plot(range(3,10), SC, marker='x') # 绘制 SC 与 k 的关系图
plt.xlabel('k') # 设置 x 轴标签
plt.ylabel('SC') # 设置 y 轴标签
plt.show() # 显示图表
```

程序运行结束后，可得到图 7-2 所示的输出结果：

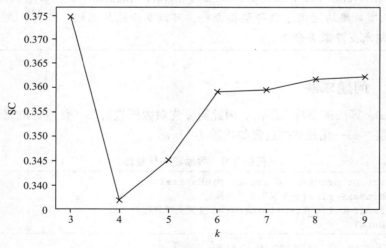

图 7-2   二维聚类的轮廓系数折线图

代码 7-11 给出了对聚类结果进行可视化的代码。

代码 7-11   对聚类结果进行可视化

```
# 最佳类簇数量 k 为 3，分别获取每一类簇中的样本
cluster1 = subdata[bestEstimator.labels_==0]
cluster2 = subdata[bestEstimator.labels_==1]
cluster3 = subdata[bestEstimator.labels_==2]
```

```
# 分别绘制各类簇中样本的散点图
plt.scatter(cluster1[:,0], cluster1[:,1], marker='o')
plt.scatter(cluster2[:,0], cluster2[:,1], marker='x')
plt.scatter(cluster3[:,0], cluster3[:,1], marker='v')
plt.xlabel('trestbps') # 设置 x 轴标签
plt.ylabel('chol') # 设置 y 轴标签
plt.show() # 显示图表
print(" 各样本所属聚类: \n",bestEstimator.labels_)
```

程序运行结束后，可得到下面的输出结果：

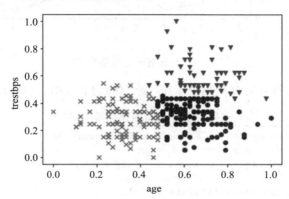

```
各样本所属聚类:
[2 2 0 1 1 0 0 0 0 0 0 0 0 1 2 2 1 0 1 1 0 2 0 0 0 1 0 2 1 1 2 0 0 0 1 1 1
 2 0 2 2 1 2 2 0 0 1 2 0 0 1 0 1 1 0 0 1 1 0 1 1 1 0 0 0 2 0 2 2 2 1 2 0 0 0
 1 2 0 1 1 2 1 0 1 2 1 1 1 0 0 1 0 2 0 1 0 1 0 2 0 1 1 1 0 0 1 0 0 0 0 1 2
 0 1 1 0 1 0 1 0 0 1 2 1 0 1 2 0 1 0 0 1 1 1 1 0 2 0 1 1 0 2 1 0 0 1 2 1
 1 0 2 1 0 1 0 0 0 1 0 0 0 0 0 1 1 2 0 0 2 2 1 0 1 0 1 0 1 0 1 2 2
 0 1 2 2 2 1 1 1 0 0 0 2 1 1 2 1 2 2 0 1 1 1 1 2 1 1 0 1 1 0 1 0
 1 0 0 1 1 2 0 0 0 2 1 0 1 0 1 1 1 1 1 0 0 0 0 1 1 0 0 2 0 1 1 1 0 2 2
 0 1 0 2 1 0 1 1 0 1 1 0 2 1 0 0 2 2 1 2 0 0 1 0 1 2 0 2 0 0 0 2 0 1 0 0 1
 2 0 1 2 0 0 1]
```

提示：

　　根据代码 7-10 的输出结果可知，最佳聚类器的类簇数量 k 为 3。在代码 7-11 中，第 2 ～ 4 行用于获取每一类簇中的样本；第 6 ～ 8 行代码用于绘制各类簇中样本的散点图，每个类簇中的样本使用不同的符号显示。

7.4.2　三维数据聚类

　　如果增加一个数据维度进行聚类，结果会发生什么变化呢？这里增加 chol 这列数据，再进行聚类。获取数据集、数据归一化等代码没有变化，只需要在代码 7-10 中修改一条语句，如下所示：

```
……
subdata=newdata[:,0:3] # 获取 age、trestbps 和 chol 三列数据
……
```

　　绘制轮廓系数 SC 与 k 的关系如图 7-3 所示。

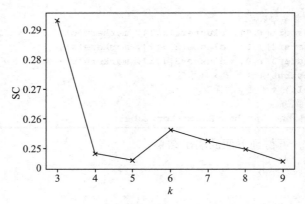

图 7-3   三维聚类的轮廓系数折线图

对聚类结果进行可视化需要使用分布在三维空间的散点图，如代码 7-12 所示。

代码 7-12   三维聚类结果可视化

```
import mpl_toolkits.mplot3d # 导入 mpl_toolkits.mplot3d
ax=plt.subplot(projection='3d') # 创建三维画布
plt.subplots_adjust(right=1.2,top=1.2) # 调整画布边距，以防标签显示不全
# 最佳类簇数量为 3，分布获取每个类簇中的样本
cluster1=subdata[bestEstimator.labels_==0]
cluster2=subdata[bestEstimator.labels_==1]
cluster3=subdata[bestEstimator.labels_==2]
# 分别绘制 3 个类簇中样本的散点图
ax.scatter(cluster1[:,0],cluster1[:,1],cluster1[:,2],marker='o')
ax.scatter(cluster2[:,0],cluster2[:,1],cluster2[:,2],marker='x')
ax.scatter(cluster3[:,0],cluster3[:,1],cluster3[:,2],marker='v')
ax.set_xlabel(f'{data.columns[0]}')   # 设置 x 轴标签
ax.set_ylabel(f'{data.columns[1]}') # 设置 y 轴标签
ax.set_zlabel(f'{data.columns[2]}') # 设置 z 轴标签
plt.show()
print(" 各样本所属聚类: \n",bestEstimator.labels_)
```

程序运行结束后，可得到如下所示的输出结果：

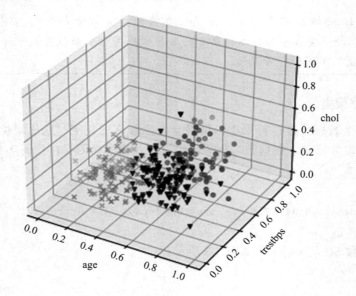

各样本所属聚类：
```
[0 0 2 1 1 2 2 2 2 2 2 2 2 1 0 0 1 2 1 1 2 0 2 2 2 1 2 0 1 1 0 2 0 2 1 1 1
 0 2 0 0 1 0 0 2 2 1 0 0 2 1 2 1 1 2 2 1 1 2 1 2 1 2 2 2 0 2 0 0 1 0 2 2 2
 1 0 2 2 1 0 1 2 1 0 2 1 1 2 2 1 2 0 2 1 2 2 2 0 1 1 1 1 2 2 1 2 2 2 2 1 0
 2 1 1 2 1 2 1 2 2 1 0 1 2 2 1 0 2 1 2 2 1 1 1 2 1 2 0 2 1 1 2 0 1 2 2 1 0 1
 1 2 0 1 2 0 2 2 2 2 2 2 1 2 2 2 1 2 2 2 1 1 0 2 0 0 0 0 1 2 1 2 1 2 1 0 0
 2 1 0 0 0 1 2 1 2 2 2 0 1 1 0 1 0 0 0 1 1 2 1 2 0 1 1 1 0 1 2 1 1 2 2 1 2
 1 2 2 1 1 0 2 2 1 0 1 0 2 0 2 2 1 1 1 1 1 2 2 2 2 1 1 1 2 2 0 2 2 1 1 2 0 0
 2 1 2 0 1 2 1 1 2 1 1 2 0 1 2 2 0 0 1 0 2 2 1 2 1 0 2 0 2 2 2 0 2 1 2 2 1
 0 2 1 0 2 2 1]
```

对比二维和三维聚类结果，一些样本的类簇归属发生了变化，如第 49 个样本和第 61 个样本。研究者可以根据血清胆固醇的数据，以及与年龄、静息血压等数据的关系，寻找发生改变的原因，以便更合理地对患者进行分类并制定诊疗方案。当然，还可以利用其他几项数据，分别进行二维和三维的聚类分析，以便发现更普遍的规律。

7.5　效果评价

在掌握 7.2 节介绍的聚类算法的基础上，我们可以方便地对各种数据进行聚类。为了使读者能够直观地看到聚类的结果，本章的示例仅使用二维数据和三维数据进行聚类分析。读者还可以尝试从更高维度数据进行聚类分析。当然，在高维度聚类时，不便于绘制聚类结果的图形，可以采用其他方式，如使用二维表展示各类簇的数据情况，进而分析聚类结果，帮助医生和研究者发现规律并制定更有效的治疗方案。另外，作为入门书籍，本章仅介绍了原理比较简单的 k-means 聚类算法，如 7.2.3 节所述 k-means 聚类算法只能用于"类圆形"的聚类，因而在实际应用中具有较大的局限性。读者可进一步学习基于密度、图论、网格及模型等数据表示能力更强的聚类算法，以便在实际应用中获得更加准确的聚类结果。

参考文献

[1]　王恺，闫晓玉，李涛 . 机器学习案例分析：基于 Python 语言 [M]. 北京：电子工业出版社，2020.

[2]　KMeans 最优 k 值的确定方法：手肘法和轮廓系数法 [EB/OL].https://www.jianshu.com/p/335b376174d4.

[3]　Hierarchical and KMeans, Multiple dist metrics[EB/OL].https://www.kaggle.com/code/helenakolbanova/hierarchical-and-kmeans-multiple-dist-metrics.

第 8 章

让计算机像人脑一样思考

> **本章使命**
>
> **Goal** 人工智能的研究目标是通过了解智能的本质，生产出能以类似人类智能的方式做出反应的智能机器。人工智能不是人的智能，但通过对人的意识、思维的信息过程进行模拟，让计算机像人脑那样思考。
>
> 本章使命就是了解"让计算机像人脑一样思考"的基本方法——人工神经网络，并能够初步使用人工神经网络完成预测任务。

8.1 引入问题

8.1.1 问题描述

乳腺癌的发病率位居女性恶性肿瘤的首位。在我国，乳腺癌的发病率呈逐年上升的趋势，每年有 30 余万女性被诊断为乳腺癌。随着医疗水平的提高、新的治疗策略和方法的普及，全球乳腺癌的死亡率逐步下降。然而，在中国广大的农村地区，乳腺癌的死亡率下降趋势并不明显。早发现早治疗是提高乳腺癌治愈率、降低死亡率的关键，因此，需要对是否患有乳腺癌进行预测。

8.1.2 问题归纳

乳腺癌是乳腺上皮细胞在多种致癌因子的作用下，发生增殖失控而导致的。早期常有乳房肿块、乳头溢液、腋窝淋巴结肿大等症状，晚期会因癌细胞发生远处转移，出现多器官病变而直接威胁患者的生命。通过研究既往什么样的人患有乳腺癌可以辅助医生判断其他人是否患有乳腺癌，这里所谓的"什么样的人"需要用数据特征进行勾画。

判断一个人是否患有乳腺癌是一个典型的二分类问题，即通过一个人的某些特征来判断是否患有乳腺癌，结论为是或者否。对于有经验的医生，通过一些指标就能够判断某人是否大概率罹患了乳腺癌。如何让计算机模拟人类获得经验的方法，对一个人是否患有乳腺癌进行更加准确的预测呢？

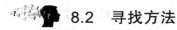

8.2　寻找方法

8.2.1　生物神经网络

1. 人脑

人类大脑的基本结构和功能单位是神经元（Neuron）。人脑大约有 1.4×10^{11} 个神经元，每个神经元通过约 $10^3 \sim 10^5$ 个突触与其他多个神经元连接，从而形成庞大、复杂的神经网络，即生物神经网络。

生物神经元由树突、细胞体、轴突等部分组成。树突是细胞体的输入端，它接受四周的神经脉冲刺激；轴突是细胞体的输出端，它的作用是传递神经脉冲刺激给其他神经元。生物神经元具有兴奋和抑制两种状态，当接受的刺激高于一定阈值时，神经元会进入兴奋状态并将神经脉冲刺激由轴突传出，反之则没有神经脉冲刺激。神经元的基本结构如图 8-1 所示。

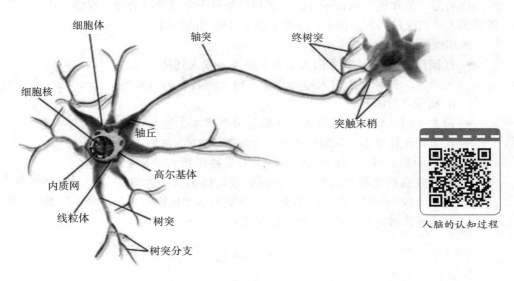

图 8-1　神经元的基本结构

2. 人脑的认知过程

生物神经网络中的神经元是复杂神经网络的一个基本功能单位，每个神经元会综合接收到的多个刺激信号，从而呈现出兴奋或抑制状态，各神经元之间连接的强弱会随着外部刺激信号发生变化。**大脑的学习过程就是神经元之间的连接强度接受外部刺激并做出自适应变化的过程，各神经元所处状态的整体情况决定了大脑处理信息的结果。**

人类大脑的认知过程就是在人类的后天生活里，通过不断地"重复"，把一个个需要的模型（神经元之间的连接）内置到大脑神经网络里，以便下次可以使用该模型快速地解读世界。

课程思政：调动
发散性思维

8.2.2　人工神经网络

在人工智能领域，人工神经网络（Artificial Neural Network，ANN），是一种提出较早的基于仿生学理念设计和开展的人工智能研究方向（以下将人工神经网络简称为神经网络）。

神经网络是模拟人类大脑中神经元的网络结构来处理信号的。外界的信号通过类似于神经元间的连接方式从一个节点传递到另一个节点。同时，神经网络还能够模拟人的认知过程，即形成稀疏粗大的神经元之间的连接，越粗大的连接表示接受到的信号越强烈，神经元综合所有输入信号之后会呈现出兴奋或抑制状态，各神经元所处状态的整体情况决定了神经网络模型的最终决策结果。

1. 人工神经元和感知机

1943 年，麦卡洛克（W. S. McCulloch）和皮特斯（W. Pits）根据人脑神经元的工作原理提出了人工神经元模型（M-P 神经元模型），用来模拟人脑的神经元。它包括输入（树突）、输出（轴突）与计算（细胞核）三部分。1958 年，计算科学家罗森布拉特（R. Rosenblatt）将神经元理论抽象模型中的结构用数学概念进一步细化，提出了由神经元组成的神经网络，并把这一结构命名为 "感知机"（Perceptron）。感知机是首个可以学习的神经网络，这推动了人工智能的兴起。图 8-2 给出了感知机模型的结构。

人工神经元

感知机模型有三个基本要素：

- 连接权重（w_i）：权重的大小表示输入 x_i 输入到神经元的可能性。神经元的输入是每个输入值 x_i 与各自的权重值 w_i 相乘之后的和。
- 偏置（b）：设置偏置是为了正确地分类样本，通常在输入求和计算结果后面额外增加一个阈值（偏置）参数 b。
- 激活函数：神经元的处理需要使用某种函数 f 来实现，该函数被称为激活函数、作用函数或功能函数。输出 y 是用函数 f 处理后产生的结果。在早期的感知机模型中，激活函数通常采用式 8-1 的阶跃函数：

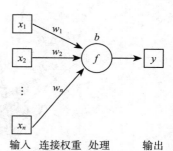

输入　连接权重　处理　　　输出

图 8-2　感知机模型的结构

$$\mathrm{sgn}(x) = \begin{cases} 1 & x \geq 0 \\ 0 & x < 0 \end{cases} \tag{8-1}$$

因此，对于给定输入 $\boldsymbol{x}=(x_1, x_2, \ldots, x_n)^\mathrm{T}$，输入层与输出层之间的连接权重为 $\boldsymbol{w}=(w_1, w_2, \cdots, w_n)^\mathrm{T}$，偏置值为 b，感知机模型的输出 y 按式（8-2）计算得到：

$$y = \mathrm{sgn}(\boldsymbol{w}^\mathrm{T}\boldsymbol{x} + b) = \mathrm{sgn}\left(\sum_{i=1}^{n} \boldsymbol{w}_i x_i + b\right) \tag{8-2}$$

感知机是二类分类的线性分类模型，只能处理线性可分问题。

【例 8-1】逻辑 "或" 运算的真值表如表 8-1 所示。设计一个感知机，能够实现逻辑 "或" 运算。

由于这是线性二类分类问题，可以设计感知机来求解这一问题。

令 $w_1 = 1$，$w_2 = 1$，$b = 0$，根据式（8-1）和式（8-2），计算得到输出值：

当 $x_1=0$，$x_2=0$ 时，$y=\mathrm{sgn}(1*0+1*0+0)=\mathrm{sgn}(0)=0$

当 $x_1=0$，$x_2=1$ 时，$y=\mathrm{sgn}(1*0+1*1+0)=\mathrm{sgn}(1)=1$

当 $x_1=1$，$x_2=0$ 时，$y=\mathrm{sgn}(1*1+1*0+0)=\mathrm{sgn}(1)=1$

当 $x_1=1$，$x_2=1$ 时，$y=\mathrm{sgn}(1*1+1*1+0)=\mathrm{sgn}(1)=1$

因此，当感知机的连接权重集合 $\boldsymbol{w}$ 为 {1，1}，偏置值 $b=0$ 时，该感知机即可进行逻辑

"或"运算。

【例8-2】逻辑"与"运算的真值表如表8-2所示。设计一个感知机,能够实现逻辑"与"运算。

<table>
<tr><td colspan="3">表 8-1　逻辑"或"运算的真值表</td><td colspan="3">表 8-2　逻辑"与"运算的真值表</td></tr>
<tr><td>输入量 x_1</td><td>输入量 x_2</td><td>输出量 y</td><td>输入量 x_1</td><td>输入量 x_2</td><td>输出量 y</td></tr>
<tr><td>0</td><td>0</td><td>0</td><td>0</td><td>0</td><td>0</td></tr>
<tr><td>0</td><td>1</td><td>1</td><td>0</td><td>1</td><td>0</td></tr>
<tr><td>1</td><td>0</td><td>1</td><td>1</td><td>0</td><td>0</td></tr>
<tr><td>1</td><td>1</td><td>1</td><td>1</td><td>1</td><td>1</td></tr>
</table>

由于这是线性二类分类问题,可以设计感知机求解这一问题。

令 w_1=0.5, w_2=0.5, b=-0.6,根据式(8-1)和式(8-2),计算得到输出值:

当 x_1=0, x_2=0 时,y=sgn(0.5*0+0.5*0-0.6)=sgn(-0.6)=0

当 x_1=0, x_2=1 时,y=sgn(0.5*0+0.5*1-0.6)=sgn(-0.1)=0

当 x_1=1, x_2=0 时,y=sgn(0.5*1+0.5*0-0.6)=sgn(-0.1)=0

当 x_1=1, x_2=1 时,y=sgn(0.5*1+0.5*1-0.6)=sgn(0.4)=1

因此,当感知机的权重集合 w 为 {0.5, 0.5},偏置值 b=-0.6 时,该感知机即可进行逻辑"与"运算。

例8-1和例8-2中的权重集合和偏置值是如何得到的呢?一般情况下,这些参数是无法通过理论分析直接得到的,需要利用大量的实际数据不断训练神经感知机来获得。

2. 训练感知机

当确定一个感知机以后,它的输入数量、输出数量和激活函数都会被确定下来,但感知机中每个输入量的加权系数和偏置值无法在一开始就确定。与人脑需要通过不断地"重复"把一个个模型内置到大脑神经元里面一样,感知机模型也需要不断重复,即进行训练,实现对模型中的权重系数集合 $\{w_1, w_2, \cdots, w_n\}$ 和偏置值 b 进行赋值。感知机的训练过程如下:

1)对感知机的权重系数和偏置值进行初始化,可以设置为0,也可以采用随机值。

2)从训练数据集中取出一个样本的输入值 $x_1, x_2, \cdots, x_n$ 输入感知机,计算其输出值 y。

3)用式8-3调整和优化相关参数,此时的激活函数是阶跃函数:

$$\begin{cases} w_i \leftarrow w_i + \Delta w_i \\ b \leftarrow b + \Delta b \end{cases} \tag{8-3}$$

其中, $\Delta w_i = \alpha(y_o - y)x_i$, $\Delta b = \alpha(y_o - y)$。

y 是感知机的输出值;y_o 是训练样本的实际输出值; α 是学习速率,其作用是在每一轮训练中控制调整权重系数的幅度。

4)从训练数据集取下一个样本,重复步骤2~4,直到所有样本都参与训练为止。

从上述训练流程可以看出,对于每一个样本,都会根据感知机产生的输出值与样本的实际值之间的差值来调整各个参数。经过多轮迭代后,就会训练出感知机的权重系数集合 $\{w_1, w_2, \cdots, w_n\}$ 和偏置值 b 的取值。

感知机模型的训练与数据的总量及数据分布的有效性之间存在直接联系。一个较好的训练数据集可以生成更优化的参数值。当然,训练数据集的规模越大,进行训练的时间也越长。

3. 人工神经网络模型

从感知机的构成原理可知，它不仅能实现简单的逻辑判断，还可以拟合各种线性函数，因此线性分类或线性回归问题都可以用感知机来解决。但对于复杂的非线性问题，则需要依靠多层感知机（Muti-Layer Perception，MLP）结构的人工神经网络进行处理。神经网络是把多个神经元模型按照一定的层次结构连接起来的网络结构，它在感知机模型中加入了隐藏层神经元，同时引入非线性函数作为激活函数，这样神经网络模型的输出不再是输入的线性组合，几乎可以逼近任意函数。

（1）神经网络的结构

神经网络就是按照一定规则连接起来的多个神经元的整体架构。图 8-3 给出了神经网络的结构。

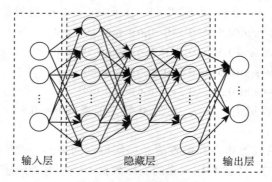

人工神经网络

输入层　　　　　　隐藏层　　　　　输出层

图 8-3　神经网络的结构

神经网络的结构包括输入层、隐藏层和输出层三个部分。

● 输入层

神经网络的输入层负责向神经网络内部输入外界的数据。输入层通常只有一层，其节点数目与描述问题的参数总数成正比。系统越复杂，可描述的参数越多，输入层包含的神经元节点也越多。

● 隐藏层

输入层和输出层之间的神经元构成的处理层叫作隐藏层，因为这些神经元对于外部来说是不可见的。隐藏层是体现整个神经网络系统复杂程度的关键层，对于神经网络处理问题的能力具有决定性作用，因此神经网络的设计主要是指隐藏层的结构设计。一般来说，各个神经元可以发出的连接数是不固定的。特别地，如果一个神经网络系统的第 N 层的每个神经元与第 $N-1$ 层的所有神经元都有连接，就构成了**全连接神经网络**。

神经元之间的每个连接都有一个独立的权重系数，权重系数的大小表示一个神经元对下一个神经元的影响大小。与感知机类似，神经网络中的权重系数也需要通过对大量的样本数据进行迭代训练得到。对于不同的应用，权重系数的取值是不同的。一个完成了参数优化的神经网络才能用来求解问题。

● 输出层

输出层输出神经网络处理之后的数据结果。输出层通常也只有一层，其节点数目与所解决问题的结果的维度有关。

神经元之间通过相互连接形成各种各样的神经网络。在神经网络中，神经元之间的互连方式决定了神经元网络的互连结构和神经网络的信号处理方式，也决定了神经网络模型的性能和特点。在经典的神经网络架构中，隐藏层通常只有 1 ～ 2 层，神经元之间通常采用全连接结构。对于面向深度学习的神经网络，其隐藏层的层数较多，结构也更加复杂。

（2）激活函数

在神经网络中，每个神经元接收其他神经元处理后的信息作为本神经元的输入值。神经元使用激活函数对来自上层神经元节点的输入值进行处理。激活函数能够给神经网络的数据处理过程加入一些非线性因素，使得神经网络可以更好地解决复杂的非线性问题。

神经网络常用的激活函数有 5 种，详见表 8-3。

表 8-3　常用的 5 种激活函数

函数	函数曲线
阈值型激活函数 $f(x) = \begin{cases} 1, x \geq 0 \\ 0, x < 0 \end{cases}$ 特点：计算过程简单，可以迅速导出结果	
分段线性激活函数 $f(x) = \begin{cases} 0, x \leq 0 \\ cx, 0 < x \leq x_c, \text{其中 } c \text{ 为常数} \\ 1, x_c < x \end{cases}$ 特点：具有分段线性的特点，其神经元的输入与输出只在一定区间内满足线性关系	
Sigmoid 激活函数 $f(x) = 1/(1 + e^{-x})$ 特点：非线性激活函数中最为常见，其本质是单极性 Sigmoid 函数曲线	
tanh 激活函数 $\tanh(x) = \dfrac{1 - e^{-2x}}{1 + e^{-2x}}$ 特点：解决了 Sigmoid 的输出不是以零为中心的问题	
ReLU 激活函数 $f(x) = \max(0, x)$ 特点：是一种线性且不饱和的激活函数	

神经网络中的神经元采用哪种激活函数目前并没有统一的标准，一般要根据神经网络的应用场景以及数据特点来综合分析，并结合实际情况，考虑不同激活函数的优缺点来最终选出恰当的激活函数。这些数学特性迥异的激活函数使得神经元具有不同的信息处理能力，进而直接影响神经网络的整体性能。

8.2.3 BP 人工神经网络

1. BP 神经网络

反向传播（Back Propagation，BP）网络（以下简称 BP 网络）是神经网络模型中一种经典的多层网络结构，是一种按照误差反向传播算法训练的多层前馈神经网络。图 8-4 给出了 BP 网络的结构，数据按箭头方向从输入层经过隐藏层流入输出层（前馈），在模型的输出和模型之间没有反馈。BP 网络是一种全连接神经网络，即每层任意一个神经元与下一层的所有神经元都有连接。为了实现非线性输入 / 输出，BP 网络采用 Sigmoid 函数作为激活函数。图 8-4 中的网络结构包含有 4 个输入的输入层、一个有 3 个神经元的隐藏层和有 2 个输出的输出层。

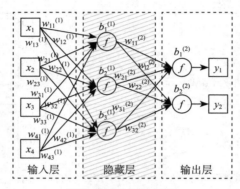

图 8-4　BP 网络结构

与感知机的训练相同，BP 网络的训练过程就是网络参数的优化过程，目标是通过调整神经网络的各权重系数和阈值，使网络的输出与实际值之间的误差总和最小，即最大程度地减少神经网络的损失。网络的损失值是通过计算**损失函数**（也称为**目标函数**）得到的。BP 网络的损失函数通常为：

$$E = \frac{1}{2}\sum_{j=1}^{n}(yo_j - y_j)^2 \tag{8-4}$$

其中，n 为输出层的神经元数目，yo_j 为输出层第 j 个神经元的输出值，y_j 是样本的真实值。

BP 网络的训练主要包括两个部分：正向传播过程和反向传播过程。正向传播算法得到网络损失值，反向传播算法的主要作用是求出神经网络各层连接的权重系数。神经网络训练过程结束后一般有如下两种情况：

- 训练样本的正向传播的输出值与真实值之间的差小于设定的目标值，即神经网络的系统误差符合设定的要求。
- 训练样本进行权重系数调整的次数达到设定的循环次数。

2. 设计 BP 网络

神经网络的设计涉及网络层数（隐藏层数）、输入节点数、隐藏节点数、输出节点数、激活函数、训练方法、训练参数等。设计神经网络就是确定神经网络的组织结构及相关连接参数的优化配置。下面介绍 BP 网络的设计流程。

（1）确定输入向量和输出向量的维数

应用神经网络解决实际问题时，首先应从问题中提炼出一个抽象模型，形成输入空间和输出空间。输入层神经元的个数通常是由围绕问题所采集的数据维度决定的。例如，一支股票的历史数据包括开盘价、最高价、最低价、收盘价和成交量，如果让神经网络预测股票未来的收盘价，则它的输入就是一个 5 维向量；如果待解决的问题是二元函数拟合，则输入向量应为二维向量。输出向量则由问题得到的结果的维度来决定。例如，对于股票收盘价预测，其输出就是 1 个标量。

输出层神经元的个数同样需要根据从实际问题中得到的抽象模型来确定。例如，在模式分类问题中，如果共有 n 种类别，则输出可以采用 n 个神经元。$n=4$ 时，0010 表示某输入样本属于第三个类别。由于输出共有 4 种情况，也可以采用二维输出向量覆盖整个输出空间，00、01、10 和 11 分别表示一种类别。

（2）确定神经网络隐藏层的层数及节点数

Robert Hecht Nielson 已从理论上证明任何定义在闭区间内的连续函数都可以使用具有一个隐藏层的 BP 网络来逼近，即一个三层的 BP 网络可以完成任意的 M 维到 N 维的映射。Lippman 从理论上已证明有 2 个隐藏层的 BP 网络可以解决任何形式的分类问题。因此，经典的 BP 网络系统只有 1 ～ 2 层隐藏层，层数越多可以处理的问题越复杂。如果对所研究问题的处理过程比较清楚，也可以将那些没有联系的神经元之间的连接取消，这样可以实现数据的快速处理，也可以避免多余的连接产生干扰和错误。

隐藏层节点数对 BP 网络的性能有很大影响。一般来说，隐藏层节点数越多，性能越好，但可能导致训练时间过长。BP 网络的一个缺陷就是没有一个理想的解析式来确定合理的神经元节点个数。通常的做法是采用如下经验公式给出估计值：

$$\sum_{i=0}^{n} C_M^i > k \qquad (8-5)$$

其中，k 和 M 为隐藏层神经元个数，n 为输入层神经元个数。如果 $i > M$，$C_M^i = 0$。

$$M = \sqrt{n+m+a} \qquad (8-6)$$

其中，n 和 m 分别是输入层和输出层神经元个数，a 是 [0,10] 之间的常数。

$$M = \log_2 n \qquad (8-7)$$

其中，n 为输入层神经元个数。

（3）激活函数的选择

一般 BP 网络隐藏层使用 Sigmoid 函数，输出层使用线性函数。如果输出层也采用 Sigmoid 函数，则输出值将被限制在（0,1）或（-1,1）之间。

（4）训练 BP 网络

训练算法的选择与问题本身、训练样本的个数有关。BP 网络采用迭代更新的方式确定权重系数，因此需要一个初始值。初始值过大或过小都会对性能产生影响，通常将初始权重系数定义为较小的非零随机值，经验值为（$-2.4/F \sim 2.4/F$）或（$-3/\sqrt{F} \sim 3/\sqrt{F}$）之间，其中 F 为权重系数输入端连接的神经元个数。

确定了上面的参数后，利用训练数据集对 BP 网络各连接的权重参数及偏置值进行优化，即将归一化处理后的训练数据输入网络中进行学习，满足结束条件时停止。

（5）确定网络

训练结束后，若网络成功收敛，就得到了训练好的 BP 网络。将网络内部连接的权值参数及偏置值固定下来，就完成了 BP 网络的建模工作。以后就可以使用这个网络对需要处理的输入数据进行处理，得到相应的分析结果。

8.2.4 Python 中的人工神经网络

1. TensorFlow 和 Keras

如果使用 Python 中的 NumPy 编写一个只有一个隐藏层的 BP 网络，需要 40 多行代码。当增加层数时，需要编写的代码会更加复杂。

TensorFlow 是一个功能强大的开源深度学习软件库，使用它，用户不需要从底层开始编写神经网络代码，这就缩短了从想法到部署的实现时间。Keras 是一个更高层的库，对底层深度学习框架（如 TensorFlow）进行了封装。大多数情况下，Keras 的一行命令就可以执行 TensorFlow 等框架的十几行语句。正是因为做了这样的封装，使 Keras 变得十分简单。Keras 的重点是能够尽快把用户的想法转换为实验结果。

由于 Keras 的简单易用性，因此我们选择它作为神经网络和深度学习的入门工具。

拓展学习：安装 TensorFlow 和 Keras 的步骤。

2. 使用 Keras 构建 BP 网络

Keras 的核心数据结构是 model（模型），它是一种组织网络层的方式。用 Keras 定义网络模型有两种方式：Sequential 模型和 Keras 函数式 API 模型。Sequential 模型从字面上看是简单的线性模型，但实际上 Sequential 模型可以构建非常复杂的神经网络，包括全连接神经网络、卷积神经网络（CNN）、循环神经网络（RNN）等。因此，Sequential 应该理解为堆叠，即可以通过堆叠许多层来构建复杂的深度神经网络。对于更复杂的结构，就需要使用 Keras 函数式 API 模型，它支持构建任意的神经网络。本书只介绍 Keras 中的 Sequential 模型。

下面使用 Sequential 模型构建一个三层 BP 神经网络（假设有 9 个输入节点、7 个隐藏节点和 1 个输出节点）模型，训练模型并进行预测的基本步骤如下。

（1）数据预处理及数据集划分

假设已经按照第 3 章的方法对原始数据进行了预处理。预处理后的特征集命名为 data，相应的目标集命名为 y。可以使用 Sklearn 的 train_test_split 函数，按照用户设定的比例，随机将样本集合划分为训练集和测试集，并返回划分好的训练集和测试集，如代码 8-1 所示。

代码 8-1　使用 Sklearn 的 train_test_split 函数划分数据集

```
import pandas as pd
import numpy as np
from sklearn.model_selection import train_test_split
# 划分训练集和测试集
xtrain,xtest,ytrain,ytest = train_test_split(data, y, test_size = 0.1 , random_
    state = 10)
```

其中：
- data 是待划分的样本特征集。
- y 是待划分的样本目标（标签）集。
- xtrain 是执行 train_test_split 函数划分出的训练特征数据集。
- ytrain 是执行 train_test_split 函数划分出的训练目标（标签）数据集。

- xtest 是执行 train_test_split 函数划分出的验证特征数据集。
- ytest 是执行 train_test_split 函数划分出的验证目标（标签）数据集。
- test_size 若在 0 ~ 1 之间，为测试集样本数目与原始样本数目之比；若为整数，则是测试集样本的数目。test_size=0.1 表示将原始样本的 10% 作为测试集。
- random_state 是随机数种子。设置随机数种子，保证每次都是同一个随机数。若该参数为 0 或不填，则每次得到数据都不一样。

（2）构建 BP 模型

使用 .add() 方法将各层添加到 Sequential 模型中，如代码 8-2 所示。

代码 8-2　使用 .add() 方法构建 Sequential 模型结构

```
from keras.models import Sequential
from keras.layers import Dense, Activation
# 生成 Sequential 顺序模型
model = Sequential()
# 添加两个 layer，使用 .add() 来堆叠模型
model.add(Dense(input_dim = 9, units = 7))       # 第一层有 9 个输入节点，7 个隐藏节点
model.add(Activation('sigmoid'))                  # 将 sigmoid 函数作为隐藏层的激活函数
model.add(Dense(input_dim = 7, units = 1))       # 第二层有 7 个隐藏节点，1 个输出节点
model.add(Activation('sigmoid'))                  # 将 sigmoid 函数作为输出层的激活函数
```

（3）编译模型

在训练模型之前，需要通过 .compile() 方法对学习过程进行配置，可以使用 .summary() 方法查看模型结构，如代码 8-3 所示。

代码 8-3　使用 .compile() 方法配置模型的学习过程

```
# 使用 .compile() 来配置学习过程
model.compile(optimizer='rmsprop', loss='mse', metrics=['accuracy'])
model.summary()
```

.compile() 的参数说明如下：

- optimizer：用来更新和计算影响模型训练和模型输出的网络参数，使其逼近最优值，从而最小化（或最大化）损失函数。该参数可以直接是已预定义的优化器名，如 rmsprop、adagrad、sgd、adam 等。
- loss：它可以是预定义的损失函数名，如 categorical_crossentropy、mse、mae、mape、binary_crossentropy 等，也可以是一个用户自定义的损失函数。
- metrics：指标列表中的评估函数用于评估当前训练模型的性能。当模型编译后，评价函数（指标）作为 metrics 的参数，可以是一个或几个预定义函数（如 baccuracy、accuracy、mse 等），也可以是用户自定义的函数。对分类问题，一般将该列表设置为 metrics=['accuracy']。

拓展学习：compile 函数中的 optimizer、loss 和 metrics。

（4）训练模型

Keras 以 NumPy 数组作为输入数据和目标数据的数据类型。训练模型一般使用 .fit() 方

法。.fit() 返回一个 history 对象。history 对象记录的是网络训练过程中的损失值和 metrics 列表中的评价函数值，调整网络参数或网络结构都是基于损失值和评价函数值进行的，如代码 8-4 所示。

代码 8-4 使用 .fit() 方法进行模型训练

```
history = model.fit(xtrain, ytrain, epochs = 500, batch_size = 20,verbose = 2,
    validation_split=0.1)
```

其中：

- xtrain：是第 1 步划分的特征数据集。如果模型只有一个输入，那么它的类型是 numpy array；如果模型有多个输入，那么它的类型应当为 list，list 的元素是对应于各个输入的 numpy array。
- ytrain：是第 1 步划分的目标数据集。
- epochs：1 个 epoch 会对所有样本训练一遍，整个程序在训练 epochs 遍后停止。
- batch_size：训练 batch_size 数量的样本后就利用损失函数和优化器调整网络参数，对模型进行一次优化。假设有 1000 个样本，batch_size 设置为 10，则用每 10 个样本训练模型后，就调整一次网络参数。每一轮 epoch 都要进行 100（1000/10）次这样的调参优化过程。
- verbose：日志显示。verbose=0 为不在标准输出流中输出日志信息；verbose = 1（默认值）为输出进度条记录；verbose = 2 为每个 epoch 输出一行记录。
- validation_split：用于在没有提供验证集的时候，按一定比例从训练集中取出一部分作为验证集。

（5）模型训练过程的可视化

对模型训练过程进行可视化的过程如代码 8-5 所示。

代码 8-5 模型训练过程的可视化

```
import matplotlib.pyplot as plt
# 训练过程可视化——绘制训练 & 验证的损失值
loss = history.history['loss']
val_loss = history.history['val_loss']
epochs = range(len(loss))
plt.plot(epochs, loss, 'r', label='Training loss')
plt.plot(epochs, val_loss, 'b', label='validation loss')
plt.title('Training and validation loss')
plt.ylabel('Loss')
plt.xlabel('Epoch')
plt.legend()
plt.show()
# 训练过程可视化——绘制训练 & 验证的准确率值
accuracy = history.history['accuracy']
val_accuracy = history.history['val_accuracy']
epochs = range(len(accuracy))
plt.plot(epochs, accuracy, 'r', label='Training accuracy')
plt.plot(epochs, val_accuracy, 'b', label='validation accuracy')
plt.title('Training and validation accuracy')
plt.ylabel('Accuracy')
plt.xlabel('Epoch')
plt.legend()
plt.show()
```

图 8-5 给出了模型训练过程中损失值和准确率的可视化图。

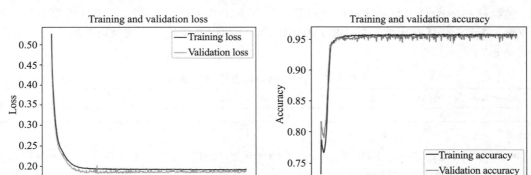

图 8-5　模型训练过程中损失值和准确率的可视化图

在图 8-5 中，Training loss 和 Training accuracy 是训练集的损失值和准确率随着 Epoch 的变化情况，Validation loss 和 Validation accuracy 是验证集的损失值和准确率随着 Epoch 的变化情况。从图 8-5 中可以看出，模型在训练集和验证集中的损失值和准确率表现一致，在大约训练 100 轮以后就可以达到较低的损失值和较高的准确率。

提示：

在构建人工神经网络模型和调整模型参数时，往往要参考模型训练过程的历史数据。例如，可以通过 Training loss 和 Validation loss 来判断网络的学习状态，调整模型和模型参数。Training loss 和 Validation loss 包括如下几种情况：

- Training loss 不断下降，Validation loss 不断下降，说明网络正在学习。
- Training loss 不断下降，Validation loss 趋于不变，说明网络过拟合。
- Training loss 趋于不变，Validation loss 趋于不变，说明学习遇到瓶颈，需要减小学习率或者批处理大小。
- Training loss 趋于不变，Validation loss 不断下降，说明数据集有问题。
- Training loss 不断上升，Validation loss 不断上升（最终变为 NaN），可能是网络结构设计不当、训练超参数设置不当或存在程序 bug 等造成的。

（6）评价模型

使用 .evaluate() 方法对模型的性能进行测试。.evaluate() 方法的第一个返回值是 compile() 方法设置的损失函数值（loss），后面的返回值是 compile() 方法设置的 metrics 各性能指标，如代码 8-6 所示。

代码 8-6　使用 .evaluate() 方法对模型进行评价

```
Testloss, Testaccuracy = model.evaluate(xtest, ytest)
print('Testloss:', Testloss)
print('Testaccuracy:', Testaccuracy)
```

其中：

- xtest 是第 1 步划分的验证特征数据集。
- ytest 是第 1 步划分的验证目标数据集。

（7）保存训练好的神经网络模型

可以使用 .save() 方法将 Keras 的模型保存到 HDFS 文件中，该文件包含模型结构、模型权重、配置项（优化函数、优化器）和优化状态，可以准确地从上次结束的地方继续训练，如代码 8-7 所示。

代码 8-7　使用 .save() 方法保存模型

```
model.save('d:\Model.h5')
```

提示：

- 可以用 HDF View、HDF Explorer 等软件读取 HDF5 文件，查看模型中各个神经层之间的连接权重及偏置值等。
- 可以使用 Keras.utils.vis_utils 模块将模型的详细结构图保存下来。
- Keras 使用训练好的神经网络进行预测分成两种情况：

一种是公开训练好的模型，下载后可以使用，可参考：http://keras-cn.readthedocs.io/en/latest/other/application/；另一种是自己训练的模型，需要保存下来，以备今后使用。

（8）模型加载及对新数据进行预测

使用模型的 .load_model() 方法可将存储在 h5 中的模型加载到程序中。然后，可以使用该模型的 .predict() 方法对新的数据（假设是 newData）进行预测，如代码 8-8 所示。

代码 8-8　使用 .load_model() 方法加载模型并使用 .predict() 方法对新数据进行预测

```
from keras.models import load_model
model=load_model('d:\Model.h5')      # 加载已经存在的模型 Model.h5
predict=model.predict(newData)        # 使用加载的模型对新数据进行预测
```

提示：

对于分类问题的预测，使用 predict=model.predict(newData) 得到的预测结果是各类的概率值；可以通过 .argmax() 方法，获得类别结果。

```
predict=model.predict(newData)         # 对新数据进行预测得到概率
predict=np.argmax(predict, axis=1)     # 将预测的概率结果转换为类别
```

（9）模型预测效果评价

表 8-4 给出了回归模型的主要性能评估指标和 sklearn.metrics 中提供的相应方法。

表 8-4　回归模型的主要性能评估指标

评估指标	含义	sklearn.metrics 中的方法
MAE	平均绝对误差	from sklearn.metrics import mean_absolute_error
MSE	平均方差	from sklearn.metrics import mean_squared_error
R^2	平方	from sklearn.metrics import r2_score

可以直接使用 sklearn.metrics 的相关方法计算模型的 MAE、MSE 和 R-Squared 等性能指标，如代码 8-9 所示。

代码 8-9　计算回归模型的性能评估指标值

```
from sklearn.metrics import mean_absolute_error
from sklearn.metrics import mean_squared_error
from sklearn.metrics import r2_score
```

```
mean_absolute_error(y_test,y_predict)
mean_squared_error(y_test,y_predict)
r2_score(y_test,y_predict)
```

分类模型的评估指标有准确率、精确率、召回率、f1_score、混淆矩阵、ks、ks 曲线、ROC 曲线、psi 等。表 8-5 给出了分类模型的主要性能评估指标和 sklearn.metrics 提供的相应方法。

表 8-5 分类模型的主要性能评估指标

评估指标	含义	sklearn.metrics 中的相关方法
Accuracy	准确率	from sklearn.metrics import accuracy_score
Precision	精确率	from sklearn.metrics import precision_score
recall	召回率	from sklearn.metrics import recall_score
f1_score	F1 值	from sklearn.metrics import f1_score

对于分类问题，假设 y_test 是测试集目标数据，y_predict 是模型的分类结果，则可以直接使用 sklearn.metrics 的相关方法计算分类模型的 Accuracy、Precision、recall 和 f1_score 等性能指标值，如代码 8-10 所示。

代码 8-10 计算分类模型的性能评估指标值

```
from sklearn.metrics import accuracy_score
from sklearn.metrics import precision_score
from sklearn.metrics import recall_score
from sklearn.metrics import f1_score
accuracy = accuracy_score(y_test, y_predict)   #求准确率
precision = precision_score(y_test, y_predict)   #求精确率
recall = recall_score(y_test, y_predict)   #得到一个 list，是每一类的召回率
f1_score(y_test, y_predict)                        #求 F1 值
```

8.3 问题分析

针对乳腺癌预测问题，首先需要收集与乳腺癌相关因素的数据，然后让计算机模拟人类获得经验的方法进行预测，即建立人工神经网络乳腺癌分类预测模型。对于模型预测的准确程度还需要进行验证。之后，就可以利用这个模型对病人是否患有乳腺癌进行预测了。

图 8-6 给出了解决该问题的流程图，具体步骤如下：

1）组织有经验的医生讨论，确定乳腺癌病人的特征，这些特征要尽量全面。

2）对于患有乳腺癌和没有患有乳腺癌的病人，分别收集第 1 步相关的数据。

3）对数据进行预处理。

4）参考 8.2.4 节的方法，建立并训练乳腺癌神经网络分类预测模型。

5）使用训练好的模型对新病人进行预测。

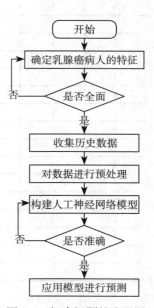

图 8-6 解决问题的流程图

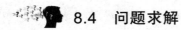 **8.4   问题求解**

8.4.1   确定问题特征

结合乳腺癌患者的多项生化指标，经有经验的专家共同讨论，最终确定了与乳腺癌相关的特征，见表 8-6。

表 8-6   乳腺癌患者的特征

序号	特征	解释	取值
1	Clump Thickness	肿块厚度	1～10
2	Uniformity of Cell Size	细胞大小均匀性	1～10
3	Uniformity of Cell Shape	细胞形状均匀性	1～10
4	Marginal Adhesion	边缘粘附	1～10
5	Single Epithelial Cell Size	单个上皮细胞大小	1～10
6	Bare Nuclei	裸核	1～10
7	Bland Chromatin	乏味染色体	1～10
8	Normal Nucleoli	正常核	1～10
9	Mitoses	有丝分裂	1～10

8.4.2   收集特征数据及数据预处理

由医院化验部门收集表 8-6 的特征数据，并增加病人是否患有乳腺癌的标识"Class"（1 表示乳腺癌，0 表示不是乳腺癌）。收集到的特征数据集如表 8-7 所示。

表 8-7   数据收集

Clump Thickness	Uniformity of Cell Size	Uniformity of Cell Shape	Marginal Adhesion	Single Epithelial Cell Size	Bare Nuclei	Bland Chromatin	Normal Nucleoli	Mitoses	Class
5	1	1	1	2	1	3	1	1	0
5	4	4	5	7	10	3	2	1	0
3	1	1	1	2	2	3	1	1	0
6	8	8	1	3	4	3	7	1	0
4	1	1	3	2	1	3	1	1	0
8	10	10	8	7	10	9	7	1	1
1	1	1	1	2	10	3	1	1	0
2	1	2	1	2	1	3	1	1	0
2	1	1	1	2	1	1	1	5	0
4	2	1	1	2	1	2	1	1	0
1	1	1	1	1	1	3	1	1	0
2	1	1	1	2	1	2	1	1	0
5	3	3	3	2	3	4	4	1	1
1	1	1	1	2	3	3	1	1	0
8	7	5	10	7	9	5	5	4	1

······

参考第 3 章的相关方法，去掉无效样本数据，本案例共获得 683 个样本。由于特征数据的取值范围是 1～10，因此，将所有特征数据都除以 10，进行归一化处理。预处理后的原

始数据结果存储在 "d:\Breast_cancer.csv" 文件中。

8.4.3　神经网络分类预测模型

从表 8-7 可以知道，模型的输入层包含 9 个节点（9 个特征），输出层有 1 个节点（分类结果）。因此，本例的 BP 神经网络采用了一个有 9 个节点的输入层、一个有 7 个节点的隐藏层和一个有 1 个节点的输出层的结构。

代码 8-11 给出了求解问题的完整代码，其中用随机采样划分出了训练集、验证集和测试集。

代码 8-11　求解问题的完整代码

```python
# 导入相关库和模型
import pandas as pd
import numpy as np
from sklearn.model_selection import train_test_split
from keras.models import Sequential
from keras.layers import Dense,Dropout, Activation
import matplotlib.pyplot as plt
from keras.models import load_model
from sklearn.metrics import accuracy_score
from sklearn.metrics import precision_score
from sklearn.metrics import recall_score
from sklearn.metrics import f1_score


# 读取 csv 文件
data = pd.read_csv('d:\Breast_cancer.csv')
# 从数据集中提取是否患乳腺癌的标签放到 y 中
y = data['Class']
# 将数据集中标签 y 删除，获得特征数据集
data = data.drop('Class',axis=1)
# 用 train_test_split 函数划分训练集和测试集，比例为 8：1
xtrain,xtest,ytrain,ytest = train_test_split(data, y, test_size = 0.2 , random_
    state = 10)
xtrain = xtrain.values
ytrain = ytrain.values
xtest = xtest.values
ytest = ytest.values


# 构建模型
model = Sequential()
model.add(Dense(input_dim = 9, units = 7))      # 9个输入节点，7个隐藏节点
model.add(Activation('relu'))                   # 用 relu 函数作为激活函数
model.add(Dense(input_dim = 7, units = 1))      # 7个隐藏节点，1个输出节点
model.add(Activation('sigmoid'))                # 用 sigmoid 函数作为输出层的激活函数

# 编译模型
# 由于是二元分类，因此指定损失函数为二值交叉熵函数 binary_crossentropy
model.compile(loss = 'binary_crossentropy', optimizer =
    'adam',metrics=['accuracy'])

# 训练模型，共训练 500 轮，以 10 个样本为一个 batch 进行迭代
history = model.fit(xtrain, ytrain, epochs=500, batch_size=10,verbose =
    2,validation_split=0.1)
```

```
# 训练过程可视化——绘制训练集 & 验证集的损失值
loss = history.history['loss']
val_loss = history.history['val_loss']
epochs = range(len(loss))
plt.plot(epochs, loss, 'r', label='Training loss')
plt.plot(epochs, val_loss, 'b', label='validation loss')
plt.title('Training and validation loss')
plt.ylabel('Loss')
plt.xlabel('Epoch')
plt.legend()
plt.show()

# 训练过程可视化——绘制训练集 & 验证集的准确率
accuracy = history.history['accuracy']
val_accuracy = history.history['val_accuracy']
epochs = range(len(accuracy))
plt.plot(epochs, accuracy, 'r', label='Training accuracy')
plt.plot(epochs, val_accuracy, 'b', label='validation accuracy')
plt.title('Training and validation accuracy')
plt.ylabel('Accuracy')
plt.xlabel('Epoch')
plt.legend()
plt.show()

# 评价模型
testloss, testaccuracy = model.evaluate(xtest, ytest )
print('testloss:', testloss)
print('testaccuracy:', testaccuracy)

# 保存训练好的模型（保存在 D 盘根目录下的 ModelforBreast_cancer.h5 文件中）
model.save('d:\ModelforBreast_cancer.h5')

# 在另一个程序中加载已经已经训练好的模型
loadedmodel=load_model('d:\ModelforBreast_cancer.h5')

# 用加载的模型对测试集进行分类预测
ypredict = model.predict(xtest) # 对新数据进行分类预测，得到的是预测结果为 1 的概率

# 如果概率 >0.5，分类为 1，否则分类为 0，分类结果存储在 ypredict 中
for i in range(len(ypredict)):
    if ypredict[i] >0.5:
        ypredict[i] =1
    else:
        ypredict[i] =0

# 对测试集的分类性能进行评估
accuracy = accuracy_score(ytest, ypredict)
precision = precision_score(ytest, ypredict)
recall = recall_score(ytest, ypredict)  # recall 得到一个 list，是每一类的召回率
f1=f1_score(ytest, ypredict)
print("The accuracy is :",accuracy)
print("The precision is :",precision)
print("The recall is :",recall)
print("The F1 is :",f1)
```

提示：

（1）关于样本不均匀问题

对于一些问题，在收集的数据中，标签分布可能非常不均匀（本例包含35.14%的正例样本，即患乳腺癌，此时的标签分布不太均匀，但可以接受）。样本标签分布不均匀时，采用随机采样的方式，在极端情况下可能将大量的正例样本都划分到训练集上，而将大量负例样本划分到测试集，这样训练出来的模型效果就不太好。此时，可以使用Sklearn提供的分层采样函数StratifiedShuffleSplit，在划分数据集时，要保证训练集中既包含一定比例的正例样本，又包含一定比例的负例样本。处理方法可参考如下代码：

```
from sklearn.model_selection import StratifiedShuffleSplit
# 用 StratifiedShuffleSplit 函数划分训练集和测试集，比例为 8：2
split = StratifiedShuffleSplit(n_splits = 1,test_size = 0.2,random_state = 42)
for train_index,test_index in split.split(data,y):
    xtrain,xtest = data.iloc[train_index],data.iloc[test_index]
    ytrain,ytest = y.iloc[train_index],y.iloc[test_index]
xtrain = xtrain.values
ytrain = ytrain.values
xtest = xtest.values
ytest = ytest.values
```

（2）关于预测结果

ypredict = model.predict(xtest) 表示使用训练好的模型 model 对测试集 xtest 进行分类预测，预测结果是类型为 1 的概率。因此，代码中用 for 循环语句对预测结果 ypredict 进行了相应处理：若概率大于 0.5，分类结果为 1，否则分类结果为 0。

```
for i in range(len(ypredict)):
    if ypredict[i]>0.5：
        ypredict[i]=1
    else:
        ypredict[i]=0
```

8.5　效果评价

1. 模型训练过程的可视化结果

在训练模型的过程中，模型在训练集和验证集中的损失值和准确率表现一致，在训练200 次时，就可以达到较低的损失值（训练集平均为 0.0636，验证集平均为 0.145），以及较高的准确率（训练集上约为 97.25%，验证集上约为 94.55%）。可视化结果如图 8-7 所示。

2. 用 .evaluate() 方法对模型评价的结果

代码 "testloss，testaccuracy=model.evaluate(xtest,ytest)" 是评价好的模型 model 在测试集 xtest、ytest 上的表现，即计算损失值和精确率。计算结果：testloss（损失值）为 0.082，testaccuracy(精确率) 为 97.1%。这说明，模型在验证集上表现出了非常好的预测性能。

3. 模型预测性能

最后部分的代码是通过调用 accuracy_score、precision_score、recall_score 和 f1_score 等方法计算准确率、精确率、召回率和 F1 值，从而评价所构建的分类预测模型 model 在测试集上的分类性能。计算结果如下：准确率为 97.1%，精确率为 95.7%，召回率为 95.65%，

F1 值为 0.979，这说明模型在测试集上表现出了非常好的预测性能。

综上，为了解决判断某一病人是否患有乳腺癌的问题而构建的 BP 神经网络分类预测模型很好地把握了乳腺癌患者的规律，表现出了非常好的预测性能，预测准确率超过 96%，能够用于辅助诊断一个病人是否患有乳腺癌。

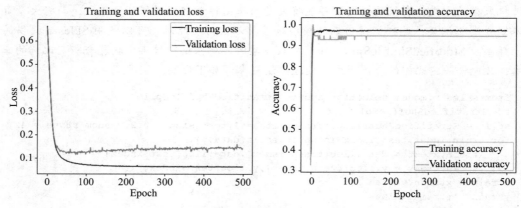

图 8-7　模型训练过程的可视化结果

4. 与其他模型的比较

本例是帮助读者学习人工神经网络，但在解决问题时，神经网络不一定是最好的解决方案。

基于完全相同的训练集和测试集，采用随机森林方法建立乳腺癌预测模型，得到的准确率为 97.8%。这个结果说明，对于这个问题（基于这个数据集），随机森林分类预测模型比神经网络分类预测模型的性能更好。随机森林预测模型的相关代码见代码 8-12。

代码 8-12　随机森林预测模型

```python
# 导入相关库和模型
import pandas as pd
import numpy as np
from sklearn.model_selection import train_test_split
from sklearn.ensemble import RandomForestClassifier
from sklearn.metrics import accuracy_score
from sklearn.metrics import precision_score
from sklearn.metrics import recall_score
from sklearn.metrics import f1_score
# 读取 csv 文件
data = pd.read_csv('d:\Breast_cancer.csv')
# 从数据集中提取是否患乳腺癌的标签放到 y 中
y = data['Class']
# 将数据集中的标签 y 删除，获得特征数据集
data = data.drop('Class',axis=1)
# 用 train_test_split 函数划分训练集和测试集，比例为 8 : 2
# 划分训练集和验证集
xtrain,xtest,ytrain,ytest = train_test_split(data,y,test_size=0.2,random_
    state=10)
xtrain = xtrain.values
ytrain = ytrain.values
xtest = xtest.values
ytest = ytest.values
# 构建随机森林模型
```

```
model = RandomForestClassifier(max_depth=5, n_estimators=100,random_state=100)
model.fit(xtrain,ytrain)
# 对测试集进行预测
ypredict = model.predict(xtest)
#y_pred_proba=model.predict_proba(xtest)（也可以预测各类别的概率）
# 对测试集的分类性能进行评估
accuracy = accuracy_score(ytest, ypredict)
precision = precision_score(ytest, ypredict)
recall = recall_score(ytest, ypredict)
f1=f1_score(ytest, ypredict)
print("The accuracy is :",accuracy)
print("The precision is :",precision)
print("The recall is :",recall)
print("The F1 is :",f1)
```

提示：

有了这些基本数据，除了建立预测模型来判断是否患有乳腺癌，还可以对乳腺癌病人的特性进行更多分析，发现哪个或哪些特征是乳腺癌的主要影响因素，以便医患共同关注，降低乳腺癌的发病率。

上面的 BP 网络求解的是分类预测问题。事实上，BP 网络还可以进行回归预测问题的求解。读者可以自己用 BP 网络进行预测的相关练习。

参考文献

[1]　The Robo Cup Fedoration. What is Robo Cup[EB/OL]. http://www.RoboCup.org.2008-05-05.

[2]　KOK J R, VLASSIS N.Mutual modeling of team mate behavior[D]. Amsterdam: University of Amsterdam, 2002.

第9章

如何让计算机看懂图像

> **本章使命**
>
> 随着人工智能和神经网络技术的深入发展，计算机在生物科学与医学领域的应用也越来越广泛。利用卷积神经网络及其衍生结构，可以实现生物物种和医学图像的自动分类和比较，从而为生物学研究、生物制药和医疗决策等提供有力的技术支撑。
>
> 本章使命就是以图像识别问题为例，以深度学习库 Keras 为编程工具，学习并掌握利用神经网络完成图像中物体的识别。同时，让读者思考如何将人工智能技术推广到生物科学及医学研究等领域。

9.1 引入问题

9.1.1 问题描述

随着人类社会的发展和进步，越来越多的年轻人开始关注和参与到野生动物保护活动中来。小刘是动物保护协会的一名志愿者，工作之余，她积极地参加野生动物保护的宣传，并在力所能及的范围内救助一些受伤的小动物。但由于工作繁忙，她没有系统地学习过生物分类的知识，不能很快地识别出珍稀的野生动物。那么，有没有这样一种可能，通过拍摄一张动物的图片就可以用计算机自动识别出它属于哪个物种，并提供相关的保护策略呢？

9.1.2 问题归纳

让计算机通过动植物的图像自动分辨出其属于何种类型，就是让计算机看懂图像，那么必须先将图像转换成基本的数据，然后分析这些数据的内在规律，进而识别出图像中的生物物种。这个问题本质上是让计算机对图像进行分类的问题。如何让计算机模拟人脑识别物体的方式来解决图像分类问题呢？

9.2　寻找方法

9.2.1　生物医学图像分类的基本实现方法

图像分类问题是计算机视觉的主要研究方向之一。所谓图像分类，就是给定一幅图像，运用计算机相关算法找出其所属的类别或标签的过程。图像分类的基本步骤包括图像数据的预处理、图像特征提取以及使用分类器对图像进行分类。其中，图像特征提取是图像分类中的关键技术。

随着神经网络和人工智能技术的兴起，利用深度学习训练计算机，从而实现对图像中的物体进行分类已经成为目前常用的方法。有很多公司已经提供了相关的开放平台，完成了常见的图像分类的应用场景建模。利用现有的开放平台，用户通过少量的代码配置甚至完全不需要编程就可以实现一个图像分类系统。因此，常见的图像分类问题可以利用这些已经公开的商业化模型进行处理。这不仅降低了应用这些平台的门槛，也使得解决问题的过程更便利和快捷。

但是，一般的开放性平台处理的图像通常针对比较常见的应用场景，对于那些需要特定图像库的专业应用场景，则需要搭建专门的神经网络模型。比如，对于医学图像的分类，需要将包含各种病症的图片库用于训练神经网络，从而构成能够识别不同病症的医学图像分类模型。

此外，用户还可以自行搭建独立的本地化图像识别系统，对于病症分类问题，只要对相关的医学图像进行训练，就可以根据需要实现医学图像分类的快速移植。同时，由于一些医学资料涉及患者隐私，本地化的图像识别系统有利于保护私有数据。

在生物学领域，比如新物种的辨识和珍稀动植物的鉴别与保护等，同样可以利用特定的神经网络模型进行自动化处理。通过计算机的参与，不但能够减轻繁重的人工判别等工作，也能够避免由于失误造成的损失。

读者可以根据自己在学习和工作中的实际需求，选择适当的解决方案。在本章中，我们将以深度学习为基础，介绍并分析如何通过神经网络建立图像识别系统。

9.2.2　深度学习基础

相对于文字或者一般的数据，待识别的图像中包含的信息更加复杂，因此用于图像识别的神经网络需要更加复杂的结构以精确刻画出图像的内在规律。在图像分类问题上，简单的浅层神经网络结构是无法胜任的，需要用到神经网络层数更多、结构更复杂的网络模型。这就需要了解深度学习的相关概念。

深度学习的深层学习与传统神经网络的浅层学习主要有两个区别。首先，深度学习的神经网络模型结构的深度更大。神经网络的层数直接决定了它刻画现实的能力，可以利用深层的神经元拟合更加复杂的函数过程。其次是便于实现复杂特征的学习。深度学习通过逐层特征变换，将样本在原空间的特征表示变换到一个新特征空间，从而使分类或预测更准确。

深度学习是机器学习的分支，主要包含监督学习和无监督学习两种方式。常见的卷积神经网络就是一种监督学习方法。其主要原理是通过带标签的数据去训练神经网络模型，并将输出结果的误差自顶向下传输，然后根据梯度向量对神经网络模型的参数进行逐层调整。卷积神经网络在图像分类（如人脸识别等）上已得到广泛应用。

9.2.3 卷积神经网络的原理

下面我们以图像为例简单地介绍一下卷积神经网络（Convolutional Neural Network，CNN）的原理。

1. 局部感受野与卷积计算原理

假设一张原始图像是 1000 像素 ×1000 像素的黑白图像，那么该图像就有 100 万个像素点，因此输入数据的维度也是 100 万。如果连接一个相同大小的隐藏层（有 100 万个隐藏节点），那么将产生 1 万亿个连接。这种情况下，仅仅一个全连接层（Fully Connected Layer）训练任务，就已经超出了一般计算机的运算能力。

卷积和池化的
计算过程

图像的基本特征包含点和边两个要素。生物学研究发现，每个视觉神经元只处理一小块区域的图像，人们称之为感受域（也可称为感受野）。使用神经网络识别物体也是先识别出点和边，再组合成高阶特征，然后传递给后一层的神经元，直至能够鉴别图像内容。

为了解决图像处理过程中特征庞大的问题，可以为神经元设置感受野，每一个感受野（Receptive Field of Vision）只接受一小块区域的信号。这一小块区域内的像素是互相关联的，将所有神经元接收到的局部信息综合起来就可以得到全局的信息。这样就可以将之前的神经网络全连接的模式修改为局部连接，将对应的隐藏层节点连接到局部的像素节点。假设局部感受野的大小是 10×10，即每个隐藏层节点只与 10×10 个像素点相连，那么现在只需要 $10 \times 10 \times 100$ 万 =1 亿个连接，缩小为原来的 1 万亿个连接的万分之一。

图 9-1 展示了局部 3×3 像素感受野的情况，对应的卷积神经网络中，一个隐藏层节点只与 3×3 的 9 个像素点相连接。如果不设置感受野，一个隐藏层节点就会与 25 个像素点相连接。从图中可以看出，就像有一个 3×3 的感受野窗口在原始图像上滑动。

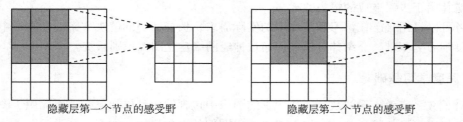

隐藏层第一个节点的感受野　　　　　隐藏层第二个节点的感受野

图 9-1　局部感受野及窗口滑动

为了更好地读取图像的信息，在对图像进行卷积处理时，要对输入图像中的一个个小区域中的像素进行加权平均处理。权值由一个函数定义，这个函数称为卷积核或过滤器（Filter）。可以使用不同的卷积核，相应地可以得到不同卷积后的特征图像。

2. 池化原理

在进行图像卷积后，还可以进一步进行特征选择，减少特征的数量，进而减少网络参数的数量。这个处理过程就是池化（Pooling），也称为子采样（Subsampling）。对于一个图像的特征映射，可以将其划分为多个区域（这些区域可以有重合部分），池化就是对这些划分后的区域进行下采样（Down Sampling），得到一个值，并用这个值作为该区域的特征。

常用的池化有最大池化（Maximum Pooling）和均值池化（Mean Pooling）。最大池化选取区域内所有神经元的最大值作为该区域的特征，均值池化选取区域内所有神经元的平均值作为该区域的特征。图 9-2 给出了最大池化和均值池化的示例，将一个特征映射划分为 4 个区域，即池化窗口的大小为 2×2，步长为 2。

3. 分类器——全连接

通过卷积、池化和适当的激活函数等操作将原始数据映射到隐藏层特征空间，还需要一个将学习到的特征映射到样本空间的分类器，即能够通过学习到的图像特征识别出是什么物体，这部分工作一般由一个全连接（Fully Connected，FC）的网络实现。

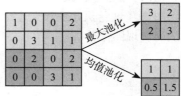

图 9-2　最大池化和均值池化的示例

4. 卷积神经网络

卷积神经网络由不同的层组成，通常包括若干个卷积层（CONV）、池化层（POOL）和全连接层（FC）。可以根据需要构建不同结构的卷积神经网络。假设卷积神经网络的结构由 N 个卷积层叠加，然后叠加一个池化层，重复这个结构 M 次，最后叠加 K 个全连接层，则整个结构可以简单记为：

$$\text{INPUT} \rightarrow [[\text{CONV}]*N \rightarrow \text{POOL}]*M \rightarrow [\text{FC}]*K$$

在卷积神经网络中，卷积层的作用是通过卷积计算对输入进行特征提取和特征映射。图 9-3 所示的第一个卷积层对这幅图像进行了卷积操作，通过 3 个卷积核对原始输入图像卷积，得到了 3 个特征图（Feature Map）。在图 9-3 中，在第一个卷积层之后，池化层对 3 个特征图做了下采样，得到了 3 个更小的特征。第二个卷积层有 5 个卷积核，每个卷积核都把前面池化层下采样之后的 3 个特征图卷积在一起，得到一个新的特征图。5 个卷积核就得到了 5 个特征图。第二个池化层继续对 5 个特征图进行下采样，得到了 5 个更小的特征图。图 9-3 所示的卷积神经网络的最后两层是全连接层。全连接层整合卷积层或者池化层中具有类别区分性的局部信息，减少了特征信息的损失，最后得到整个网络的输出。

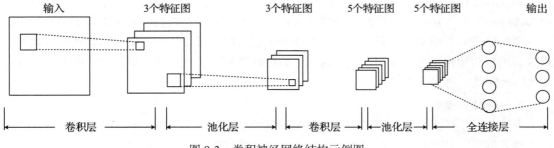

图 9-3　卷积神经网络结构示例图

9.2.4　几种典型的深度卷积神经网络模型

1. LeNet 与 AlexNet 模型

随着卷积神经网络技术的发展，卷积神经网络模型也在不断地发展和演化。早期经典的卷积神经网络是由 Yann LeCun 提出的一种多层级联卷积神经网络模型，被称为 LeNet 模型。该模型的基本结构如图 9-4 所示。通过对每个卷积层和全连接层的链路参数进行训练，可以有效地识别 MNIST（Modified NIST）数据集中的手写数字。

LeNet 模型的结构比较简单，处理复杂图像的准确率较低。在 LeNet 模

课程思政：
利用科技创新
解决实际问题

型的基础上，Krizhevsky 等人通过采用 ReLU 激活函数、Dropout、最大覆盖池化、LRN 层和 GPU 加速等新技术，提出了 AlexNet 模型。该网络包含 5 个卷积层和 3 个全连接层，输入图像经过卷积处理和全连接层的整合，最后输出到具有 1000 个节点的 Softmax 分类器上，从而实现图像分类。

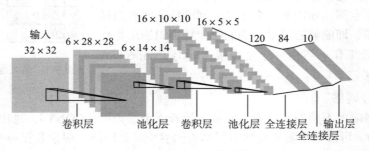

图 9-4 LeNet 的基本结构

2. VGG 模型

为了改进 AlexNet 模型因卷积核尺寸较大而导致卷积计算时参与运算的参数量较多、速度较慢的问题，牛津大学和谷歌公司的研究人员结合 AlexNet 和 LeNet 的框架，提出了 VGGNet (Visual Geometry Group Net) 模型。该架构通过堆叠 3 × 3 尺寸的卷积核和 2 × 2 最大池化层，构筑了 11 ～ 19 层的卷积神经网络，增加了神经网络模型的深度，提升了模型的整体性能。VGGNet 包含 5 种结构，如图 9-5 所示，其中应用最广泛的是 VGGNet-19 和 VGGNet-16。

与 AlexNet 相比，VGGNet 的参数更多、深度更深，但是收敛更快。原因除了采用较小的卷积核有效降低了需要学习的参数维度之外，还有 VGGNet 在训练期间可以对某些层进行预初始化。对于深度神经网络来说，网络权值的初始化直接影响收敛的速度和效果。为此，VGGNet 首先训练一个浅层的网络结构。在训练这个浅层网络时，采用随机初始化网络内部连接权值的方法。由于此时网络深度较浅，因此可以很快得到一套网络权重参数。当训练深层的网络时，前 4 层卷积层和最后的 3 个全连接层直接使用在浅层网络训练中得到的权重参数进行初始化。由于预初始化的权重参数值比随机赋值更逼近于理想值，因此可以提高 VGGNet 的收敛速度。

3. ResNet 模型

为了进一步扩大神经网络的深度，微软的研究人员提出了 ResNet 网络结构。ResNet 也称为残差网络，其原理是将内部的残差单元通过跳跃连接，让神经网络的某些层跳过临近层直接与下一层神经元连接，从而实现隔层相连。这种结构弱化了每层之间的强联系，缓解了深度神经网络中因为层数较多带来的梯度消失问题。

残差结构单元的定义如下：

$$y=F(x,\{w_i\})+x \tag{9-1}$$

其中，x 和 y 是输入和输出向量，$F(x,\{w_i\})$ 是要学习的残差映射。

如图 9-6 所示，残差单元的输出由多个卷积层级联的输出和输入元素间相加（保证卷积层输出和输入元素的维度相同），再经过 ReLU 激活后得到。将这种结构级联起来，就构成了层数较多的残差网络。

VGG 卷积网络的结构					
A	A（局部响应归一化层）	B	C	D	E
11 层	11 层	13 层	16 层	16 层	19 层
输入（图像规格 224×224）					
卷积层 3 ～ 64	卷积层 3 ～ 64 局部响应归一化层	卷积层 3 ～ 64 卷积层 3 ～ 64	卷积层 3 ～ 64 卷积层 3 ～ 64	卷积层 3 ～ 64 卷积层 3 ～ 64	卷积层 3 ～ 64 卷积层 3 ～ 64
最大池化层					
卷积层 3 ～ 128	卷积层 3 ～ 128	卷积层 3 ～ 128 卷积层 3 ～ 128	卷积层 3 ～ 128 卷积层 3 ～ 128	卷积层 3 ～ 128 卷积层 3 ～ 128	卷积层 3 ～ 128 卷积层 3 ～ 128
最大池化层					
卷积层 3 ～ 256 卷积层 3 ～ 256	卷积层 3 ～ 256 卷积层 3 ～ 256	卷积层 3 ～ 256 卷积层 3 ～ 256	卷积层 3 ～ 256 卷积层 3 ～ 256 卷积层 3 ～ 256	卷积层 3 ～ 256 卷积层 3 ～ 256 卷积层 3 ～ 256	卷积层 3 ～ 512 卷积层 3 ～ 512 卷积层 3 ～ 512 卷积层 3 ～ 512
最大池化层					
卷积层 3 ～ 512 卷积层 3 ～ 512	卷积层 3 ～ 512 卷积层 3 ～ 512	卷积层 3 ～ 512 卷积层 3 ～ 512	卷积层 3 ～ 512 卷积层 3 ～ 512 卷积层 3 ～ 512	卷积层 3 ～ 512 卷积层 3 ～ 512 卷积层 3 ～ 512	卷积层 3 ～ 512 卷积层 3 ～ 512 卷积层 3 ～ 512 卷积层 3 ～ 512
最大池化层					
卷积层 3 ～ 512 卷积层 3 ～ 512	卷积层 3 ～ 512 卷积层 3 ～ 512	卷积层 3 ～ 512 卷积层 3 ～ 512	卷积层 3 ～ 512 卷积层 3 ～ 512 卷积层 3 ～ 512	卷积层 3 ～ 512 卷积层 3 ～ 512 卷积层 3 ～ 512	卷积层 3 ～ 512 卷积层 3 ～ 512 卷积层 3 ～ 512 卷积层 3 ～ 512
最大池化层					
全连接层 −4096					
全连接层 −4096					
全连接层 −1000					
Softmax					

图 9-5　VGGNet 的模型结构

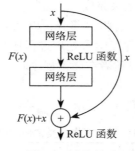

图 9-6　残差单元

ResNet 通过堆叠残差单元可以使神经网络达到 152 层以上，因此在解决复杂的图像分类问题中具有非常好的表现。

9.2.5　Python 中的图像分类

1. 开发调试和运行环境

目前，很多编程语言都支持开发图像分类的程序。如 Python、C++、

如何构建卷积
神经网络模型

Matlab、Java、OpenCV 等都可以用来开发图像分类系统。由于卷积神经网络涉及的概念非常多，因此在进行神经网络建模时，如果需要配置各种相关的参数，将极大地增加程序设计的复杂度。使用 Keras 无须考虑神经网络处理过程的函数实现的细节，能够简化设计过程。因此，初学者一般会选择 Keras 作为编程语言，这样可以先不必关注相关参数的具体含义，进行模型配置时采用推荐的默认值即可。如果读者在深度学习领域有深入的研究，也可以根据问题特点对相关参数进行优化，从而实现性能更优的神经网络模型。在本章中，我们将以 Keras 为基础来实现神经网络的构建和训练，从而解决图像分类问题。

为了实现程序运行的本地化，不再需要网络支持，可以使用 Anaconda 自带的 Spyder 软件来进行程序的调试和运行，如图 9-7 所示。需要注意的是，Spyder 要在安装了 TensorFlow 和 Keras 的环境下才能正确调用神经网络的相关模块。具体的开发环境搭建步骤请参考本书相关章节的内容，此处就不再赘述了。

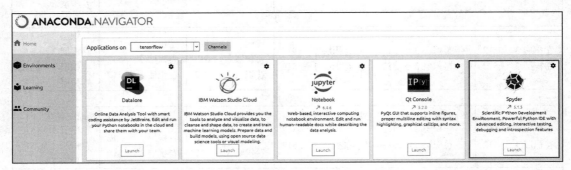

图 9-7　图像分类的开发调试和运行环境

2. 用 Keras 实现图像分类

下面介绍利用 Keras 建立图像分类模型的过程。

1）导入图像分类常用的模块和库。

Keras 是基于 Python 和 TensorFlow 开发的 API，因此，建立神经网络模型并进行训练等操作都可以直接调用相关的库函数来完成。在进行模块导入的时候，除了基本的 Keras 模块，一般还包含 TensorFlow 模块中的相关部分，以及 Python 中的其他数据处理模块，如 NumPy、Matplotlib、CV 等。如果深度学习处理过程还利用 GPU 进行并行计算处理，则需要增加 OS 模块，以提高训练速度。读者在阅读程序时可以观察其中调用的函数，从中了解各模块的用途。

导入所需模块和库的过程如代码 9-1 所示。

代码 9-1　导入图像分类常用的模块和库

```
# 导入与神经网络训练和建模相关的函数库
from keras.models import Sequential
from keras.layers import Dense, Dropout, Activation, Flatten
from keras.layers import Conv2D, MaxPooling2D
from keras.layers import BatchNormalization
from keras.utils import np_utils
from keras import regularizers
from tensorflow.keras.optimizers import SGD
# 导入数据分析及绘图函数库
import numpy as np
import matplotlib.pyplot as plt
```

```
# 导入专门用于图像处理的 cv 库
import cv2
# 调用显卡实现并行计算，提高神经网络的训练速度
import os
os.environ["CUDA_VISIBLE_DEVICES"] = "1"
```

2）加载训练所需的数据集并进行预处理。

一个初始的神经网络模型通常只有基本的框架和连接，并没有具体的参数。只有经过训练的神经网络模型才能处理相关的数据。显然，经过不同的数据集训练，所获得的神经网络模型的性能是不同的。

目前有很多公开的图像分类数据集，比如手写数字图像的 MNIST 数据集，它包含 60 000 张训练图片和 10 000 张测试图片。每张图片由分辨率为 28×28 像素的二值手写数字图像组成。CIFAR10 和 CIFAR100 是 $32 \times 32 \times 3$ 大小的彩色图像数据集，分别包含 10 种和 100 种图像类别。此外，还有用于视觉物体识别研究的高分辨率图像数据集 ImageNet，包含 22 000 个类别的 1500 多万个图像，并且每个图像都有对应的标注。不同的应用需要选择不同的数据集。

数据集中的数据调用方式有两种。一种方式是在训练过程中直接从网络上搜寻并读取数据。这种方式的优点是本地无须下载大量的训练及测试数据。但当网络数据集所在的服务器故障或者其内部数据格式发生变化时，程序运行会出错。在线调用数据集的方式类似于模块或函数库的导入过程。

例如，使用 Keras 在线调用 CIFAR10 数据集的程序如代码 9-2 所示。

代码 9-2　使用 Keras 在线调用数据集

```
from keras.datasets import cifar10
cifar10 = cifar10.load_data()
```

另一种方式就是将数据集下载到本地计算机中。这样，在进行神经网络训练时，就不需要网络资源的支撑。另外，将数据集本地化便于自主更新和升级，从而形成更专门的数据集系统。

在代码 9-3 中设置了本地化数据集的路径之后，当需要调用该数据集的文件时，只要将此路径作为参数传递给函数，就可以实现数据的读取。

代码 9-3　本地化数据集的路径设置与读取

```
# 设置本地化数据集路径，此处的路径需要根据实际存放位置进行调整
path = r"D:\data\cifar10"
# 利用 cv 的 imread 函数读取图片
img = cv2.imread(path+'/'+ ' 待读取图片 1' + '.jpg')
```

此外，如果数据集的图像尺寸与神经网络模型的输入层节点数目不匹配，还需要对图像进行预处理。这一过程主要是通过 cv2 模块里的 resize() 函数来实现的。该函数的基本语法如下：

```
cv2.resize (src, dsize[, dst[, fx[, fy[,
interpolation]]]])
```

其中的参数含义如表 9-1 所示：

3）构建卷积神经网络结构的模型。

根据前面章节阐述的原理，若要构建一个卷积

表 9-1　resize() 函数的参数含义

参数	描述
src	待处理图像的文件名
dsize	输出图像所需大小
fx	沿水平轴的比例因子
fy	沿垂直轴的比例因子
interpolation	填充数据的插值方式

神经网络，需要包含卷积层、池化层以及全连接层，并且需要设置输入的节点维度、激活函数、卷积核，以及输出的分类数量等参数。

构建卷积层时，除了要设置参数，还需要与输入的图像文件格式相匹配。此外，还需要对输出结果进行归一化处理。具体代码如代码9-4所示。

代码9-4　卷积层的构建代码示例

```
# 设置神经网络模型的构建方式，本章与第 8 章的方式相同
model = Sequential()

# 设置卷积层，注意在第一层卷积层需要设置输入图片的格式
model.add(Conv2D(64, (3, 3),padding='same',input_shape=(32,32,3)))
# 此语句的作用是限定输入图片大小为 32*32*3，输出为 32 维，卷积核为 3*3
# padding='same' 表明在填充时允许卷积核超出原始图像边界
model.add(Activation('relu'))      # 设置激活函数为 ReLU
model.add(BatchNormalization()) # 批量标准化
model.add(Dropout(0.3))            # 随机将节点从当前层断开，并连接到下一层
```

池化层一般在卷积层之后，其构建过程比较简单，通常只需要定义池的大小，具体代码如代码9-5所示。

代码9-5　池化层的构建代码示例

```
# 定义最大池化层
model.add(MaxPooling2D(pool_size=(2, 2)))
model.add(Dropout(0.3)) # 随机将节点从当前层断开，并连接到下一层
```

构建全连接层时需要先将输出数据扁平化，即转成一维数据，再输入到全连接层。全连接层一般为两层，前一层与卷积和池化处理结果相连接，后一层为输出结果。在图像分类问题中，全连接层最后的输出维度要与输出类别一致。具体代码如代码9-6所示。

代码9-6　全连接层的构建代码示例

```
# 将前面输出的数据维度进行扁平化处理
model.add(Flatten())

# 定义全连接层的第一层
model.add(Dense(512))               # 设置全连接层的节点数，其他参数可采用默认值
model.add(Activation('relu'))       # 设置激活函数为 relu
model.add(Dropout(0.5))

# 定义全连接层的第二层
model.add(Dense(10))                # 输出类别数量为 10 个
model.add(Activation('softmax')) # 设置激活函数为 softmax
```

4）训练搭建的卷积神经网络以获取图像的内在规律。

如图9-8所示，卷积神经网络的训练过程分为两个阶段。第一个阶段是数据由低层次向高层次传播的阶段，即前向传播阶段。将图像矩阵输入卷积神经网络，通过卷积层、池化层的运算，提取图像特征，通过全连接层获取整体特征，并通过Softmax函数分类后输出结果。将结果与实际标签进行比较，计算误差。第二个阶段是，当前向传播得到的结果与预期不符时，将误差从高层次向底层次进行传播训练的阶段，即反向传播阶段。在这个阶段，通过梯度下降算法，不断更新参数和权值，从而不断缩小误差，达到预期效果。

在Keras中，主要通过model.compile()和model.fit()函数完成卷积神经网络的训练过程

中的参数设置。具体的代码如代码 9-7 所示。

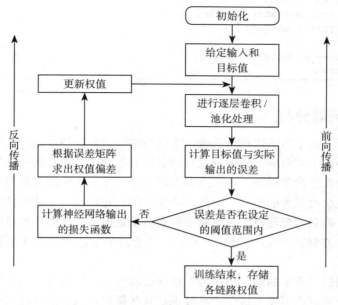

图 9-8　卷积神经网络的训练过程

代码 9-7　卷积神经网络的训练过程

```
sgd = SGD(lr=0.01, decay=1e-6, momentum=0.9, nesterov=True)
model.compile(loss='categorical_crossentropy', optimizer=sgd,
            metrics=['accuracy'])
history = model.fit(train_data, train_label,
            batch_size=10,
            epochs=100,
            validation_split=0.2,
            shuffle=True)
model.save('trainingresult.h5')
```

在本段代码中，通过调用相关函数设置了损失函数和优化器，实现了卷积神经网络的训练。其中 lr 为神经网络训练过程中的学习率，epochs 为训练的轮次，validation_split 为训练集与测试集的比例。神经网络训练结束后，其结果直接存储在运行程序当前所在的文件夹下，且被命名为 trainingresult.h5。这个文件中存储的是训练后的卷积神经网络模型，可以用于后期的图像分类处理。

5）利用训练好的卷积神经网络模型进行图像分类。

卷积神经网络经过训练以后，其模型就将图片的内在规律以相关链接参数值的形式记录到 .h5 文件中了。利用训练好的卷积神经网络实现图像分类只需要把待分类图像文件读取进来，再调用这个文件进行处理，并根据输出值的范围就可以确定图像的类别了。具体代码如代码 9-8 所示。

代码 9-8　应用模型进行图像分类的程序示例

```
from keras.models import load_model # 导入调用模型函数
import cv2

# 调用已经训练完的卷积神经网络模型
```

```
load_model = load_model("./trainingresult.h5")
# 读取需要分类的图像，此处包含了文件存放的位置
img = cv2.imread('D:/data/ 待识别图片 .png')
img = img.astype('float32')
# 输出处理结果
predicted = load_model.predict(img)
print (predicted)
```

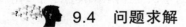 9.3　问题分析

要建立一个基本的生物图像识别系统，实现对生物的分类和辨识，首先需要收集大量不同生物的图像。不同生物对应的图像内在规律有较大差异。即使是同一种生物，因为生长环境以及该生物所处的生命阶段和生存状态等不同，都会导致生物图像有差异，将得到的生物图像转换成数据也会有很大的不同。因此，不能简单地通过比对生物图像的数据值来进行生物的分类和识别，而是需要通过大量生物图像资料反复训练，才能让神经网络模型对特定的生物群体图像的内在规律产生"记忆"。利用一个合理的生物图像库才能训练出有效的神经网络模型。

在本章中，我们以常见的猫、狗作为生物分类的实例进行研究。因为这两种动物的图像比较容易获得。如果读者需要训练一个能够识别某些稀有动植物的神经网络模型，可以自行搜集相关图像，建立对应的专业图像资源库。

构建生物图像识别系统还需要选择合适的神经网络结构。不同的神经网络结构适用于不同的应用，在本章中，我们采用 VGGNet-16 神经网络结构。读者也可以根据需要采用其他神经网络结构构建系统。

综合以上分析，可以总结构建一个生物图像识别系统的基本步骤如下：

1）收集不同生物的图像资料，建立与该生物相关的专业图像数据库。

2）对生物图像的尺寸大小、像素等参数进行预处理，使之与当前的图像识别系统相匹配。

3）选择合适的神经网络结构模型，生物物种图像的辨识通常需要较为复杂的深度神经网络结构。神经网络结构可以根据神经网络技术的发展而不断更新。

4）运用专业的生物图像数据库中的图片训练神经网络分类与辨识模型。

5）使用训练好的生物图像分类系统模型对该生物的图像进行分类与辨识。注意，针对不同的生物，要采用不同的生物图像分类模型，才能达到较好的效果。

9.4　问题求解

9.4.1　确定生物识别采用的技术方案

人类之所以能够看懂图像，是因为在日常生活中经常看到不同物体，从而积累了大量关于同类物体特征的经验。但对于计算机来说，要想看懂图像，主要面临以下困难：

- 物体外在形状的变化。
- 拍摄视角不同造成的图像几何关系改变。
- 物体距离不同，其成像大小也会不同。
- 物体可能被障碍物遮挡，只有部分可见。
- 光照强度和不同光源下色温差异影响。

● 同类物体也具有类内差异。

对于本章所选取的猫狗这两种生物而言，由于其通常处于运动状态，而且在自然光照条件下进行拍摄，因此其图像识别难度比较大。采用传统的图像分类技术，识别精确度不高，因此需要采用相对复杂的深度卷积神经网络模型来进行图像分类。

9.4.2　训练数据集的获取

自行收集多张猫狗照片、加上标签，从而构建一个数据集的工作量太大，因此我们采用机器学习竞赛平台 Kaggle 上的一个图像分类项目（Dogs vs. Cats）的相关数据资源（https://www.kaggle.com/c/dogs-vs-cats）。该数据集分为 train 和 test1 两个文件夹，其中 train 文件夹下包含猫狗图片各 12 500 张，部分图片如图 9-9 所示。该数据集可以作为神经网络模型训练的图片库。如果读者需要训练神经网络模型识别其他物体，也可以选择不同的图像资源库。在本章中，为了便于读者设计自己的神经网络模型，我们将数据集提前下载并存储在本地。

图 9-9　数据集中的部分图片

9.4.3　对图像数据进行预处理

图像文件的大小、像素等参数不同，但构建的神经网络的输入节点数目是固定的。因此，想要将各种图像文件转换的数据成功导入神经网络中，就需要对图像文件进行重整形，以适配神经网络模型。此外，在数据训练过程中，还要能够自动读取多张图像文件，并识别这些图片的标签，这些都要在数据预处理过程中实现。

数据预处理常用的 resize() 函数在前面已经介绍过，此处就不再赘述了。在数据预处理过程中，还可能根据数据的不同进行其他（如类型转换等）操作，因此一般要用到 NumPy 模块。此外，还要注意该数据集的文件命名方式，在进行预处理时要提取相应的标签。

9.4.4　构建 VGGNet-16 神经网络模型

因为 Keras 是一个高度集成的神经网络开发库，因此使用它定义神经网络结构非常简单，只需要调用相关函数并配置适当的参数即可。同样地，为了便于读者进行开发，在本章中将神经网络模型定义为一个函数，其中配置的神经网络结构是 VGGNet-16，并略做了修改。该神经网络一共有 16 层，网络结构简单，而且在进行图像识别处理时迁移到其他图片数据的泛化性能优良。

VGGNet-16 的结构参数在图 9-5 中已经给出。从 VGGNet-16 的结构可以看出，训练或测试的图片首先要被预处理为 224×224 大小的尺寸，并且按照三原色分别存储。然后，经过若干层的卷积，池化交叠处理，直至最后输出。

实现一个能进行图像分类的神经网络模型的完整代码如代码 9-9 所示。

代码 9-9 实现图像分类的神经网络模型的完整代码

```python
# 导入 keras 图像分类常用的模块
from keras.models import Sequential
from keras.layers import Dense, Dropout, Activation, Flatten
from keras.layers import Conv2D, MaxPooling2D
from keras.layers import BatchNormalization
from keras.utils import np_utils
from keras import regularizers
from tensorflow.keras.optimizers import SGD


# 导入数据处理及绘图函数库
import numpy as np
import matplotlib.pyplot as plt


# 导入用于图像处理的 cv 库
import cv2
# 设置显卡辅助计算环境，提高神经网络的训练速度
import os
os.environ["CUDA_VISIBLE_DEVICES"] = "1"


# 基础参数设置
resize = 224                       # 定义图像文件的尺寸
number=3000                        # 定义一次读取的图像文件数目
path = r"D:\data\dog&cat\train"    # 设置数据集的访问路径


# 定义神经网络结构
def vgg16():
    l2_parm = 0.00035
    #L2 正则化的参数，取值越小越不容易过拟合，但准确率上升较慢


    # layer1
    model = Sequential()                # 设置神经网络模型的构建方式
    model.add(Conv2D(64, (3, 3), padding='same',
                     input_shape=(resize, resize, 3),
                      kernel_regularizer=regularizers.l2(l2_parm)))
    # 设置卷积层，输出空间维度为 64，卷积核大小为 (3, 3)
    #input_shape 用于指定输入图像尺寸
    #padding='same' 表明在填充时允许卷积核超出原始图像边界


    model.add(Activation('relu'))       # 设置激活函数
    model.add(BatchNormalization())     # 批量标准化
    model.add(Dropout(0.3))             # 按概率随机断开部分节点连接


    # layer2
    model.add(Conv2D(64, (3, 3), padding='same',
```

```
                            kernel_regularizer=regularizers.l2(l2_parm)))
model.add(Activation('relu'))
model.add(BatchNormalization())
model.add(MaxPooling2D(pool_size=(2, 2)))    #进行池化处理
# layer3
model.add(Conv2D(128, (3, 3), padding='same',
                            kernel_regularizer=regularizers.l2(l2_parm)))
model.add(Activation('relu'))
model.add(BatchNormalization())
model.add(Dropout(0.4))
# layer4
model.add(Conv2D(128, (3, 3), padding='same',
                            kernel_regularizer=regularizers.l2(l2_parm)))
model.add(Activation('relu'))
model.add(BatchNormalization())
model.add(MaxPooling2D(pool_size=(2, 2)))
# layer5
model.add(Conv2D(256, (3, 3), padding='same',
                            kernel_regularizer=regularizers.l2(l2_parm)))
model.add(Activation('relu'))
model.add(BatchNormalization())
model.add(Dropout(0.4))
# layer6
model.add(Conv2D(256, (3, 3), padding='same',
                            kernel_regularizer=regularizers.l2(l2_parm)))
model.add(Activation('relu'))
model.add(BatchNormalization())
model.add(Dropout(0.4))
# layer7
model.add(Conv2D(256, (3, 3), padding='same',
                            kernel_regularizer=regularizers.l2(l2_parm)))
model.add(Activation('relu'))
model.add(BatchNormalization())
model.add(MaxPooling2D(pool_size=(2, 2)))
# layer8
model.add(Conv2D(512, (3, 3), padding='same',
                            kernel_regularizer=regularizers.l2(l2_parm)))
model.add(Activation('relu'))
model.add(BatchNormalization())
model.add(Dropout(0.4))
# layer9
model.add(Conv2D(512, (3, 3), padding='same',
                            kernel_regularizer=regularizers.l2(l2_parm)))
model.add(Activation('relu'))
model.add(BatchNormalization())
model.add(Dropout(0.4))
# layer10
model.add(Conv2D(512, (3, 3), padding='same',
                            kernel_regularizer=regularizers.l2(l2_parm)))
model.add(Activation('relu'))
model.add(BatchNormalization())
model.add(MaxPooling2D(pool_size=(2, 2)))
# layer11
model.add(Conv2D(512, (3, 3), padding='same',
                            kernel_regularizer=regularizers.l2(l2_parm)))
model.add(Activation('relu'))
```

```
model.add(BatchNormalization())
model.add(Dropout(0.4))
# layer12
model.add(Conv2D(512, (3, 3), padding='same',
                kernel_regularizer=regularizers.l2(l2_parm)))
model.add(Activation('relu'))
model.add(BatchNormalization())
model.add(Dropout(0.4))
# layer13
model.add(Conv2D(512, (3, 3), padding='same',
                kernel_regularizer=regularizers.l2(l2_parm)))
model.add(Activation('relu'))
model.add(BatchNormalization())
model.add(MaxPooling2D(pool_size=(2, 2)))
model.add(Dropout(0.5))
# layer14
model.add(Flatten())                        # 对前面输出层的维度进行扁平化处理
# 设置全连接层的节点数目
model.add(Dense(512, kernel_regularizer=regularizers.l2(l2_parm)))
model.add(Activation('relu'))
model.add(BatchNormalization())
# layer15
model.add(Dense(512, kernel_regularizer=regularizers.l2(l2_parm)))
model.add(Activation('relu'))
model.add(BatchNormalization())
# layer16
model.add(Dropout(0.5))
model.add(Dense(2))                         # 输出维度，注意要与分类数量一致
model.add(Activation('softmax'))       # 此处激活函数用 softmax

return model


if __name__ == '__main__':

# 从数据集中读取数据
train_data = np.empty((number, resize, resize, 3), dtype="int32")
train_label = np.empty((number, ), dtype="int32")
test_data = np.empty((number, resize, resize, 3), dtype="int32")
test_label = np.empty((number, ), dtype="int32")
for i in range(number):
  if i % 2:
    train_data[i] = cv2.resize(cv2.imread(path+'/'+ 'dog.' + str(i)
                    + '.jpg'), (resize, resize))
    train_label[i] = 1
 else:
    train_data[i] = cv2.resize(cv2.imread(path+'/' + 'cat.' + str(i)
                    + '.jpg'), (resize, resize))
    train_label[i] = 0
for i in range(number, number*2):
  if i % 2:
    test_data[i-number] = cv2.resize(cv2.imread(path+'/' + 'dog.'
                    + str(i) + '.jpg'), (resize, resize))
    test_label[i-number] = 1
  else:
    test_data[i-number] = cv2.resize(cv2.imread(path+'/' + 'cat.'
                    + str(i) + '.jpg'), (resize, resize))
```

```
            test_label[i-number] = 0

#修改数据类型
train_data = train_data.astype('float32')
test_data = test_data.astype('float32')
train_label = np_utils.to_categorical(train_label, 2)
test_label = np_utils.to_categorical(test_label, 2)


model = vgg16()
#采用随机梯度下降算法 SGD
#learning_rate 为学习率，decay 为更新后的学习率衰减值
#momentum 为动量参数，nesterov 决定是否使用 Nesterov 动量
sgd = SGD(learning_rate=0.012, decay=1e-6, momentum=0.9, nesterov=True)
model.compile(loss='categorical_crossentropy', optimizer=sgd,
                metrics=['accuracy'])
history = model.fit(train_data, train_label,
        batch_size=10,
        epochs=150,
        validation_split=0.2,
        shuffle=True)


acc = history.history['accuracy']    #训练数据准确度
val_acc = history.history['val_accuracy']   #测试数据准确度
loss = history.history['loss']            #训练数据损失值
val_loss = history.history['val_loss']    #测试数据损失值

#训练过程可视化
epochs = range(1, len(acc) + 1)
plt.plot(epochs, acc, 'r+-', label='Trainning acc')
plt.plot(epochs, val_acc, 'bv--', label='Vaildation acc')
plt.legend()
plt.show()

#模型收敛，保存训练完的神经网络模型
model.save('trainingresult.h5')
```

提示：

1）在本节代码中的相关参数均为常用值，读者可根据自身需要进行修改和配置，从而获得更优的结果。可以调节的参数一般包括学习率 learning_rate、正则化的参数 L2、训练轮次 epochs 等。

2）本节代码是基于 Python 3.8 实现的。为了实现建模的本地化处理，程序中涉及一些文件夹路径的设置。读者在执行程序代码时，需要注意相关文件的存放位置应与程序中给出的路径保持一致。当然，读者也可以根据自身习惯修改程序中的文件读取路径，以达到同样的效果。

9.4.5 使用训练好的神经网络模型对图像文件进行分类

执行上面的代码，完成神经网络的配置及训练，就获得了一个完整的可用于图像分类的神经网络模型。使用得到的模型可以对一张待识别的猫狗照片进行图像分类，从而完成本章使命。

利用训练好的神经网络实现图像分类的代码如代码 9-10 所示。

代码 9-10　使用模型进行图像分类的完整代码

```python
# 导入相关模块
from keras.models import load_model
import cv2
import numpy as np

# 定义图像文件大小
resize = 224
# 调用训练好的神经网络模型, 注意模型与程序在同一目录下
load_model = load_model("./trainingresult.h5")
# 用 cv 库的 imread 函数读取图像文件
img = cv2.imread('D:/data/1.jpg')

# 对图像文件进行重整形及预处理, 以适配神经网络模型
img = cv2.resize(img, (resize, resize))
img = img.reshape(-1,resize,resize,3)
img = img.astype('float32')

# 进行分类处理并输出属于不同类别的概率
predicted = load_model.predict(img)
print(predicted)

# 找出最大概率的项并输出分类结果
predicted = np.argmax(predicted)
if predicted == 0:
    print('这是一只猫')
else:
    print('这是一条狗')
```

提示:

1) 在本节代码中对图片进行了重整形, 因此需要识别的图片大小和格式都不受限制。但对于一些没有重整形过程的图像识别程序, 需要提前将图片修改为符合要求的尺寸, 否则会在运行时报错。

2) 本节是通过调用上一节训练结束后存储的 trainingresult.h5 来实现检测的。读者也可以寻找其他已经训练好的 ".h5" 文件来替代, 这样就可以省去训练过程。当然, 相关的 ".h5" 文件需要符合 VGGNet-16 的网络结构。

9.5　效果评价

图 9-10 是 VGGNet-16 网络经过训练后的可视化结果。其中, Training acc 为训练数据的准确率, Validation acc 为测试数据的准确率。从图中可以看出, 随着训练轮次的增加, 训练精度和测试精度都逐渐上升。经过 100 轮的训练和测试, 训练精度达到了 93%, 而测试精度超过了 80%, 总体来说, 获得了比较理想的精度。

从网上搜索一张宠物狗的图片, 并采用训练得到的神经网络模型进行识别, 可以发现神经网络模型能够准确判断出该物种的种类, 完成了本章使命。具体运行结果如图 9-11 所示。

从输出结果可以看出, 系统判定该图片为狗的概率为 99.759054%, 说明确定性很大。

因此，神经网络模型可以给出正确的结论。当然，整个模型的精度还有可提升的空间。如果想进一步提高训练精度，可以采用更加复杂的神经网络模型，增加训练轮次并在训练过程中不断优化和调试各项参数，包括学习率、L2 正则化参数、Dropout 概率、batch_size 大小以及梯度下降算法等。

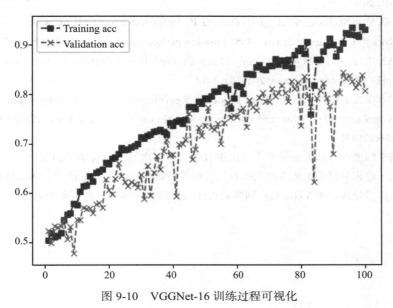

图 9-10　VGGNet-16 训练过程可视化

```
In [5]: runfile('D:/python程序（薪）/dog&cat验证（最终版）.py', wdir='D:/python程序（薪）')
[[0.00240945 0.99759054]]
这是条狗
```

图 9-11　训练完的神经网络模型对图片进行识别的运行结果

　　图像分类的准确率受多方面因素的影响，比如训练数据集的来源、训练次数与参数配置、神经网络结构等。感兴趣的读者可以在本章提供的基本模型的基础上，通过优化神经网络结构与参数等方式，进一步提高模型的分类性能。

　　在本章中，我们通过一个实例逐步完成了搭建一个图像分类系统的工作，包括神经网络结构的选择、神经网络的训练，以及图像识别过程的应用范例。在解决这些问题的过程中，通过本地化的处理过程，将问题分解为若干结构相对完整的模块。这些模块均具有一定的独立性，读者可以根据学习和工作需要替换相应的模块，从而搭建所需的特定神经网络，并进一步完成不同应用场景下的图像中物体识别的任务。尤其是针对不同生物建立的专业图像数据库，只要用其替代本地的图像训练数据集，就可以得到对应物种的生物图像分类和识别系统。因此，本章所介绍的方法具有很强的可扩展性和泛化能力。

　　读者可在学完本章内容后，自行完成以下训练：

　　【实训一】 搭建本章所介绍的本地化图像识别神经网络模型，并运行相关代码，绘出训练过程及结果曲线。

　　【实训二】 参考本章内容，下载某一病症相关的医学图像数据集，并利用该数据集替代本章所给出的数据集并对神经网络进行训练，实现该数据集的本地化处理，最后对所训练的神经网络模型给出相应的诊断准确率评价。

参考文献

[1]   赵宏 . 深度学习基础教程 [M]. 北京：机械工业出版社，2021.

[2]   张珂，冯晓晗，郭玉荣，等 . 图像分类的深度卷积神经网络模型综述 [J]. 中国图像图形学报，2021,26(10):2305-2325.

[3]   KRIZHEVSKY A,SUTSKEVER I,HINTON G E. ImageNet classification with deep convolutional neural networks[J]. Advances in neural information processing systems, 2012(1): 1097-1105.

[4]   SIMONYAN K,ZISSERMAN A. Very Deep Convolutional Networks for Large-Scale Image Recognition[J]. Computer Science, 2014(9): 1-14.

[5]   HE K,ZHANG X,REN S,et al. Deep Residual Learning for Image Recognition[C]//2016 IEEE Conference on Computer Vision and Pattern Recognition (CVPR).New York: IEEE Communications Society, 2016:770-778.

[6]   范文豪 . 基于深度学习的低分辨率人脸识别 [D]. 南京：南京邮电大学，2020.

[7]   薛东辉 . 基于卷积神经网络的道路风险目标检测模型研究与应用 [D]. 南京：南京邮电大学，2021.

[8]   吴立 . 多核向量处理器上 VGG 卷积网络的设计与实现 [D]. 西安：西安电子科技大学，2020.

处理时间序列数据

10.1　引入问题

10.1.1　问题描述

　　在人类社会的发展过程中，传染病的传播和流行给人类社会造成了不可估量的破坏。随着医疗水平的提高和医疗条件的改善，人类已经控制甚至消灭了很多种传染病，例如天花、脊髓灰质炎、疟疾等。但大多数传染病依然无法完全消灭，因此，阻断传染病的传播、保护人民群众不受传染病的危害成为卫生部门和医学工作者努力的目标。对于传播迅速的传染病来说，及时发现、跟踪和预测相关的信息对于进行有效的卫生干预和预防至关重要。然而，如果仅仅依靠人工统计分析，很难快速、准确地给出预测结果，导致错过最佳防控时间。医学工作者迫切需要更高效、可靠的预测方法和技术。

　　随着大数据和人工智能时代的到来，各种用来预测传染病的模型被建立起来，为传染病的预防、预测和控制提供了可靠的信息和依据。传染病预测模型利用统计学方法对传染病的发生、传播和发展规律进行科学分析和合理预测，为传染病的防控提供参考依据。因此，开展传染病预测模型的研究具有十分重要的意义。

10.1.2　问题归纳

　　传染病的发生和传播与很多因素有关，如气候、生活习惯、生态等，这些信息不易收集，也很难找到主要的影响因素。但对于同一个区域来说，因各方面状况相对稳定，因此，传染病的发生与传播通常会呈现一定的规律性。基于这一点，如果已经获取了过去一个时期内某一区域的某一种传染病随时间变化的数据，那么，我们是否可以从这些数据中找到规律，进而对未来一段时期该传染病的发展趋势进行预测呢？

10.2 寻找方法

10.2.1 时间序列预测

课程思政：时间序列预测在稳定物价中发挥的重要作用

传染病发生和发展趋势预测问题与前面介绍的图像处理等问题不同，该预测问题的数据是按照时间维度索引的数据，或者说是按照发生时间的先后顺序排列的数据，此类数据称为时间序列数据。通过分析时间序列数据，根据时间序列反映出来的发展过程、方向和趋势进行类推或延伸，预测下一时间点或下一时期内的数据，称为时间序列预测。例如，对于从事股票交易的人，都希望预测明天或者未来一段时间内某些股票或指数的涨跌，实际上在交易软件或交易平台的数据库中已经积累了大量历史数据，那么是否可以依据这些数据进行预测呢？又比如，很多商家希望知道在某些特定的时期应重点销售哪些商品可以获取更多收益。实际上，在商家的收银系统中，记录了大量与时间相关的销售数据，如果对这些数据进行时间序列分析，也许能找到重大商机。

1. 时间序列数据的特点

时间序列数据最大的特点就是前后数据之间有很强的关联性，专业说法是"相互不独立"。也就是说，前面出现的数据对后面的数据有重大影响，或者说过去的数据已经暗示了现在或将来数据的发展变化规律，包括趋势性、周期性和不规则性。趋势性反映的是时间序列在一个较长时间内的发展方向，周期性反映的是时间序列受各种周期因素影响而形成的一种长周期波动规律，不规则性反映的是时间序列受各种突发事件、偶然因素的影响而形成的非趋势性和非周期性的不规则变动。

此外，在进行时间序列预测时还要考虑平稳性。时间序列数据的平稳性表明时间序列数据的均值和方差在不同时间上没有系统的变化，保证了时间序列数据的本质特征不仅存在于当前时刻，还会延伸到未来。

2. 时间序列预测的常用方法

（1）ARIMA

差分自回归移动平均（Auto Regressive Integrated Moving Average，ARIMA）模型是应用最广泛的单变量时间序列预测方法之一。使用该方法进行预测的基本步骤如下：

1）需要对观测值序列进行平稳性检测，如果数据不平稳，则对数据进行差分运算，直到差分后的数据平稳为止。

2）在数据平稳后，对其进行白噪声检验。白噪声是指零均值常方差的随机平稳数据序列。

3）如果是平稳非白噪声数据序列，则计算 ACF（自相关系数）、PACF（偏自相关系数），进行 ARIMA 模型识别。

4）对已识别好的模型，确定模型参数，最后应用预测并进行误差分析。

该方法对统计学或者随机过程知识的要求较高，我们不做详细介绍。

（2）基于机器学习的时间序列预测

时间序列预测工作本质上与机器学习中的回归分析之间存在着紧密的联系。经典的支持向量机（SVM）、贝叶斯网络（BN）、矩阵分解（MF）和高斯过程（GP）在时间序列预测方面均有不错的效果。随着深度学习的崛起，深度学习方法近年来逐渐替代机器学习方法，成为人工智能与数据分析的主流。

（3）基于深度学习的时间序列预测

我们之前讲过，经典的人工神经网络（ANN）会通过构建多层全连接神经网络来对固定的多维输入进行预测，卷积神经网络（CNN）则通过设计不同的卷积和池化层组合来对图像（网格化输入）进行预测。但在实际应用中，这两种神经网络均很难处理时序数据，原因有以下两点：

- 这两种神经网络的输入维度是固定的，不能处理不同长度的输入。
- 这两种神经网络忽略了输入节点间的横向联系，如上下文关系等。

于是，一种能够处理不同维度输入且能利用前后顺序关系的网络结构出现了，它就是循环神经网络（Recurrent Neural Network，RNN）。换句话说，RNN就是为了处理时序型数据而存在的，它已被广泛应用在语音识别、机器翻译、人名识别、文本生成等任务上。这些任务要处理的都是时序数据，时序数据的特征是输入长度不定、输入的上下文有关联。

10.2.2　循环神经网络

1. 循环神经网络的基本结构

循环神经网络也被翻译为递归神经网络。为了与另外一种递归神经网络（Recursive Neural Network）区别，这里称为RNN。我们知道，在时间序列数据中，某一时刻的数据很少是完全独立的，它们会受其他时刻数据的影响，或者影响其他时刻。为了利用这些历史信息，我们需要让网络能够"记住"之前某些时刻发生的事情，循环神经网络就是一类具有"短期记忆"能力的神经网络。

RNN使用带自反馈的神经元，能够处理任意长度的时序数据。图10-1给出了循环神经网络的示意图。

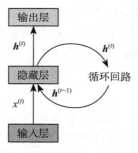

图10-1　循环神经网络

从图10-1中可以看出，隐藏层中的单个神经元增加了一个循环回路，并维护一个基于时间的隐藏状态向量 $h^{(t)}$。在 t 时间步，模型接受输入 $x^{(t)}$，并通过式（10-1）将隐藏状态向量 $h^{(t-1)}$ 更新为 $h^{(t)}$：

$$h^{(t)} = f(Wx^{(t)} + Uh^{(t-1)}) \tag{10-1}$$

其中，**W**、**U** 为权重矩阵，*f* 是非线性激活函数。与前馈神经网络相比，这里多了一个项 $\boldsymbol{Uh}^{(t-1)}$，表示 *t*–1 时间步的隐藏状态向量 $\boldsymbol{h}^{(t-1)}$ 会作为 *t* 时间步的输入。

此外，$\boldsymbol{h}^{(t)}$ 也可以直接用作输入，表示为如下形式：

$$y^{(t)} = g(\boldsymbol{V}\boldsymbol{h}^{(t)}) \tag{10-2}$$

其中，**V** 为权重矩阵，*g* 是非线性激活函数。我们将式（10-1）和式（10-2）合并，可以将 *t* 时间步的输出按照时间展开为如下形式：

$$
\begin{aligned}
y^{(t)} &= g(\boldsymbol{V}\boldsymbol{h}^{(t)}) \\
&= g(\boldsymbol{V}f(\boldsymbol{W}x^{(t)} + \boldsymbol{U}\boldsymbol{h}^{(t-1)})) \\
&= g(\boldsymbol{V}f(\boldsymbol{W}x^{(t)} + \boldsymbol{U}f(\boldsymbol{W}x^{(t-1)} + \boldsymbol{U}\boldsymbol{h}^{(t-2)}))) \\
&= g(\boldsymbol{V}f(\boldsymbol{W}x^{(t)} + \boldsymbol{U}f(\boldsymbol{W}x^{(t-1)} + \boldsymbol{U}f(\boldsymbol{W}x^{(t-2)}) + \boldsymbol{U}\boldsymbol{h}^{(t-3)}))) \\
&= \cdots
\end{aligned}
\tag{10-3}
$$

如果我们把每个时刻的状态都看作前馈神经网络的一层，循环神经网络可以看作在时间维度上共享权重的神经网络，给定一个输入序列 $x^{(1)}, x^{(2)}, x^{(3)}, \cdots, x^{(T)}$，参照式（10-3），就可以将循环神经网络按时间维度展开的形式表示为图 10-2 所示的形式。

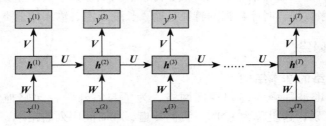

图 10-2　循环神经网络按照时间维度展开

从图 10-2 可以看到，在 *T* 时间步的输出 $y^{(T)}$ 中包含了 $x^{(T)}, x^{(T-1)}, x^{(T-2)}, \cdots, x^{(1)}$，即包含了前面的所有输入。通过这种方式，循环神经网络具备了"记忆"的能力，相当于拥有了存储装置。

图 10-2 所示的是只有一个隐藏层的循环神经网络，称为简单循环网络（Simple Recurrent Network，SRN）。需要注意的是，这些按时间展开的网络其实是同一个网络的不同快照，因此应用于每个输入向量的权重是相同的一组权重 **W**，这与一般的前馈神经网络一样。与前馈神经网络的不同之处在于，循环神经网络还有一组额外的权重 **U** 应用于前一时刻隐藏层的输出。通过对 **U** 的训练，可以学习将多少权重（或者说重要度）分配给"过去"的事件。

2. 循环神经网络的训练

建立完神经网络后，我们下一步就会关心如何训练神经网络中的参数（比如图 10-2 中的 **U**、**V** 和 **W**）。我们依靠误差反向传播和梯度下降来达成这一目标。前馈网络的反向传播从最后的误差开始，经每个隐藏层的输出、权重和输入反向移动，将一定比例的误差分配给每个权重，方法是计算权重与误差的偏导数。随后，梯度下降的学习算法会应用这些偏导数对权重进行调整以减少误差。循环神经网络的参数同样可以通过梯度下降的方法进行学习。

（1）随时间反向传播算法

与前馈神经网络不同的是，循环神经网络不仅有空间上的关系，还有时序上的联系，因此可以使用反向传播的一种扩展方法——随时间反向传播（Back Propagation Through Time，

BPTT），其主要思想是通过类似前馈神经网络的反向传播算法来计算梯度。

　　如图 10-2 所示，可以将循环神经网络按照时间维度展开，其中的每一时间步可以看作前馈神经网络中的一层，这样便可以将整个输入视为静态的，循环神经网络就可以按照前馈网络中的反向传播算法计算参数梯度。随时间反向传播的过程如图 10-3 所示。

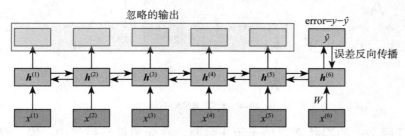

图 10-3　随时间反向传播的过程

　　随时间反向传播与标准的反向传播并无太大差别，但是因为时间序列样本的长度不固定，当序列较长、时间步数量较多时，每次完整的 BPTT 参数更新的运算量会非常高，此时可以将时间步截断以便控制传播层数。

　　（2）权重的更新

　　我们通过将循环神经网络按时间步展开为类似于前馈神经网络的结构，使得权重的更新方法变得简单清晰。但这也存在一个问题，如图 10-3 所示，虽然在形式上类似前馈网络，但其中所有的隐藏层其实是同一个网络在不同时间步的分支，所有层的参数是共享的。

　　一个简单的解决方案是在反向传播的过程中计算各个时间步的权重校正值，但不会立即更新，而是保留这些校正值，直到学习阶段的最后一步，才将所有时间步的校正值聚合在一起应用于隐藏层。也就是说，在 BPTT 算法中，参数的梯度需要在一个完整的"前向"计算和"反向"计算后才能得到并进行参数更新。

　　（3）梯度消失与梯度爆炸

　　梯度表示所有权重随误差变化而发生的改变。如果梯度未知，则无法向减少误差的方向调整权重，网络就会停止学习。当时间步数较大时，循环神经网络的梯度较容易出现衰减或爆炸，这是因为在神经网络中流动的信息会经过许多级的乘法运算。任何数值只要频繁乘以大于 1 的数，就会增大到无法估量的地步。反之，将一个数反复乘以小于 1 的数，则会趋向于 0。

梯度爆炸与
梯度消失

　　虽然通过截断或挤压可以应对梯度爆炸，但无法解决梯度衰减的问题。因此，虽然简单循环网络理论上可以建立长时间间隔的状态之间的依赖关系，但是由于梯度爆炸或消失问题，实际上只能学习到短期的依赖关系。为了解决这一问题，研究者提出了长短期记忆网络。

3. 长短期记忆网络

　　长短期记忆（Long Short-Term Memory，LSTM）网络是循环神经网络的一个变体，可以有效地解决简单循环神经网络的梯度爆炸或消失问题。标准的 RNN 的结构如图 10-4 所示。

　　相比于标准的 RNN，LSTM 网络主要做了两个改进：

- 引入了一个新的状态作为网络的记忆，称作细胞状态。
- 增加了门控机制。

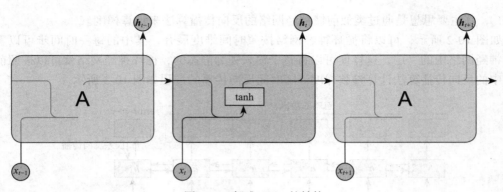

图 10-4 标准 RNN 的结构

循环神经网络中的隐状态存储了历史信息。在简单循环网络中，隐状态每个时间步都会被重写，因此可以看作一种短期记忆（Short-Term Memory）。而在 LSTM 网络中，单元状态可以在某个时刻捕捉到某个关键信息，并有能力将此关键信息保存一定的时间。其中，保存信息的周期要长于短期记忆，但又远远短于长期记忆，因此称为长短期记忆。

长短期记忆网络

 ## 10.3 问题分析

10.3.1 匈牙利每周水痘病例数据集

水痘是一种急性呼吸道传染病，具有高度传染性，可导致肺炎、脑炎等严重并发症，且多发于学龄前儿童。匈牙利每周水痘（儿童疾病）病例数据集 hungary_chickenpox.csv 是 2005 ～ 2015 年匈牙利各地区报告的病例数组成的时间序列数据。我们可以从以下网址下载该数据集：

https://www.kaggle.com/datasets/mathurinache/hungary-chicken

其中的部分数据如图 10-5 所示。

	A	B	C	D	E	F	G
1	Date	BUDAPEST	BARANYA	BACS	BEKES	BORSOD	CSONGRA
2	03/01/2005	168	79	30	173	169	42
3	10/01/2005	157	60	30	92	200	53
4	17/01/2005	96	44	31	86	93	30
5	24/01/2005	163	49	43	126	46	39
6	31/01/2005	122	78	53	87	103	34
7	07/02/2005	174	76	77	152	189	26
8	14/02/2005	153	103	54	192	148	65
9	21/02/2005	115	74	64	174	140	56
10	28/02/2005	119	86	57	171	90	65
11	07/03/2005	114	59	129	217	167	64
12	14/03/2005	127	59	81	243	99	81
13	21/03/2005	135	74	51	271	215	48
14	28/03/2005	116	63	98	119	51	48
15	04/04/2005	132	83	59	130	152	54
16	11/04/2005	129	53	84	111	103	41
17	18/04/2005	113	74	62	101	84	66
18	25/04/2005	114	50	120	126	111	48
19	02/05/2005	98	66	81	86	48	40
20	09/05/2005	140	81	103	116	129	51

图 10-5 hungary_chickenpox.csv 中的部分数据

由图 10-5 可见，数据集的第一列为 Date（日期），日期的间隔为 7 天，即按周统计。后面共有 20 列，分别为匈牙利的 20 个地区。数据为每周按照地区统计的病例数。

10.3.2　数据处理方法

滑动窗口是处理时间序列数据的通用方法。我们通过图 10-6 来直观理解滑动窗口是如何建模的。

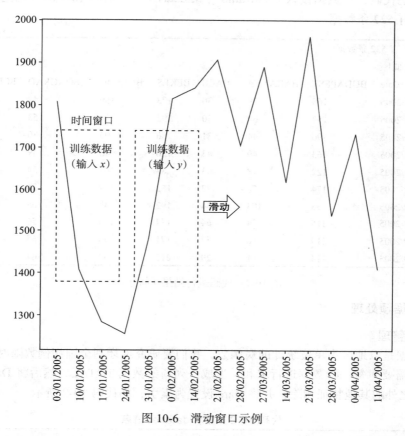

图 10-6　滑动窗口示例

图 10-6 是截取 hungary_chickenpox.csv 中前 20 周的所有地区的病例总数据绘制的趋势图。对于时间序列预测任务来讲，以一定滑动窗口大小和滑动步长在原始时间序列上截取数据，以之前的滑动窗口内的数据作为训练样本 x，以需要预测的之后某一时间步长内的数据作为样本标签 y，即从历史数据中学习映射关系来预测未来数据。在本章的水痘发展趋势预测问题中，一个窗口内截取的采样点数据称为样本，紧随滑动窗口的下一个采样点的数据作为样本标签。

10.4　问题求解

10.4.1　数据读取

对于时间序列数据的处理，Pandas 提供了相应的方法。我们首先使用 Pandas 中的 read_csv 读取 hungary_chickenpox.csv 数据文件，如代码 10-1 所示。

代码 10-1　读取数据

```
import pandas as pd
dataset = pd.read_csv("hungary_chickenpox.csv")
print(" 数据集中一共有 {} 条数据 ".format(len(dataset)))
print(" 前 10 条数据如下: ")
print(dataset.head(10))
```

通过以上代码，将数据读入 Dataframe 对象 dataset 中，从图 10-7 的代码运行结果可以看到，一共有 522 条数据。

	Date	BUDAPEST	BARANYA	BACS	BEKES	BORSOD	CSONGRAD	FEJER	GYOR
0	03/01/2005	168	79	30	173	169	42	136	120
1	10/01/2005	157	60	30	92	200	53	51	70
2	17/01/2005	96	44	31	86	93	30	93	84
3	24/01/2005	163	49	43	126	46	39	52	114
4	31/01/2005	122	78	53	87	103	34	95	131
5	07/02/2005	174	76	77	152	189	26	74	181
6	14/02/2005	153	103	54	192	148	65	100	118
7	21/02/2005	115	74	64	174	140	56	111	175
8	28/02/2005	119	86	57	171	90	65	118	105
9	07/03/2005	114	81	129	217	167	64	93	154

数据集中一共有 522 条数据
前 10 条数据如下:

图 10-7　代码运行结果（部分）

10.4.2　数据预处理

1. 数据整理

原始数据是以地区为单位统计的病例数，我们要研究匈牙利全国病例数随时间变化的趋势，因此，需要对每一行数据进行求和，生成一列新的数据 TOTAL，然后将 Date（第一列）和 TOTAL 之外的其他特征删除，并将 Date 设置为索引，如代码 10-2 所示。

代码 10-2　显示 dataset 信息

```
dataset['TOTAL'] = dataset.sum(axis=1)
dataset.head(10)
dataset.drop(dataset.columns[1:-1], axis=1, inplace=True)
dataset = dataset.set_index(['Date'], drop=True)
dataset.head(10)
```

代码运行结果如图 10-8 所示。

接下来，我们来看一下 dataset 的信息，代码如下：

```
dataset.info()
```

运行结果如图 10-9 所示。

从图中的方框部分可以看出，Date 作为索引，其范围为 2005 年 1 月 3 日到 2014 年 12 月 29 日。

最后，还要对数据进行滤波以去掉数据中的噪声。我们使用中值滤波和高斯滤波来完成此项工作，如代码 10-3 所示。

	TOTAL
Date	
03/01/2005	1807
10/01/2005	1407
17/01/2005	1284
24/01/2005	1255
31/01/2005	1478
07/02/2005	1816
14/02/2005	1839
21/02/2005	1907
28/02/2005	1705
07/03/2005	1892

图 10-8　删除多余特征后的数据

<class'pandas. core. frame. DataFrame' >			
Index: 522 entries，03/01/2005 to 29/ 12/2014			
Data　columns		(total 1 columns):	
#	Column	Non-Null Count	Dtype
---	------	--------------	-----
0	TOTAL	522 non-null	int64
dtypes: int64(1)			
memory usage: 8.2+ KB			

图 10-9　dataset 的信息

代码 10-3　对数据进行滤波

```
# 滤波去除噪声
from scipy.ndimage import gaussian_filter1d
from scipy.signal import medfilt
dataset['TOTAL'] = medfilt(dataset['TOTAL'], 3)                    # 中值滤波
dataset['TOTAL'] = gaussian_filter1d(dataset['TOTAL'], 1.2)   # 高斯滤波
dataset.head(10)
```

2. 拆分训练集和测试集

我们将 522 条数据拆分为训练集和测试集两部分，其中前 400 条数据作为训练集，后 122 条作为测试集，如代码 10-4 所示。

代码 10-4　将数据拆分为训练集和测试集

```
# 拆分训练集与测试集
split_date = 400
train_data = dataset[:split_date]
test_data = dataset[split_date:]
print(" 训练集一共有 {} 条数据 ".format(len(train_data)))
print(" 测试集一共有 {} 条数据 ".format(len(test_data)))
```

代码的输出结果如图 10-10 所示，训练集和测试集分别包含 400 条数据和 122 条数据。

训练集一共有 400 条数据
测试集一共有 122 条数据

图 10-10　拆分数据集

3. 数据归一化

接下来，我们对训练数据和测试数据进行归一化，如代码 10-5 所示。

代码 10-5　对数据进行归一化

```
from sklearn.preprocessing import MinMaxScaler
# 对数据进行归一化
sc = MinMaxScaler(feature_range=(-1, 1))
train_data = sc.fit_transform(train_data)
test_data = sc.transform(test_data)
print(train_data[:10])
```

以上代码的输出如图 10-11 所示。从结果可以看到，数据被转换为 $-1 \sim 1$ 之间的数值。归一化可以提升模型的收敛速度，也可以提高模型的精度，其原理我们不再赘述。

4. 数据变换

LSTM 网络模型学习一个映射规则，网络该规则以过去的序列观测值作为输入，然后输出预测值。因此，观测序列必须转换成 LSTM 网络可以学习的多个样本（由多个观测值组成）。因此，在对时间序列建模之前，必须做好准备。

在本问题中，我们要处理的是每周匈牙利全国的总病例数（TOTAL）随时间的变化规律，这实际上是一个单变量序列，需要将该序列分成多个输入 / 输出模式，称为样本。其中 n 个时间步（1 周为 1 个时间步）作为一个窗口，窗口中的观测值作为输入，1 个时间步的观测值作为输出，形成一个样本。再通过窗口平移，可以将序列拆分为多个样本。例如，有以下单变量序列：

1, 2, 3, 4, 5, 6, 7, 8, 9

如果将窗口大小设置为 3，我们可以将以上序列拆分为 6 个样本，如表 10-1 所示。

```
[[0.48454746]
 [0.4580574]
 [0.43598234]
 [0.48565121]
 [0.63576159]
 [0.81456954]
 [0.93046358]
 [0.96909492]
 [0.96136865]
 [0.93267108]]
```

图 10-11　数据归一化

表 10-1　拆分时间序列样本

样本编号	X	Y
01	1, 2, 3	4
02	2, 3, 4	5
03	3, 4, 5	6
04	4, 5, 6	7
05	5, 6, 7	8
06	6, 7, 8	9

在本问题中，我们将窗口大小设置为 30 周，对数据进行整理，如代码 10-6 所示。

代码 10-6　整理数据

```
from numpy import array
# 整理数据，取前 window_size 周的数据为 X，第 window_size+1 周的数据为 y
window_size = 30
def data_split(sequence, window_size):
    X = []
    y = []
    for i in range(len(sequence)):
        end_ix = i + window_size
        if end_ix > len(sequence)-1:
            break
```

```
        seq_x, seq_y = sequence[i:end_ix], sequence[end_ix]
        X.append(seq_x)
        y.append(seq_y)
    return array(X), array(y)

X_train, y_train = data_split(train_data, window_size)
X_test, y_test = data_split(test_data, window_size)
```

10.4.3 构建模型

我们使用 Keras 的 Sequential 构建 LSTM 网络模型，如代码 10-7 所示。

代码 10-7 构建模型

```
# 使用 Keras 建构 LSTM 网络模型
from tensorflow.keras.models import Sequential
from tensorflow.keras.layers import Dense
from tensorflow.keras.layers import LSTM
model = Sequential()
# 添加 LSTM 层
model.add(LSTM(units=256,    #LSTM 中包含 256 个神经元
            input_shape=(X_train.shape[1], X_train.shape[2]),
            activation='relu') # 使用 ReLU 激活函数
            )
# 添加全连接层
model.add(Dense(1)) # 全连接层，输出为一个值
model.summary() # 输出模型结构
```

以上代码的输入如图 10-12 所示，模型共包含 264 449 个参数。

```
Model:"sequential"

Layer (type)           Output Shape          Param #
=================================================================
lstm (LSTM)            (None, 256)           264192
dense (Dense)          (None, 1)             257
=================================================================
Total params: 264, 449
Trainable params: 264, 449
Non-trainable params: 0
```

图 10-12 构建模型的结果

10.4.4 训练模型

构建好模型后，我们开始训练模型，如代码 10-8 所示。

代码 10-8 模型训练

```
# 模型训练
epoch = 100 # 训练轮次
batch = 256 # 不宜过大，也不宜过小，通常在 64~512 之间
# 使用 adam 优化方法，均方差损失函数
```

```
model.compile(loss='mean_squared_error', optimizer='adam')
history = model.fit(X_train,
                    y_train,
                    epochs=epoch,
                    batch_size=batch,
                    verbose=1,
                    )
```

为了观察模型的训练过程，我们绘制学习曲线，如代码 10-9 所示。

代码 10-9   绘制学习曲线

```
# 绘制学习曲线
import matplotlib.pyplot as plt
loss = history.history['loss']
epochs = range(len(loss))
plt.plot(epochs, loss, color='black')
plt.ylabel("Loss")
plt.xlabel("Epochs")
plt.title("Training curve")
```

结果如图 10-13 所示。

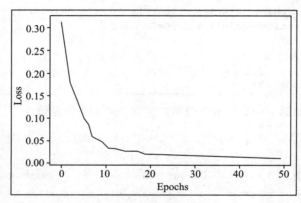

图 10-13   绘制学习曲线

10.5   效果评价

为了观察预测结果，我们首先要将归一化的数据还原，如代码 10-10 所示。

代码 10-10   将归一化的数据还原

```
# 使用模型对测试集进行预测
y_predicted = model.predict(X_test)
# 将归一化的数据还原
y_predicted_descaled = sc.inverse_transform(y_predicted)
y_train_descaled = sc.inverse_transform(y_train)
y_test_descaled = sc.inverse_transform(y_test)
y_pred = y_predicted.ravel()  # 将多维数组转换为一维数组
y_pred = [round(i, 2) for i in y_pred]  # 保留两位小数
y_tested = y_test.ravel()  # 将多维数组转换为一维数组
```

然后，绘制出预测值与真实值之间的对比，如代码 10-11 所示。

代码 10-11　绘制预测结果

```python
# 显示预测结果
import matplotlib.pyplot as plt
plt.plot(y_tested, color='red', linewidth=1, label='True value')
plt.plot(y_pred, color='black', linewidth=1, label='Predicted')
plt.legend(frameon=False)
plt.ylabel("Total")
plt.xlabel("Week")
plt.title("Predicted data")
```

结果如图 10-14 所示，图中浅色曲线为真实值，深色曲线为预测值。

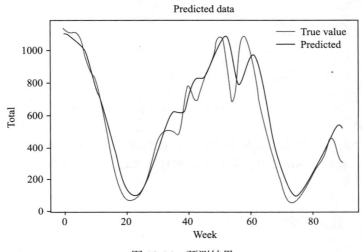

图 10-14　预测结果

　　从图 10-14 中可以看出，使用 LSTM 网络进行疾病趋势预测时，预测的趋势与真实的趋势基本一致。使用传统的统计学方法进行时间序列预测需要较多的专业知识且预测过程烦琐，本章给出的 LSTM 网络（即循环神经网络中的长短期记忆网络）相比于传统的时间序列算法，使用更方便，不需要太多的前提假设，也不需要太多的参数调节，预测效果也非常好。而且，不仅在时间序列领域，在很多其他领域，特别是在自然语言处理领域，循环神经网络也得到了广泛应用。

参考文献

[1]　王刚，郭蕴，王晨. 自然语言处理基础教程 [M]. 北京：机械工业出版社，2021.

[2]　Kaggle.hungary chicken [DS/OL].(2021-2-17)[2022-4-1]. https://www.kaggle.com/datasets/mathurinache/hungary-chicken.

[3]　杨海民，潘志松，白玮. 时间序列预测方法综述 [J]. 计算机科学，2019，46（1）：21-28.

[4]　SAK H, SENIOR A, BEAUFAY F. Long short-term memory recurrent neural network architectures for large scale acoustic modeling[J]. Computer Science, 2014: 1402-1128.

第 11 章
淋巴造影分类预测综合案例

> ↻ **本章使命**
>
> **Goal** 本章使命是使用淋巴造影的电子病例数据作为预测样本，基于神经网络构建一个分类预测模型，确定影响淋巴病变的因素，辅助医生进行疾病诊断。

11.1 引入问题

11.1.1 问题描述

根据患者的历史病例来预测诊断结果是现代医疗领域一项重要而复杂的任务。通过这种方法，可以预测个人未来的健康状况，提高个体医疗保健的质量。得益于信息技术的进步，现在的医疗机构能够收集患者的电子病例数据。随着电子病历数据的积累，利用机器学习方法解决诊断预测任务成为可能。在各种常见的疾病中，淋巴结病变是一种典型的疾病。医疗机构通常采用淋巴造影来观察淋巴结内部的结构，鉴别淋巴结是良性肿大还是肿瘤病变。本案例的目标是根据这些淋巴造影的数据样本来构建一个分类预测模型，用于对淋巴结的病变情况进行诊断预测。

在机器学习中，根据患者的淋巴造影数据来预测该患者是否患病属于监督学习中的分类问题。在这个分类预测问题中，输入变量是淋巴结造影的结构数据，输出变量是淋巴结的病变分类。结构数据的特征多样，我们需要探索这些数据，从而判断影响诊断分类的因素有哪些，以及这些因素与诊断结果之间存在什么样的函数关系。归纳而言，我们需要思考如何利用机器学习算法建立一个诊断预测模型来判断淋巴结病变的类型。

11.1.2 数据描述

在实际的医疗服务应用中，可以通过医疗机构采集淋巴造影电子病例，生成样本数据集，继而使用机器学习方法进行建模，实现预测诊断分类的目标。

本案例采用的病例数据来自 UCI Machine Learning Repository 网站提供的淋巴造影数据集 lymphography.csv。该数据集共有 148 条记录，其中包含淋巴管形状、淋巴变化、节点数等 18 个属性。数据集有 19 列，其中第 1 列是分类标签，分别为正常、转移、恶性淋巴和纤维化。18 个属性中既有数值型变量也有离散型变量，属性值已经全部按顺序转换为类别对应的数字，例如分类标签中的"正常"对应 1、"转移"对应 2、"恶性"对应 3、"纤维化"对应 4。各个属性的具体说明如表 11-1 所示。

表 11-1　属性说明

ID	属性名称	属性解释	取值说明
1	class	淋巴结诊断类别	1：正常，2：转移，3：恶性，4：纤维化
2	lymphatics	淋巴管形状	1：正常，2：弓形，3：变形，4：移位
3	block of affere	神经阻断	1：没有，2：有
4	bl.of lymph.c	lymph.c 阻断	1：没有，2：有
5	bl.of lymph.s	lymph.s 阻断	1：没有，2：有
6	by pass	旁道	1：没有，2：有
7	extravasates	外渗	1：没有，2：有
8	regeneration of	再生	1：没有，2：有
9	early uptake in	早期接受	1：没有，2：有
10	lym.nodes dimin	淋巴结减少	0～3
11	lym.nodes enlar	淋巴结肿大	1～4
12	changes in lym	淋巴变化	1：豆形，2：椭圆，3：圆形
13	defect in node	淋巴结缺损	1：无，2：腔隙性，3：间隙边缘，4：腔隙中央
14	changes in node	淋巴结改变	1：无，2：腔隙性，3：间隙边缘，4：腔隙中央
15	changes in stru	结构改变	1：无，2：颗粒状，3：水滴状，4：粗糙，5：稀释，6：网状，7：剥离状，8：淡化
16	special forms	特殊形态	1：无，2：杯状，3：囊肿
17	dislocation of	错位	1：无，2：有
18	exclusion of no	排除	1：无，2：有
19	no.of nodes in	淋巴结个数	1：0～9，2：10～19，3：20～29，4：30～39，5：40～49，6：50～59，7：60～69，8：≥70

11.2　寻找方法

本案例采用的淋巴造影数据集中，输入变量是 18 个淋巴结的特征，输出变量是淋巴的诊断结果。诊断结果属性名为"class"，其数值是 1~4 的离散变量，表示诊断的四种类别。因此，本案例要预测的淋巴造影类别的数值是离散的、无序的，属于数据分析中典型的分类问题。此外，数据集中各个属性都已经进行了标注，属于监督学习范畴。解决此类问题的一般流程为：

1）加载数据，观察数据特征，对数据进行预处理，清洗异常数据；

2）对数据进行可视化处理，直观地分析各个属性与诊断分类之间的关系，探究其影响因素；

3）选择合适的分类算法构建预测模型；

4）对建立的模型进行评估，确定是否可行。

11.2.1　数据预处理方法

在建立预测模型之前，需要全面探索数据集样本的特征。通过可视化工具和方法，可以直观地发现数据统计特征。如果数据集中存在异常值、缺失值或者样本分布不均衡等问题，需要对数据进行预处理，以提高数据样本的质量。数据预处理方法包括异常值处理、缺失值处理、数据变量转换、标准化处理、主成分分析、样本均衡处理等。

常用的数据预处理的工具是 Pandas。Pandas 是基于 NumPy 的开源数据分析和数据操作工具，提供了大量库和一些标准数据模型，可以高效地处理大型数据集。Pandas 提供的函数和方法可以便捷地实现数据的增、删、改、查等基本操作，以及数据清洗、切片、分组等复杂功能。读者可以访问 Pandas 官网（https://pandas.pydata.org/docs/）查阅更多内容。

11.2.2 分类预测方法

在机器学习中，分类算法反映的是如何找出同类事物的共同特征和不同事物之间的差异性特征。常用的分类预测算法包括 Logistic 回归、决策树、支持向量机、人工神经网络等。本案例采用了神经网络算法，程序代码使用了 Scikit-learn 工具库提供的分类模型。神经网络的相关知识见前面相关章节的介绍，这里不再赘述。

Scikit-learn（Sklearn）是一个开源、简单有效的数据预测分析工具，基于 NumPy、SciPy 和 Matplotlib 构建。Sklearn 可以实现数据预处理、分类、回归、降维、模型选择等常用的机器学习算法，并且在很多情况下可以重用。读者可以访问 Scikit-learn 官网（https://scikit-learn.org/stable/index.html）查阅更多内容。

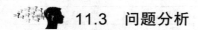 ## 11.3 问题分析

11.3.1 加载数据集

探索数据的第一步是加载数据集，查看其基本信息。在原始的数据集文件中，没有标注各个属性的名称，因此在读取数据时，应按照表 11-1 中的属性顺序依次加上所有的属性名称（即列名）并显示前五行样本，如代码 11-1 所示。

代码 11-1 加载数据集

```python
# 导入相关模块
import pandas as pd
import numpy as np

# 设定各属性的名称
index = ['class','lymphatics','block of affere','bl.of lymph.c',
         'bl.of lymph.s','by pass','extravasates',
         'regeneration of','early uptake in', 'lym.nodes dimin',
         'lym.nodes enlar', 'changes in lym.', 'defect in node',
         'changes in node', 'changes in stru', 'special forms',
         'dislocation of', 'exclusion of no', 'no.of nodes in']

# 读取数据集，并加上列名
data = pd.read_csv('lymphography.data', delimiter=',',
                   header=None, names=index)
print("样本数量: ",data.shape)
print("样本前 5 行数据: ")
print(data.head().T)   # 转换形状后输出
```

程序运行结果如下：

```
样本数量: (148, 19)
样本前 5 行数据:
```

```
                    0  1  2  3  4
class               3  2  3  3  2
lymphatics          4  3  3  3  3
block of affere     2  2  2  1  1
bl.of lymph.c       1  1  2  1  1
bl.of lymph.s       1  1  2  1  1
by pass             1  2  2  1  1
extravasates        1  2  2  2  1
regeneration of     1  1  2  1  1
early uptake in     2  2  2  2  1
lym.nodes dimin     1  1  1  1  1
lym.nodes enlar     2  3  4  3  2
changes in lym.     2  3  3  3  2
defect in node      2  2  3  4  4
changes in node     4  3  4  4  3
changes in stru     8  4  8  4  5
special forms       1  2  3  3  1
dislocation of      1  2  2  1  2
exclusion of no     2  2  2  2  2
no.of nodes in      2  2  7  6  1
```

用于查看数据的描述性信息的代码如代码 11-2 所示。

代码 11-2　展示数据的基本信息

```
# 查看数据的描述性信息
print(" 各字段的基本统计信息: ")
print(data.describe().T)
print(" 字段数据类型信息: ")
print(data.info())
```

程序输出结果如下：

各字段的基本统计信息：

```
                    count    mean      std       min   25%   50%   75%   max
class               148.0    2.452703  0.575396  1.0   2.0   2.0   3.0   4.0
lymphatics          148.0    2.743243  0.817509  1.0   2.0   3.0   3.0   4.0
block of affere     148.0    1.554054  0.498757  1.0   1.0   2.0   2.0   2.0
bl.of lymph.c       148.0    1.175676  0.381836  1.0   1.0   1.0   1.0   2.0
bl.of lymph.s       148.0    1.047297  0.212995  1.0   1.0   1.0   1.0   2.0
by pass             148.0    1.243243  0.430498  1.0   1.0   1.0   1.0   2.0
extravasates        148.0    1.506757  0.501652  1.0   1.0   2.0   2.0   2.0
regeneration of     148.0    1.067568  0.251855  1.0   1.0   1.0   1.0   2.0
early uptake in     148.0    1.702703  0.458621  1.0   1.0   2.0   2.0   2.0
lym.nodes dimin     148.0    1.060811  0.313557  1.0   1.0   1.0   1.0   3.0
lym.nodes enlar     148.0    2.472973  0.836627  1.0   2.0   2.0   3.0   4.0
changes in lym.     148.0    2.398649  0.568323  1.0   2.0   2.0   3.0   3.0
defect in node      148.0    2.966216  0.868305  1.0   2.0   3.0   4.0   4.0
changes in node     148.0    2.804054  0.761834  1.0   2.0   3.0   3.0   4.0
changes in stru     148.0    5.216216  2.171368  1.0   4.0   5.0   8.0   8.0
special forms       148.0    2.331081  0.777126  1.0   2.0   3.0   3.0   3.0
dislocation of      148.0    1.662162  0.474579  1.0   1.0   2.0   2.0   2.0
exclusion of no     148.0    1.790541  0.408305  1.0   2.0   2.0   2.0   2.0
no.of nodes in      148.0    2.601351  1.905023  1.0   1.0   2.0   3.0   8.0
字段数据类型信息:
<class 'pandas.core.frame.DataFrame'>
RangeIndex: 148 entries, 0 to 147
Data columns (total 19 columns):
```

```
#    Column           Non-NullCount      Dtype
---  ------           --------------     -----
0    class            148 non-null       int64
1    lymphatics       148 non-null       int64
2    block of affere  148 non-null       int64
3    bl.of lymph.c    148 non-null       int64
4    bl.of lymph.s    148 non-null       int64
5    by pass          148 non-null       int64
6    extravasates     148 non-null       int64
7    regeneration of  148 non-null       int64
8    early uptake in  148 non-null       int64
9    lym.nodes dimin  148 non-null       int64
10   lym.nodes enlar  148 non-null       int64
11   changes in lym.  148 non-null       int64
12   defect in node   148 non-null       int64
13   changes in node  148 non-null       int64
14   changes in stru  148 non-null       int64
15   special forms    148 non-null       int64
16   dislocation of   148 non-null       int64
17   exclusion of no  148 non-null       int64
18   no.of nodes in   148 non-null       int64
dtypes: int64(19)
```

说明：在上面的运行结果中，删除了部分无关紧要的信息。可以看出，各个属性值都是数值类型的，无须再进行热编码等数值化处理。同时，non-null 表示各个属性不存在空值，无须进行填充处理。

11.3.2　查看数据分布

条形图可用来可视化地显示样本数据的分布情况。在图 11-1 中，显示了样本中 8 个属性的标签分布情况，读者可以采用相同的方法观察其他属性。可以看出，有些属性的样本分布比较均衡（例如 extravasates），有些属性的样本分布不均衡（例如 bl.of lymph.s 等）。对于样本不均衡的情况，需要进行过采样处理。代码 11-3 给出了绘制条形图的例子。

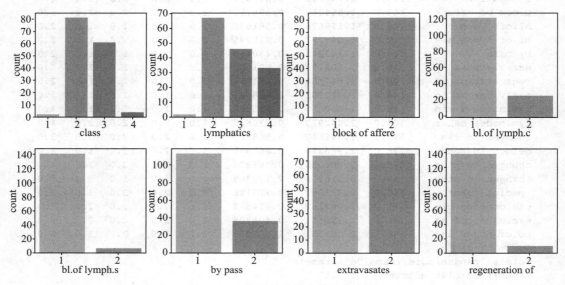

图 11-1　8 个属性的样本数目分布图

代码 11-3　绘制条形图

```
# 导入相关模块
import seaborn as sns
import matplotlib.pyplot as plt

# 以 8 个属性为例, 绘制条形图展示样本的数目分布情况
plt.figure(figsize=(17,8))   # 设置图片大小
for i,n in enumerate(['class','lymphatics','block of affere',
                'bl.of lymph.c','bl.of lymph.s','by pass',
                'extravasates','regeneration of']):
    plt.subplot(2,4,i+1)   # 设置绘制位置
    sns.countplot(x=data[n], data=data) # 设置条形图参数
plt.show()
```

为了进一步分析数据，挖掘更多的统计信息，为建立模型做铺垫，还需要分析各个属性在标签结果上的分布情况，例如识别数据集中的异常值、判断数据的离散程度和偏向。最常用的可视化技术是箱线图，箱线图是显示数据分布的标准化方式之一，可以显示数据的最小值、第一四分位数（Q1）、中位数、第三四分位数（Q3）和最大值。淋巴造影数据集中各个属性在 class 标签上的分布情况如图 11-2 所示，具体代码参见代码 11-4。

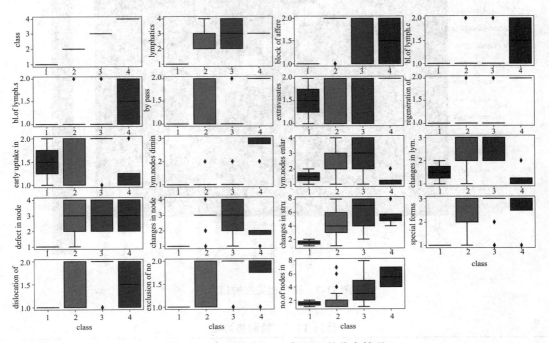

图 11-2　各属性在 class 标签上的分布情况

代码 11-4　绘制箱线图

```
# 绘制箱线图
plt.figure(figsize=(16,10))   # 设置图片大小
for i,n in enumerate( index):   # index 保存了各个属性名
    plt.subplot(5,4,i+1)   # 设置绘制位置
    sns.boxplot(x=data['class'], y=data[n])   # 设置箱线图参数
plt.show()
```

从图 11-2 可以看出，有些属性的分布不对称，存在偏斜的情况，例如 "regeneration of" 属性等，需要进行预处理操作。

11.3.3 分析属性与标签结果的相关性

为了建立预测模型，还需要分析各个属性与标签结果之间的相关性，以确定模型的输入变量。一般采用热力图显示属性之间的相关性，如图 11-3 所示，具体代码参见代码 11-5。

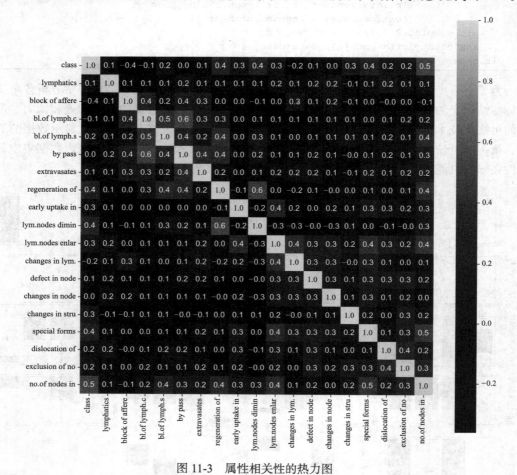

图 11-3 属性相关性的热力图

代码 11-5 绘制热力图

```
# 绘制热力图
plt.figure(figsize=(12,12))      # 设置图片大小
sns.heatmap(data.corr(), annot=True, fmt='.1f')    # 设置热力图参数
plt.show()
```

从图 11-3 可以看出属性之间的某些相关趋势，例如 "lym.nodes dimin" "lym.nodes enlar" 和 "class" 为中度相关，即随着淋巴结的减少或者肿大，淋巴病变的可能性也相应增加。"no.of nodes in" 与 "class" 的相关性也很高，即淋巴结的个数越多，淋巴病变的可能性越大。

11.4　问题求解

11.4.1　数据预处理

探索完数据集的基本统计信息和属性相关性信息之后，要对数据集中存在问题的样本进行预处理。本数据集中的样本不存在空值，不需要数据补全，但需要解决样本分布不均衡的问题。在实践中，有多种方法可以解决这一问题，这里选择了 SMOTE（Synthetic Minority Oversampling Technique）算法。SMOTE 算法是合成少数类的过采样技术，利用 K 最近邻域算法创建新的合成样本，以平衡数据集。具体代码参见代码 11-6。

代码 11-6　处理样本不均衡问题

```
# 导入相关模块
from imblearn.over_sampling import SMOTE

# 取原始数据集中的输入变量和输出变量
X = data.drop('class',axis=1)
y = data['class']

# 调用 SMOTE 算法
sm = SMOTE(k_neighbors=1,random_state=66)
# 构造新样本
X_sm, y_sm = sm.fit_resample(X,y)

# 输出平衡后的样本数量
print(y_sm.value_counts())
```

程序运行结果如下：

```
3    81
2    81
4    81
1    81
Name: class, dtype: int64
```

说明：

- 使用 SMOTE 算法时，需要先安装 imblearn 包。
- X 为除去 class 列后的所有属性，即输入变量。y 是 class 列，即输出变量。
- k_neighbors=1 表示使用相邻的 1 个样本生成新样本。
- random_state=66 表示随机器的设定数值，可以自由决定。
- SMOTE 算法将原来的 4 类样本均衡为每种 81 个，数据集的样本总量从 148 个扩充到 324 个。

此外，本数据集的属性多是离散型的数值变量，例如预测的淋巴结病变类型（class 标签）。class 标签有 4 类：1（正常）、2（转移）、3（恶性）、4（纤维化）。这 4 个标签虽然是数值类型，但显然不构成比较关系。如果直接使用 1 ~ 4 做标签，会出现比较关系，这不符合实际情况。我们采用 OneHot 编码改善这一问题，如代码 11-7 所示。

代码 11-7　OneHot 编码转换

```
# 导入相关模块
from sklearn.preprocessing import OneHotEncoder
```

```
# 对输出变量进行类型和形状转换
n = len(y_sm)
y_sm = np.array(y_sm)
y_sm = y_sm.reshape(n,1)

# 调用 OneHot 编码算法
onehot = OneHotEncoder(sparse = False)    # 设置编码器参数
y_fin = onehot.fit_transform(y_sm)

# 对输入变量进行类型转换
X_fin = np.array(X_sm)
```

说明：
- OneHot 编码是解决无比较关系的离散值的方法之一，读者也可以尝试其他编码算法。
- 代码只对预测变量 class 进行了编码处理，读者可以尝试对其他属性进行类似处理。
- 经过预处理之后，输入变量为 X_fin，输出变量为 y_fin。

11.4.2 建立神经网络模型

我们利用神经网络来构建分类预测模型，从而解决本案例的淋巴结病变预测问题。我们采用 Keras 提供的 Sequential 方法建立神经网络，基本步骤如下：

1）确定输入变量和输出变量。输入变量保存在 X_fin 中，输出变量保存在 y_fin 中。

2）拆分训练集和测试集。使用 Scikit-learn 提供的 train_test_split 方法，将原始数据集划分为训练集和测试集。可以通过参数设置切分比例，得到训练集变量 X_train 和 y_train，以及测试集变量 X_test 和 y_test。

3）创建并训练神经网络模型。利用 Keras 提供的方法构建模型 model，然后利用训练集拟合模型。

神经网络模型的详细解释见前面的相关章节，这里不再赘述。代码 11-8 给出了建立神经网络预测模型的过程。

代码 11-8　建立神经网络预测模型

```
# 导入相关库和模型
from sklearn.model_selection import train_test_split
from keras.models import Sequential
from keras.layers import Dense

# 拆分训练集和测试集
X_train,X_test,y_train,y_test = train_test_split(X_fin,y_fin,
                            test_size=0.3, random_state=1)

# 构建模型
model = Sequential()
model.add(Dense(units=4,input_dim=18,activation='relu'))
model.add(Dense(units=6,activation='relu'))
model.add(Dense(units=4,activation='softmax'))

# 编译模型
# 由于是分类问题，选择损失函数为 categorical_crossentropy
model.compile (loss='categorical_crossentropy',
            optimizer='adam', metrics=['accuracy'])
```

```
# 训练模型
# 以 5 个样本为一个 batch 进行迭代，训练 100 轮，验证集划分比例为 0.1
history = model.fit (X_train, y_train, batch_size=5, epochs=100,
                     validation_split=0.1,verbose=2,shuffle=True)

# 绘制训练集与验证集的损失值变化
loss = history.history['loss']
val_loss = history.history['val_loss']
epochs = range(len(loss))
plt.plot(epochs,loss,'b',label='Traning loss')
plt.plot(epochs,val_loss,'r',label='validation loss')
plt.title('Training vs validation loss')
plt.ylabel('Loss')
plt.xlabel('Epoch')
plt.legend()
plt.show()

# 绘制训练集与验证集的准确率变化
accu = history.history['accuracy']
val_accu = history.history['val_accuracy']
epochs = range(len(loss))
plt.plot(epochs,accu,'r',label='Traning accuracy')
plt.plot(epochs,val_accu,'b',label='validation accuracy')
plt.title('Training vs validation accuracy')
plt.ylabel('Accuracy')
plt.xlabel('Epoch')
plt.legend()
plt.show()
```

模型训练的部分迭代过程如图 11-4 所示。

```
Epoch 1/100
41/41 - 1s- loss: 1.5881 - accuracy: 0.2611 - val_loss: 1. 4540 - val_accuracy: 0. 1739 - 505ms/epoch - 12ms/step
Epoch 2/100
41/41 - 0s - loss: 1.2922 - accuracy: 0.5172 - val_loss: 1.2896 - val_accuracy: 0. 4348 - 47ms/epoch - 1ms/step
Epoch 3/100
41/41 - 0s - loss: 1. 1805 - accuracy: 0.5714 - val_loss: 1. 1991 - val_accuracy: 0. 4348 - 59ms/epoch - 1ms/step
Epoch 4/100
41/41 - 0s - loss: 1. 1076 - accuracy: 0.3596 - val_loss: 1. 1279 - val_accuracy: 0.3478 - 50ms/epoch - 1ms/step
Epoch 5/100
41/41 - 0s - loss: 1.0466 - accuracy: 0.4187 - val_loss: 1.0645 - val_accuracy: 0.5217 - 47ms/epoch - 1ms/step
Epoch 6/100
41/41 - 0s - loss: 0.9858 - accuracy; 0. 4975 - val_loss: 0.9702 - val_accuracy: 0. 5652 - 52ms/epoch - 1ms/step
Epoch 7/100
41/41 - 0s - loss: 0. 8600 - accuracy: 0. 6059 - val_loss: 0.7421 - val_accuracy: 0. 7391 - 49ms/epoch - 1ms/step
Epoch 8/100
41/41 - 0s - loss: 0.7190 - accuracy: 0.6404 - val_loss: 0.6674 - val_accuracy: 0. 7826 - 48ms/epoch - 1ms/step
Epoch 9/100
41/41 - 0s - loss: 0.6489 - accuracy: 0.6552 - val_loss: 0.6301 - val_accuracy: 0. 7391 - 49ms/epoch - 1ms/step
```

图 11-4　模型训练的部分迭代过程

从图 11-4 可以看出，随着训练迭代次数的增加，预测的损失函数逐步降低，预测的准确率逐步提高。

11.5 效果评价

1. 训练过程的可视化结果

图 11-5 显示了模型在训练集和验证集上的迭代过程，可以看出损失和准确率的变化。随着迭代次数的增加，损失值下降很快，训练集在 80 次后逐步稳定，验证集在 60 次后趋于稳定。模型的准确率随着迭代次数的增加不断提升，训练集和验证集在 60 次左右都趋于稳定。

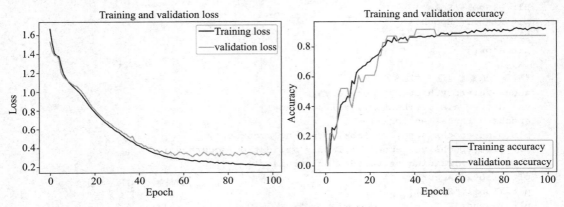

图 11-5　模型训练过程的可视化结果

2. 在测试集上的评价

模型训练结束后，使用测试集来评估模型的得分，如代码 11-9 所示。

代码 11-9　评价模型

```
# 导入相关模块
from sklearn.metrics import classification_report

# 在测试集上的损失值和准确率
eval = model.evaluate(X_test, y_test, verbose=2)
print("Evaluation on test:",eval)

# 在测试集上的评分
y_pred = np.argmax(model.predict(X_test),axis= -1)  # 预测值转换
y_testdecode = np.argmax(y_test,axis = -1)    # 测试值解码
print(classification_report(y_testdecode,y_pred))
```

说明：

- evaluate() 评估了模型在测试集上的得分，得分为 loss: 0.3018，accuracy: 0.8678，这个得分是可以接受的。
- 本案例的神经网络采用了 Softmax 激活函数，输出是多分类标签，并且进行了 OneHot 编码，所以在计算预测值时使用了 np.argmax 进行转换。
- 使用 classification_report 方法统计分类效果的各项指标，可以看出 0 类标签的预测准确率是 0.96，1 类标签的预测准确率是 0.63，2 类标签的预测准确率是 0.73，3 类标签的预测准确率是 1.00。具体指标如下所示：

	precision	recall	f1-score	support
0	0.96	1.00	0.98	25
1	0.63	0.77	0.69	22
2	0.73	0.59	0.65	27
3	1.00	0.96	0.98	24
accuracy			0.83	98
macro avg	0.83	0.83	0.83	98
weighted avg	0.83	0.83	0.83	98

从模型的评价指标可以分析出，我们构造的模型具有较高的预测准确度，整体质量处于中上水平。读者可以尝试利用其他分类算法，比如有限状态机、决策树、MLP 分类器等构建更优秀的疾病诊断预测模型。

参考文献

[1] DUA D, GRAFF C. UCI Machine Learning Repository [EB/OL]. http://archive.ics.uci.edu/ml.

[2] 王恺，王志，李涛，等 . Python 语言程序设计 [M]. 北京：机械工业出版社，2019.

[3] CONWAY D, WHITE J M . 机器学习：实用案例解析 [M]. 陈开江，刘逸哲，孟晓楠，译 . 北京：机械工业出版社，2013.

第 12 章

胸部 CT 影像检测综合案例

本章使命

Goal 随着神经网络和深度学习技术的发展，人工智能在医学领域，特别是医学影像领域的应用日益广泛。利用卷积神经网络可以实现医学图像的分类检测与诊断，从而为医生决策提供帮助。

本章以基于 Python 的深度学习库 Keras 为编程工具，利用卷积神经网络进行胸部 CT 影像检测，从而对胸部癌症进行分类诊断。

12.1 引入问题

12.1.1 问题描述

在众多的癌症中，肺癌是最常见的，也是对人类健康和生命威胁最大的恶性肿瘤。常见的肺癌类型包括腺癌、大细胞癌和鳞状细胞癌等。医生借助计算机断层扫描成像（CT）的检测技术可以更早、更准确地检测出肺癌以及病变类型，从而制定相应的治疗方案。在临床实践中，肺癌的诊断依赖于医生个人的专业水平和诊断经验，这很可能会导致一些患者的诊断结果出现偏差。为了提高诊断的准确率和效率，人工智能技术开始应用于医学影像诊断领域。使用标记后的医学图像数据集训练出一个具有诊断功能的机器学习模型，然后将需要诊断的医学图像输入该模型，就可以完成自动诊断，从而为提高医生诊断的稳定性和高效性提供支撑。在众多技术中，深度学习被证明是一种可行且有效的方法。

本案例的任务属于医学图像分类问题，适合用深度学习技术实现。深度学习的典型算法包括卷积神经网络（CNN）、递归神经网络（RNN）以及生成对抗网络（GAN）等。其中，CNN 常用于影像数据的分析处理，RNN 常用于文本分析或自然语言处理，GAN 常用于数据生成或者非监督学习应用。

在处理图像分类时，一张图像可能包含多个目标，但只包含一种分类类别。所以，应该如何检测目标、处理图像类别呢？我们应该如何利用卷积神经网络建立一个胸部 CT 影像预测分类模型，对患者的肺癌类型进行诊断呢？

12.1.2　数据描述

　　在实际的医疗影像分析应用中，医疗机构需要采集大量不同病症的医学图像。医学图像与特定疾病以及患者病程密切相关，因此需要大量相关病症的医学图像资料，进行反复训练，才能让神经网络模型对特定的病症图像的内在规律产生"记忆"，从而得到有效的预测分类模型。

　　本案例采用了 Kaggle 平台上的胸部 CT 扫描图像数据集 Chest CT-Scan Images Dataset，扫描的器官为肺部。为了适用于卷积神经网络算法，数据集中的图像为 jpg 或者 png 格式，共 1000 张，其中 988 张是 png 格式、12 张是 jpg 格式。这些图像分成测试集（20%）、训练集（70%）和验证集（10%）。每个子集中包含 4 类 CT 图像，分别是 3 种肺癌的图像和 1 种正常细胞的图像。

- 腺癌：腺癌常见于多种癌症，如乳腺癌、直肠癌、肺癌等。图 12-1 中显示的是最常见的肺腺癌，分布于肺部外侧分泌的黏液和腺体，占所有病例的 30% 左右。

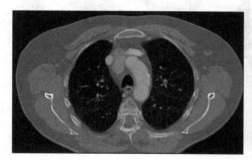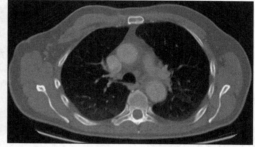

图 12-1　肺腺癌的图像示例

- 大细胞癌：未分化大细胞癌可存在于肺部的任何地方，生长和扩散迅速，占 NSCLC 病例的 10% ～ 15%。大细胞癌的图像如图 12-2 所示。

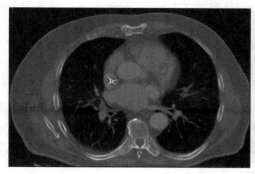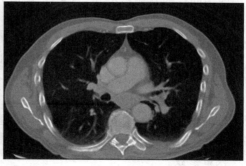

图 12-2　大细胞癌的图像示例

- 鳞状细胞癌：这种类型的肺癌位于肺部的中心，通常与吸烟有关，占所有非小细胞肺癌病例的 30%。鳞状细胞癌的图像如图 12-3 所示。

　　除 3 种肺癌外，数据集还提供了部分正常细胞的 CT 图像。为了扩充数据样本，正常细胞的图像文件采用了复制方法。正常细胞的图像如图 12-4 所示。

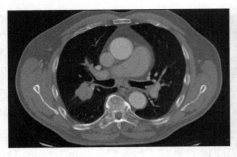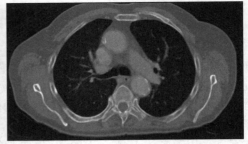

图 12-3　鳞状细胞癌的图像示例

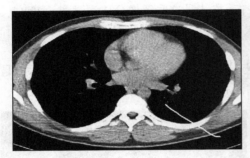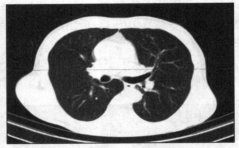

图 12-4　正常细胞图像示例

12.2　寻找方法

12.2.1　VGGNet-16

本案例中的数据集已经进行了分类，属于监督学习的范畴，通常采用卷积神经网络技术来解决此类图像识别问题。VGGNet 是牛津大学计算机视觉组（Visual Geometry Group）和 Google DeepMind 公司的研究员合作研发的深度卷积神经网络。VGGNet 的结构简洁，整个网络都使用同样的卷积核尺寸（3×3）和最大池化尺寸（2×2）。VGGNet 经常被用来提取图像特征。

根据卷积核大小和卷积层数目的不同，VGGNet 分成不同的配置。其中，以 D、E 两种配置较为常见，分别称为 VGGNet-16 和 VGGNet-19。

VGGNet-16 一共有 16 层，结构简单，图像识别处理的泛化性能优良。各层次分别为：

- 13 个卷积层，分别用 conv3-×××× 表示。其中，conv3 表示该卷积层采用的卷积核的尺寸是 3，×××× 代表卷积的通道数。
- 3 个全连接层，分别用 FC-×××× 表示。其中，FC 表示全连接层，×××× 表示权重参数。
- 5 个池化层，分别用 maxpool 表示。

其中，卷积层和全连接层具有权重系数，二者的总数目为 16，网络结构的详细信息见前面的章节，本章不再赘述。在使用 VGGNet-16 时，可以将 Keras 中已经训练好的模型权重参数迁移到自己的卷积神经网络上作为初始权重，从而提高训练速度。本案例采用 VGGNet-16 算法建立胸部 CT 图像预测分类模型。

12.2.2　ResNet 神经网络

ResNet（残差神经网络）是微软研究院的何恺明等人提出的，参考了 VGGNet-19 网络。ResNet 的主要作用是发现了神经网络的退化（Degradation）现象，即模型准确率会先上升然后达到饱和，再持续增加神经网络深度就会导致准确率下降。针对退化现象，ResNet 发明了快捷连接（Shortcut Connection），极大地消除了深度过大的神经网络训练困难的问题。ResNet 的结构可以加速超深神经网络的训练过程，提升模型的准确率。原始的 ResNet 结构如图 12-5 所示。

layer name	output size	18-layer	34-layer	50-layer	101-layer	152-layer
conv1	112×112	7×7, 64, stride 2				
conv2_x	56×56	3×3 max pool, stride 2				
		$\begin{bmatrix}3\times3,64\\3\times3,64\end{bmatrix}\times2$	$\begin{bmatrix}3\times3,64\\3\times3,64\end{bmatrix}\times3$	$\begin{bmatrix}1\times1,64\\3\times3,64\\1\times1,256\end{bmatrix}\times3$	$\begin{bmatrix}1\times1,64\\3\times3,64\\1\times1,256\end{bmatrix}\times3$	$\begin{bmatrix}1\times1,64\\3\times3,64\\1\times1,256\end{bmatrix}\times3$
conv3_x	28×28	$\begin{bmatrix}3\times3,128\\3\times3,128\end{bmatrix}\times2$	$\begin{bmatrix}3\times3,128\\3\times3,128\end{bmatrix}\times4$	$\begin{bmatrix}1\times1,128\\3\times3,128\\1\times1,512\end{bmatrix}\times4$	$\begin{bmatrix}1\times1,128\\3\times3,128\\1\times1,512\end{bmatrix}\times4$	$\begin{bmatrix}1\times1,128\\3\times3,128\\1\times1,512\end{bmatrix}\times8$
conv4_x	14×14	$\begin{bmatrix}3\times3,256\\3\times3,256\end{bmatrix}\times2$	$\begin{bmatrix}3\times3,256\\3\times3,256\end{bmatrix}\times6$	$\begin{bmatrix}1\times1,256\\3\times3,256\\1\times1,1024\end{bmatrix}\times6$	$\begin{bmatrix}1\times1,256\\3\times3,256\\1\times1,1024\end{bmatrix}\times23$	$\begin{bmatrix}1\times1,256\\3\times3,256\\1\times1,1024\end{bmatrix}\times36$
conv5_x	7×7	$\begin{bmatrix}3\times3,512\\3\times3,512\end{bmatrix}\times2$	$\begin{bmatrix}3\times3,512\\3\times3,512\end{bmatrix}\times3$	$\begin{bmatrix}1\times1,512\\3\times3,512\\1\times1,2048\end{bmatrix}\times3$	$\begin{bmatrix}1\times1,512\\3\times3,512\\1\times1,2048\end{bmatrix}\times3$	$\begin{bmatrix}1\times1,512\\3\times3,512\\1\times1,2048\end{bmatrix}\times3$
	1×1	average pool,1000-d fc,softmax				
FLOP		1.8×10^9	3.6×10^9	3.8×10^9	7.6×10^9	11.3×10^9

图 12-5　ResNet 网络结构

其中，少于 50 层的 ResNet（通常是 ResNet18、ResNet34）采用了 BasicBloc，大于等于 50 层 ResNet（通常是 ResNet50、ResNet101 和 ResNet152）采用了 BottleNeckBlock。

目前，ResNet（以及一些变体）作为卷积神经网络里程碑式的模型在各个领域得到应用。本案例也使用 Keras 库建立一个 ResNet50 网络，以处理胸部 CT 图像的分类预测任务。

12.3　问题分析

本案例要处理的数据是胸部 CT 影像，输入变量是 jpg 或者 png 格式的图像，输出变量是肺癌类型的诊断结果。诊断结果分别为 squamous.cell.carcinoma、normal、adenocarcinoma 和 large.cell.carcinoma 4 类。解决此类问题的一般流程为：

1）准备医学图像的数据集，本案例中采用的数据集是 Kaggle 平台上的公开数据集。

2）对图像进行预处理，例如尺寸大小、像素等参数，以便完成图像的读取和识别。

3）选择合适的深度学习算法，通常是尝试多种神经网络模型，建立预测分类模型。

4）利用数据集中的训练集图像拟合模型，设置分类器的参数，训练分类模型。

5）利用数据集中的验证集调整模型参数，并记录模型的准确率。

6）利用数据集中的测试集对建立的预测模型进行评估，确定是否可行。

12.4   问题求解

12.4.1   加载数据集并预处理图像

本案例主要采用 Keras 库建立 VGGNet-16 模型并进行数据训练，除了需要导入基本的 Keras 模块外，还需要导入 TensorFlow 中的其他相关模块、数据处理模块和可视化模块等，如代码 12-1 所示。如果某些模块未预先安装，可以采用命令"pip install 模块名"进行安装。关于各个模块的具体用途，读者可以自行查阅资料。

代码 12-1   导入相关的库和模块

```
# 导入数据处理和可视化模块
import numpy as np
import pandas as pd
import matplotlib.pyplot as plt
import seaborn as sn
import os
from tqdm import tqdm

# 导入模型建立和图像处理的模块
from sklearn import metrics
from sklearn.metrics import confusion_matrix, classification_report
from sklearn.model_selection import train_test_split

import tensorflow as tf
from tensorflow.keras.preprocessing.image import ImageDataGenerator
from tensorflow.keras.preprocessing import image_dataset_from_directory
from tensorflow.keras.models import Sequential,load_model
from tensorflow.keras.layers import InputLayer, BatchNormalization, Dropout,
    Flatten, Dense, Activation, MaxPool2D, Conv2D
from tensorflow.keras.callbacks import EarlyStopping, ModelCheckpoint,
    ReduceLROnPlateau
from tensorflow.keras.applications.vgg16 import VGG16
from tensorflow.keras.utils import to_categorical
from tensorflow.keras.optimizers import Adam
from tensorflow.keras.wrappers.scikit_learn import KerasClassifier
```

说明：TensorFlow 2.0 集成了 Keras 的功能模块，因此在深度学习项目和实验中普遍使用使用 tf.keras 替代传统的 Keras。

将本案例所使用的胸部 CT 影像数据集下载并保存到本地文件夹中，可以节省神经网络训练的时间和资源。利用 AUTOTUNE 可以提示 tf.data 在运行时动态调整数据预处理和预取工作负载以适应模型训练和批量消耗，如代码 12-2 所示。

代码 12-2   设置运行参数

```
AUTOTUNE = tf.data.experimental.AUTOTUNE
```

进行图像分类任务时，如果数据集较少，通常进行数据增强处理，即通过一系列随机变换对数据进行提升，抑制过拟合，提升模型的泛化能力。本案例采用 Keras 提供的 ImageDataGenerator 类实现数据增强，对图像进行预处理，如代码 12-3 所示。

代码 12-3   数据增强处理

```
# 训练集数据增强
train_datagen = ImageDataGenerator(rescale = 1./255,
```

```
                                    validation_split = 0.2,
                                    rotation_range=5,
                                    width_shift_range=0.2,
                                    height_shift_range=0.2,
                                    shear_range=0.2,
                                    horizontal_flip=True,
                                    vertical_flip=True,
                                    fill_mode='nearest')
# 验证集数据增强
valid_datagen = ImageDataGenerator(rescale = 1./255,validation_split = 0.2)
# 测试集数据增强
test_datagen  = ImageDataGenerator(rescale = 1./255)
```

下面给出主要的参数说明，读者可以查阅技术文档找到更多的参数设置要求。

- rescale：缩放因子（归一化），默认为 None 不进行缩放；
- validation_split：验证集的比例（在 0-1 之间）；
- rotation_range：旋转角度；
- width_shift_range：水平偏移的幅度；
- height_shift_range：垂直偏移的幅度；
- shear_range：剪切强度（逆时针方向的剪切变换角度）；
- horizontal_flip：图像水平翻转；
- vertical_flip：图像垂直翻转；
- fill_mode：填充像素的模式。默认为 nearest。

从本地文件夹的数据集中分别生成提升后的训练集、验证集和测试集。训练集共 613 张图像，4 种分类；验证集共 72 张图像，4 种分类；测试集共 315 张图像，4 种分类。加载数据集的方法如代码 12-4 所示。

代码 12-4　加载数据集

```
train_dataset = train_datagen.flow_from_directory(directory = './Data/train',
                                target_size = (224,224),
                                class_mode = 'categorical',batch_size = 64)
valid_dataset = valid_datagen.flow_from_directory(directory = './Data/valid',
                                target_size = (224,224),
                                class_mode = 'categorical',batch_size = 64)
test_dataset = test_datagen.flow_from_directory(directory = './Data/test',
                                target_size = (224,224),
                                class_mode = 'categorical',batch_size = 64)
```

参数说明如下：

- directory：设置数据读取的目录；
- target_size：图像 resize 后的尺寸；
- class_mode：返回的标签数组的形式，默认为 categorical，返回 2D 的 One-Hot 编码标签；
- batch_size：batch 数据的大小，默认为 32。

12.4.2　建立 VGGNet-16 模型

Application 模块提供了带有预训练权重的 VGGNet-16（也可写为 VGG16）模型，用于预测、特征提取和微调，本案例直接使用该 VGGNet-16 模型创建训练模型。这里的

VGGNet-16 是预训练模型，因此，不需要训练其基础部分（卷积、池化等）的权值，逐层设定 layer.trainable = False 将其冻结，如代码 12-5 所示。

代码 12-5   加载 VGGNet-16 预训练网络

```
base_model =
tf.keras.applications.VGG16(input_shape=(224,224,3),include_top=False,
    weights="imagenet")
    for layer in base_model.layers[:-8]:
        layer.trainable=False
```

创建模型对象的相关参数说明：

- input_shape：输入图像的大小和通道。这里采用的是该参数的默认设置，表示输入为 224×224 的 RGB 图像，3 个通道。用户可以根据自己的数据集来修改。
- weights：模型使用的权值。该参数设置为 imagenet 表示模型使用了 ImageNet 中的预训练好的权值，可以大幅度降低训练成本，属于迁移学习的一种。该参数如果设置为 None，表示模型从头开始训练。
- include_top：表示是否保留全连接网络，设置为 False 表示该模型可用于特征提取。

设置所创建模型对象的各层参数，配置网络结构，如代码 12-6 所示。

代码 12-6   配置模型的网络结构

```
model=Sequential()
model.add(base_model)
model.add(Dropout(0.5))      # 正则化，减少过度拟合
model.add(Flatten())         # 展平
model.add(BatchNormalization()) # 批标准化
model.add(Dense(32,kernel_initializer='he_uniform'))   # 定义全连接
model.add(BatchNormalization())
model.add(Activation('relu')) # 设置激活函数
model.add(Dropout(0.5))
model.add(Dense(32,kernel_initializer='he_uniform'))
model.add(BatchNormalization())
model.add(Activation('relu'))
model.add(Dropout(0.5))
model.add(Dense(32,kernel_initializer='he_uniform'))
model.add(BatchNormalization())
model.add(Activation('relu'))
model.add(Dense(4,activation='softmax'))
```

输出 VGGNet-16 模型结构的信息以及各层的参数量，如代码 12-7 所示。

代码 12-7   输出模型的网络参数

```
model.summary()
```

该模型的网络参数为：

```
Model: "sequential"
 Layer (type)                 Output Shape              Param #
=================================================================
 vgg16 (Functional)           (None, 7, 7, 512)         14714688
 dropout (Dropout)            (None, 7, 7, 512)         0
 flatten (Flatten)            (None, 25088)             0
 batch_normalization (BatchN  (None, 25088)             100352
```

```
ormalization)
dense (Dense)                      (None, 32)        802848
batch_normalization_1 (Batc        (None, 32)           128
hNormalization)
activation (Activation)            (None, 32)             0
dropout_1 (Dropout)                (None, 32)             0
dense_1 (Dense)                    (None, 32)          1056

batch_normalization_2 (Batc        (None, 32)           128
hNormalization)
activation_1 (Activation)          (None, 32)             0
dropout_2 (Dropout)                (None, 32)             0
dense_2 (Dense)                    (None, 32)          1056
batch_normalization_3 (Batc        (None, 32)           128
hNormalization)
activation_2 (Activation)          (None, 32)             0
dense_3 (Dense)                    (None, 4)            132
=================================================================
Total params: 15,620,516
Trainable params: 13,834,660
Non-trainable params: 1,785,856
```

12.4.3　训练 VGGNet-16 模型

完成模型的神经网络结构配置后，就可以调用获取的数据集对该模型进行训练以获得神经网络各层连接的权值，如代码 12-8 所示。

代码 12-8　设置模型的编译条件

```
# 设置编译条件，编译模型
METRICS = [
    tf.keras.metrics.BinaryAccuracy(name='accuracy'),
    tf.keras.metrics.Precision(name='precision'),
    tf.keras.metrics.Recall(name='recall'),
    tf.keras.metrics.AUC(name='auc')
    ]
model.compile(optimizer='Adam', loss='categorical_crossentropy',metrics=METRICS)
# 设置学习率调整条件
lrd = ReduceLROnPlateau(monitor = 'val_loss',patience = 3,verbose = 1,factor =
    0.50, min_lr = 1e-6)
mcp = ModelCheckpoint('chestVGG16.h5')
es = EarlyStopping(verbose=1, patience=3)
```

编译模型的参数说明如下：

- optimizer：优化器的名称，这里采用 Adam 优化器。
- loss：损失函数的类型，这里采用 categorical_crossentropy，即多类的对数损失。
- metrics：设置在训练过程中检测的性能指标，这里设置了四种 TensorFlow 已有的评价指标，用户也可以设置自定义的性能指标。

ReduceLROnPlateau () 函数用来更新学习率。定义学习率之后，经过一定次数的 epoch 迭代之后，模型效果不再提升，该学习率可能不再适应该模型。这时，需要在训练过程中缩小学习率，进而提升模型。其中，monitor 是监测的性能指标，可以是 accuracy、val_loss、 val_accuracy；factor 是缩放学习率的值，学习率将以 lr = lr*factor 的幅度变化；patience 是触发学习率变化的 epoch 的个数（模型性能不提升时）；verbose 决定学习率变化触发后是否打印；min_lr 为学习率的下限。

ModelCheckpoint() 函数在每个 epoch 结束后调用，保存模型。

Earlystopping() 函数防止过拟合，提前结束训练保存结果最优的模型参数，通常与 ReduceLROnPlateau() 函数配合使用。

对建立的模型进行训练，并展示训练过程，如代码 12-9 所示。

代码 12-9   显示模型训练过程

```
%time  # 显示代码运行时间
history=model.fit(train_dataset,validation_data=valid_dataset,epochs = 20,
               verbose = 1,callbacks=[lrd,mcp,es])
```

部分训练过程结果如下：

```
Wall time: 0 ns
Epoch 1/20
10/10 [==============================] - 269s 27s/step - loss: 1.6969 - accuracy:
    0.6949 - precision: 0.2199 - recall: 0.0865 - auc: 0.4964 - val_loss: 27.2331
    - val_accuracy: 0.6458 - val_precision: 0.2917 - val_recall: 0.2917 - val_
    auc: 0.5272 - lr: 0.0010
Epoch 2/20
10/10 [==============================] - 263s 26s/step - loss: 1.6299 - accuracy:
    0.7051 - precision: 0.2194 - recall: 0.0701 - auc: 0.5066 - val_loss:
    384.6104 - val_accuracy: 0.6458 - val_precision: 0.2917 - val_recall: 0.2917
    - val_auc: 0.5278 - lr: 0.0010
Epoch 3/20
10/10 [==============================] - 266s 28s/step - loss: 1.4997 - accuracy:
    0.7170 - precision: 0.2811 - recall: 0.0848 - auc: 0.5519 - val_loss:
    245.2811 - val_accuracy: 0.6458 - val_precision: 0.2917 - val_recall: 0.2917
    - val_auc: 0.5278 - lr: 0.0010
Epoch 4/20
10/10 [==============================] - 232s 23s/step - loss: 1.4337 - accuracy:
    0.7280 - precision: 0.3373 - recall: 0.0914 - auc: 0.5854 - val_loss: 21.1651
    - val_accuracy: 0.5903 - val_precision: 0.1806 - val_recall: 0.1806 - val_
    auc: 0.4537 - lr: 0.0010
Epoch 5/20
10/10 [==============================] - 234s 23s/step - loss: 1.3724 - accuracy:
    0.7369 - precision: 0.3961 - recall: 0.0995 - auc: 0.6128 - val_loss: 22.7188
    - val_accuracy: 0.5903 - val_precision: 0.1806 - val_recall: 0.1806 - val_
    auc: 0.4537 - lr: 0.0010
……
```

12.4.4   模型评价

训练结束后，输出模型的相关评价指标，如代码 12-10 所示。

代码 12-10   输出模型评价指标

```
model.evaluate(test_dataset, verbose=1)
```

输出结果为：

```
5/5 [==========================] - 67s 13s/step - loss: 1.0199 - accuracy:
    0.7770 - precision: 0.7297 - recall: 0.1714 - auc: 0.7926
```

　　从结果可以看出，本训练模型的准确率为 0.7770，精确率为 0.7297，召回率为 0.1714，AUC 为 0.7926。

　　对模型的迭代过程进行可视化，绘制评价指标的变化曲线。迭代过程中性能指标的变化如图 12-6 所示，如代码 12-11 所示。

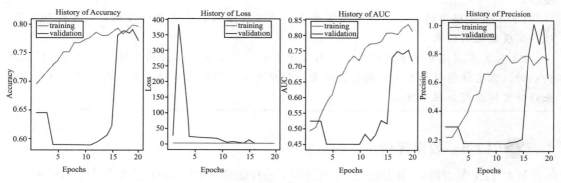

图 12-6　模型训练的迭代过程

代码 12-11　可视化模型的迭代过程

```
fig, (f1, f2,f3,f4) = plt.subplots(1,4, figsize= (20,5))
f1.plot(range(1, len(history.history['accuracy']) + 1), history.history['accuracy'])
f1.plot(range(1,len(history.history['val_accuracy']) +1), history.history['val_
    accuracy'])
f1.set_title('History of Accuracy')
f1.set_xlabel('Epochs')
f1.set_ylabel('Accuracy')
f1.legend(['training', 'validation'])

f2.plot(range(1, len(history.history['loss']) + 1), history.history['loss'])
f2.plot(range(1, len(history.history['val_loss']) + 1), history.history['val_loss'])
f2.set_title('History of Loss')
f2.set_xlabel('Epochs')
f2.set_ylabel('Loss')
f2.legend(['training', 'validation'])

f3.plot(range(1, len(history.history['auc']) + 1), history.history['auc'])
f3.plot(range(1, len(history.history['val_auc']) + 1), history.history['val_auc'])
f3.set_title('History of AUC')
f3.set_xlabel('Epochs')
f3.set_ylabel('AUC')
f3.legend(['training', 'validation'])

f4.plot(range(1, len(history.history['precision']) + 1), history.history
    ['precision'])
f4.plot(range(1,len(history.history['val_precision'])+1), history.history['val_
    precision'])
f4.set_title('History of Precision')
f4.set_xlabel('Epochs')
f4.set_ylabel('Precision')
f4.legend(['training', 'validation'])
plt.show()
```

　　从图 12-6 中可以直观地看到随着训练的次数增加，模型的参数在不断迭代，评价指标也在不断变化。显然，模型在训练集上的表现优于在验证集上的表现，模型存在优化的空间。读者可以使用得到的模型对实际图像进行测试分类，输出混淆矩阵（Confusion Matrix），验证算法性能。代码细节参见前面的相关章节，这里不再赘述。

提示：

1）本节代码中的相关参数均为常用值，读者可根据自身需要进行相应的修改和配置，从而实现更优的结果。

2）为了实现建模的本地化处理，程序中涉及一些文件夹路径的设置。读者在执行程序代码时，需要注意将相关文件的存放位置与程序中给出的路径保持一致，或者根据自身喜好来修改文件路径与程序路径。

12.5　效果评价

针对 12.1 节中提出的问题，本案例使用了公开的胸部 CT 影像数据集作为数据样本。首先对数据集中的图像进行了初步探索，对图像类型和样本数量进行了分析。在此基础上，对训练集、验证集以及测试集中的图像进行了数据增强预处理，包括缩放、旋转、剪切等。经过一系列变换后，生成更适合深度学习处理的数据集。然后，利用 VGGNet-16 网络架构和 ImageNet 预训练网络建立了胸部 CT 分类诊断的预测模型。从模型的评价指标可以分析出，所构造的模型预测准确度处于中上水平。读者可以尝试修改模型的各项参数，获得更优的性能指标，构建更优秀的疾病诊断模型。

除了调整 VGGNet-16 的相关参数外，还可以采用其他的网络架构（如 ResNet）构建预测模型。读者可以自行实现 ResNet 网络，并比较 VGGNet-16 网络在解决本案例问题时的性能。使用 ResNet 构建预测模型的核心代码如代码 12-12 所示。

代码 12-12　构建 ResNet 预测模型

```
# 这里只列出了 ResNet 相关模块
from tensorflow.keras.applications import ResNet50
from tensorflow.keras.applications.resnet import preprocess_input
# 图像预处理
train_datagen = ImageDataGenerator(dtype='float32',
                                   preprocessing_function=preprocess_input)
train_generator = train_datagen.flow_from_directory("./Data/train",
                                                    batch_size = 5,
                                                    target_size = (350,350),
                                                    class_mode = 'categorical')
test_datagen = ImageDataGenerator(dtype='float32'
                                  preprocessing_function=preprocess_input)
test_generator = test_datagen.flow_from_directory("./Data/test",
                                                  batch_size = 5,
                                                  target_size = (350,350),
                                                  class_mode = 'categorical')
# 创建 ResNet 模型对象
res_model = ResNet50(include_top=False, pooling='avg', weights='imagenet',
                     input_shape = (350,350, 3))
# 确保除 conv5 层外的其他层不被训练
for layer in res_model.layers:
    if 'conv5' not in layer.name:
        layer.trainable = False
```

```
# 设置模型的各层参数
model = Sequential()
model.add(res_model)
model.add(Flatten())
model.add(BatchNormalization())
model.add(Dense(4, activation='softmax'))
model.compile(optimizer='adam', loss = 'categorical_crossentropy', metrics =
    ['acc'])
model.summary()
checkpoint = ModelCheckpoint(filepath='./ResNet50.h5',
                                    monitor='val_loss',
                                    mode='auto',
                                    save_best_only=True)
early_stopping = EarlyStopping(verbose=1, patience=3)
# 训练模型
history = model.fit(train_generator,
                            steps_per_epoch = 100,
                            epochs = 20,
                            verbose = 1,
                            validation_data = test_generator,
                            validation_steps = 50,
                            callbacks = [checkpoint, early_stopping])
# 计算模型的评价指标
result = model.evaluate(test_generator, steps= test_generator.n /5)
# 绘制曲线图
acc = history.history['acc']
val_acc = history.history['val_acc']
loss = history.history['loss']
val_loss = history.history['val_loss']
epochs = range(len(acc))
plt.plot(epochs, acc, 'r', label='Training accuracy')
plt.plot(epochs, val_acc, 'b', label='Validation accuracy')
plt.title('Training and validation accuracy')
plt.legend(loc=0)
plt.figure()
plt.show()
```

参考文献

赵宏 . 深度学习基础教程 [M]. 北京：机械工业出版社，2021.

Python语言程序设计

作者：王恺 王志 李涛 朱洪文 编著　ISBN：978-7-111-62012-9　定价：49.00元

　　本书基于作者多年来的程序设计课程教学经验和利用Python进行项目开发的工程经验编写而成，面向程序设计的初学者，使其具备利用Python解决本领域实际问题的思维和能力。高校计算机、大数据、人工智能及其他相关专业均可使用本书作为Python课程教材。

本书主要特色：

◎ 强调问题导向，培养读者通过编程解决实际问题的能力和对程序设计本质的认识，并掌握Python编程的相关方法。

◎ 合理地分解知识点，并将每一个编程知识点和实例结合，实例的规模循序渐进，逐步提升读者用Python解决问题的能力。

◎ 通过大量"提示"和"注意"等环节，向读者强调并详细说明不容易理解或实际开发中容易出现差错的知识点。

◎ 多数章节提供了课后习题，供读者检验自己的学习情况，并为教师提供较为丰富的教学资源。